线性代数

（修订版）

陈万勇　主编　　　黄素珍　副主编
韦　俊　杨善兵　陈丽娟　卞小霞　参编

電子工業出版社
Publishing House of Electronics Industry
北京 · BEIJING

内容简介

本书是第一版教材的修订版，是为满足工程类本科院校“线性代数”课程教学的需要，便于学生自学而编写的教材。全书将传统的主教材和学习指导书合二为一，充分考虑了教师讲授和学生自习的必要性与便利性。主要内容有行列式、矩阵、向量、线性方程组、矩阵的相似与二次型等。

本书适合作为工程类本科院校“线性代数”课程的教材，也适合作为其他数学爱好者的参考用书。

图书在版编目（CIP）数据

线性代数 / 陈万勇主编. —修订本. —北京：电子工业出版社，2018.8

ISBN 978-7-121-34801-3

I. ①线… II. ①陈… III. ①线性代数－高等学校－教材 IV. ①O151.2

中国版本图书馆 CIP 数据核字（2018）第 171121 号

策划编辑：王赫男

责任编辑：王赫男

印　　刷：北京虎彩文化传播有限公司

装　　订：北京虎彩文化传播有限公司

出版发行：电子工业出版社

北京市海淀区万寿路 173 信箱　　邮编　100036

开　　本：787×980　1/16　　印张：14　　字数：337 千字

版　　次：2013 年 11 月第 1 版

2018 年 8 月第 2 版

印　　次：2021 年 9 月第 8 次印刷

定　　价：37.00 元

前　言

为适应我国高等教育飞速发展的需要，根据高等教育面向 21 世纪发展与应用型工程本科的要求，结合卓越工程师教育培养计划对工科学生提出的新要求，我们组织编写了这本教材。

本书是 2013 年第 1 版教材的修订版，书中修订了部分疏漏和错误，并增加了详细的习题解答。

本书针对使用对象的特点，结合作者多年的教学实践和教学改革的实际经验，强化了数学在各学科中更广泛的应用。在这本教材的编写过程中，将数学实验、数学软件编进教材，并关注了以下几方面的问题：一是面向工程实际，构建线性代数的知识体系；二是结合应用型本科学生的特点，完善线性代数的知识结构；三是针对学生考研的需要，讲解线性代数的解题方法。

在人们的传统观念里，学习数学只要书、纸、笔就够了，怎么能像学物理、化学一样要做实验呢？我们说，计算机技术的引入使代数的计算更快捷，这是线性代数教学体系、内容和方法改革的一项尝试。本书引入 MATLAB 软件进行了相应内容实验。

本书主要内容有行列式、矩阵、向量、线性方程组、矩阵的相似与二次型等。参加本书编写的有黄素珍（第 1 章、第 6 章）、陈万勇（第 2 章）、杨善兵（第 3 章）、韦俊（第 4 章）、陈丽娟（第 5 章），卞小霞审核了附录部分，陈万勇审阅了全书。在本教材编写过程中，得到了学校的重视和基金的支持，并得到了电子工业出版社的鼎力相助，在此一并致谢。

限于学识与水平，本书的缺点与错误在所难免。恳请专家和读者批评指正。

编　者

2018 年 7 月

目　录

第1章　行　列　式

线性代数是中学代数的继续和提高，而行列式是研究线性代数的基础工具，也是线性代数的一个重要概念，它广泛应用于数学、工程技术及经济等众多领域.

本章主要介绍 n 阶行列式的定义、性质及其计算方法．此外还要介绍用 n 阶行列式求解 n 元线性方程组的克拉默（Cramer）法则.

1.1　二阶与三阶行列式

1.1.1　二元线性方程组与二阶行列式

用消元法解二元线性方程组

$$\begin{cases} a_{11}x_1 + a_{12}x_2 = b_1, \\ a_{21}x_1 + a_{22}x_2 = b_2. \end{cases} \tag{1.1.1}$$

为消去未知数 x_2，以 a_{22} 与 a_{12} 分别乘以上列两方程的两端，然后两个方程相减，得

$$(a_{11}a_{22} - a_{12}a_{21})x_1 = b_1a_{22} - a_{12}b_2\text{；}$$

类似地，消去 x_1，得

$$(a_{11}a_{22} - a_{12}a_{21})x_2 = a_{11}b_2 - b_1a_{21}.$$

当 $a_{11}a_{22} - a_{12}a_{21} \neq 0$ 时，求得方程组 (1.1.1) 的解为

$$x_1 = \frac{b_1a_{22} - a_{12}b_2}{a_{11}a_{22} - a_{12}a_{21}},\quad x_2 = \frac{a_{11}b_2 - b_1a_{21}}{a_{11}a_{22} - a_{12}a_{21}}. \tag{1.1.2}$$

式 (1.1.2) 中的分子、分母都是 4 个数分两对相乘再相减而得. 其中分母 $a_{11}a_{22} - a_{12}a_{21}$ 是由方程组 (1.1.1) 中的 4 个系数确定的，把这 4 个数按它们在方程组 (1.1.1) 中的位置，排成两行两列（横排称为行、竖排称为列）的数表

$$\begin{matrix} a_{11} & a_{12} \\ a_{21} & a_{22} \end{matrix}, \tag{1.1.3}$$

表达式 $a_{11}a_{22} - a_{12}a_{21}$ 称为数表 (1.1.3) 所确定的二阶行列式，并记为

$$\begin{vmatrix} a_{11} & a_{12} \\ a_{21} & a_{22} \end{vmatrix}. \tag{1.1.4}$$

数 a_{ij} $(i=1,2;j=1,2)$ 称为行列式 (1.1.4) 的**元素**或**元**．元素 a_{ij} 的第一个下标 i 称为**行标**，表明该元素位于第 i 行，第二个下标 j 称为**列标**，表明该元素位于第 j 列．位于第 i 行第 j 列的元素称为行列式 (1.1.4) 的 (i,j) 元．

上述二阶行列式的定义，可用对角线法则来记忆．参看图 1.1.1，把 a_{11} 到 a_{22} 的实连线称为**主对角线**，a_{12} 到 a_{21} 的虚连线称为**副对角线**，于是二阶行列式便是主对角线上的两元素之积减去副对角线上的两元素之积所得的差．

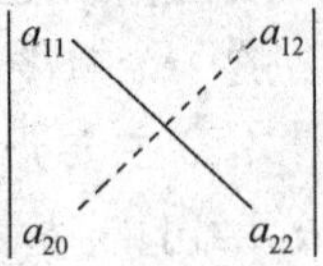

图 1.1.1

例 1.1.1 计算二阶行列式 $\begin{vmatrix}3 & -1\\1 & 2\end{vmatrix}$．

解： $\begin{vmatrix}3 & -1\\1 & 2\end{vmatrix}=3\times2-(-1)\times1=7$．

例 1.1.2 设 $D=\begin{vmatrix}1 & \lambda^2\\2 & \lambda\end{vmatrix}$，问 λ 为何值时 $D\neq0$？

解： $D=\begin{vmatrix}1 & \lambda^2\\2 & \lambda\end{vmatrix}=\lambda-2\lambda^2=\lambda(1-2\lambda)$，令 $D\neq0$，则 $\lambda\neq0$ 或 $\lambda\neq\dfrac{1}{2}$，故当 $\lambda\neq0$ 或 $\lambda\neq\dfrac{1}{2}$ 时，$D\neq0$．

利用二阶行列式的概念，式 (1.1.2) 中 x_1，x_2 的分子也可写成二阶行列式，即

$$b_1a_{22}-a_{12}b_2=\begin{vmatrix}b_1 & a_{12}\\b_2 & a_{22}\end{vmatrix},\quad a_{11}b_2-b_1a_{21}=\begin{vmatrix}a_{11} & b_1\\a_{21} & b_2\end{vmatrix}.$$

若记

$$D=\begin{vmatrix}a_{11} & a_{12}\\a_{21} & a_{22}\end{vmatrix},D_1=\begin{vmatrix}b_1 & a_{12}\\b_2 & a_{22}\end{vmatrix},D_2=\begin{vmatrix}a_{11} & b_1\\a_{21} & b_2\end{vmatrix},$$

那么式 (1.1.2) 可写成

$$x_1=\frac{D_1}{D}=\frac{\begin{vmatrix}b_1 & a_{12}\\b_2 & a_{22}\end{vmatrix}}{\begin{vmatrix}a_{11} & a_{12}\\a_{21} & a_{22}\end{vmatrix}},\quad x_2=\frac{D_2}{D}=\frac{\begin{vmatrix}a_{11} & b_1\\a_{21} & b_2\end{vmatrix}}{\begin{vmatrix}a_{11} & a_{12}\\a_{21} & a_{22}\end{vmatrix}}.$$

注意，这里的分母 D 是由方程组 (1.1.1) 的系数所确定的二阶行列式（称为系数行列式），x_1 的分子 D_1 是用常数项 b_1，b_2 替换 D 中 x_1 的系数 a_{11}，a_{21} 所得的二阶行列式，x_2 的分子 D_2 是用常数项 b_1，b_2 替换 D 中 x_2 的系数 a_{12}，a_{22} 所得的二阶行列式．

例 1.1.3 求解二元线性方程组

$$\begin{cases}3x_1-2x_2=12,\\2x_1+x_2=1.\end{cases}$$

解：由于

$$D=\begin{vmatrix}3 & -2\\ 2 & 1\end{vmatrix}=3\times1-(-2)\times2=7\neq0,$$

$$D_1=\begin{vmatrix}12 & -2\\ 1 & 1\end{vmatrix}=12\times1-(-2)\times1=14,$$

$$D_2=\begin{vmatrix}3 & 12\\ 2 & 1\end{vmatrix}=3\times1-12\times2=-21,$$

因此 $$x_1=\frac{D_1}{D}=\frac{14}{7}=2,\quad x_2=\frac{D_2}{D}=\frac{-21}{7}=-3.$$

1.1.2 三阶行列式

类似地，可以定义三阶行列式.

设有 9 个数排成三行三列的数表

$$\begin{matrix}a_{11} & a_{12} & a_{13}\\ a_{21} & a_{22} & a_{23}\\ a_{31} & a_{32} & a_{33}\end{matrix} \tag{1.1.5}$$

记

$$\begin{vmatrix}a_{11} & a_{12} & a_{13}\\ a_{21} & a_{22} & a_{23}\\ a_{31} & a_{32} & a_{33}\end{vmatrix}=a_{11}a_{22}a_{33}+a_{12}a_{23}a_{31}+a_{13}a_{21}a_{32}-a_{11}a_{23}a_{32}-a_{12}a_{21}a_{33}-a_{13}a_{22}a_{31}, \tag{1.1.6}$$

式 (1.1.6) 称为数表 (1.1.5) 所确定的**三阶行列式**.

上述定义表明三阶行列式含 6 项，每项均为不同行不同列的三个元素的乘积再冠以正负号，其规律遵循如图 1.1.2 所示的对角形法则：图中三条实线可视为平行于主对角线的连线，三条虚线可视为平行于副对角线的连线，实线上三元素的乘积冠正号，虚线上三元素的乘积冠负号.

例 1.1.4 计算三阶行列式

$$D=\begin{vmatrix}1 & 3 & 2\\ -1 & 0 & 3\\ 2 & 1 & 5\end{vmatrix}.$$

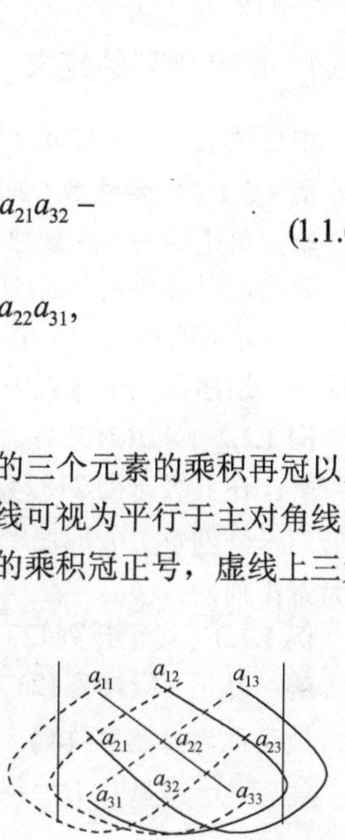

图 1.1.2

解：按对角线法则，有

$$D=1\times0\times5+3\times3\times2+2\times(-1)\times1-2\times0\times2-3\times(-1)\times5-1\times3\times1$$
$$=0+18-2-0+15-3=28.$$

例 1.1.5 求解方程

$$\begin{vmatrix}1 & 1 & 1\\ 2 & 3 & x\\ 4 & 9 & x^2\end{vmatrix}=0.$$

解： 方程左端的三阶行列式

$$D=3x^2+4x+18-9x-2x^2-12$$
$$=x^2-5x+6$$

由 $x^2-5x+6=0$，解得 $x=2$ 或 $x=3$.

对角线法则只适用于二阶与三阶行列式，四阶及更高阶行列式可用其他方法来计算.

1.2 排列及其性质

在 n 阶行列式的定义中，要用到 n 级排列的一些性质.

1.2.1 n 级排列的定义

由自然数1, 2, …, n ($n>1$)组成的一个无重复有序数组 $i_1i_2\cdots i_n$ 为一个 **n 级排列**.

例 1.2.1 由自然数1,2,3 可组成几级排列？分别是什么？

解： 可组成一个三级排列，它们是 123，132，213，231，312，321.

显然，三级排列共有 $3!=6$ 个，所以 n 级排列的总数为 $n!$ 个.

在一个 n 级排列 $i_1i_2\cdots i_n$ 中，如果较大数 i_s 排在较小数 i_t 之前，即 $i_s>i_t$，则称这一对数 i_si_t 构成一个**逆序**，一个排列中逆序的总数，称为它的**逆序数**，可表示为 $t(i_1i_2\cdots i_n)$.

例 1.2.2 求 $t(21534)$.

解： 在五级排列 21534 中，构成逆序数对的有 21,53,54，因此 $t(21534)=3$.

如果排列 $i_1i_2\cdots i_n$ 的逆序数为偶数，则称它为**偶排列**；如果排列的逆序数为奇数，则称它为**奇排列**.

例 1.2.3 讨论排列 $123\cdots(n-1)n$ 和 $n(n-1)\cdots321$ 的奇偶性.

解： 易见 n 级排列 $123\cdots(n-1)n$ 中没有逆序，所以 $t(123\cdots(n-1)n)=0$，这是一个偶排列，故又称为**自然序排列**.

在 n 级排列 $n(n-1)\cdots321$ 中，只有逆序，没有顺序，故有

$$t(n(n-1)\cdots321)=0+1+\cdots+(n-3)+(n-2)+(n-1)=\frac{1}{2}n(n-1).$$

可以看出，排列 $n(n-1)\cdots 321$ 的奇偶性与 n 的取值有关，从而当 $n=4k$ 或 $n=4k+1$ 时这个排列为偶排列，否则为奇排列.

1.2.2　n 级排列的性质

排列 $i_1 i_2 \cdots i_n$ 中，交换任意两数 i_s 与 i_t 的位置，称为**对换**，记为 (i_s,i_t)．将相邻两个元素对换，称为**相邻对换**.

如 $(21534)\xrightarrow{(1,3)}(23514)$.

一般地，我们有以下结论.

定理 1　任意一个排列经过一次对换后，改变其奇偶性.

证：先证相邻对换的情形.

设排列 $a_1\cdots a_l abb_1\cdots b_m$，对换 a 与 b，变为 $a_1\cdots a_l bab_1\cdots b_m$．显然，$a_1,\cdots,a_l$；$b_1,\cdots,b_m$ 这些元素的逆序数经过对换并不改变，而 a 与 b 两元素的逆序数改变为：当 $a<b$ 时，经对换后 a 的逆序数增加 1 而 b 的逆序数不变；当 $a>b$ 时，经对换后 a 的逆序数不变而 b 的逆序数减少 1．所以 $a_1\cdots a_l abb_1\cdots b_m$ 与 $a_1\cdots a_l bab_1\cdots b_m$ 的奇偶性不同.

再证一般对换的情形.

设排列 $a_1\cdots a_l ab_1\cdots b_m bc_1\cdots c_n$，把它做 m 次相邻对换，变成 $a_1\cdots a_l abb_1\cdots b_m c_1\cdots c_n$，再做 $m+1$ 次相邻对换，变成 $a_1\cdots a_l bb_1\cdots b_m ac_1\cdots c_n$．总之，经过 $2m+1$ 次相邻对换，排列 $a_1\cdots a_l ab_1\cdots b_m bc_1\cdots c_n$ 变成排列 $a_1\cdots a_l bb_1\cdots b_m ac_1\cdots c_n$，所以这两个排列的奇偶性相反.

推论　奇排列变成自然序排列的对换次数为奇数，偶排列变成自然序排列的对换次数为偶数.

证：由定理 1 知对换的次数就是排列奇偶性的变化次数，而自然序排列是偶排列（逆序数为 0)，因此知推论成立.

定理 2　在全部 n 级排列 $(n\geqslant 2)$ 中，奇偶排列各占一半.

证：n 级排列的总数为 $n!$ 个，设奇排列数为 t，偶排列数为 s，则有 $t+s=n!$.

若将 t 个奇排列中数和相邻数对调一下，即变成了偶排列，那么就有 $s\geqslant t$，同样的做法就有 $t\geqslant s$，所以 $t=s$，即奇偶排列各占一半.

1.3　n 阶行列式的定义

为了给出 n 阶行列式的定义，先来研究三阶行列式的结构．三阶行列式定义为

$$\begin{vmatrix} a_{11} & a_{12} & a_{13} \\ a_{21} & a_{22} & a_{23} \\ a_{31} & a_{32} & a_{33} \end{vmatrix} = a_{11}a_{22}a_{33}+a_{12}a_{23}a_{31}+a_{13}a_{21}a_{32}- \\ a_{11}a_{23}a_{32}-a_{12}a_{21}a_{33}-a_{13}a_{22}a_{31}. \tag{1.3.1}$$

容易看出：

（i）式(1.3.1)等号右端的每一项恰是三个元素的乘积，这三个元素位于不同的行、不同的列．因此式(1.3.1)等号右端任一项除正负号外可以写成$a_{1p_1}a_{2p_2}a_{3p_3}$．这里第一个下标（行标）排成标准次序123，而第二个下标（列标）排成$p_1p_2p_3$，它是1、2、3三个数的某个排列．这样的排列共有6种，对应式(1.3.1)等号右端共含6项．

（ii）各项的正负号与列标的排列对照：

带正号的三项列标排列是：123,231,312；

带负号的三项列标排列是：132,213,321．

经计算可知前三个排列都是偶排列，而后三个排列都是奇排列．因此各项所带的正负号可以表示为$(-1)^t$，其中t为列标排列的逆序数．

总之，三阶行列式可以写成

$$\begin{vmatrix} a_{11} & a_{12} & a_{13} \\ a_{21} & a_{22} & a_{23} \\ a_{31} & a_{32} & a_{33} \end{vmatrix} = \sum_{p_1p_2p_3} (-1)^t a_{1p_1}a_{2p_2}a_{3p_3}$$

式中，t为$p_1p_2p_3$的逆序数，Σ表示对1，2，3三个数的所有排列$p_1p_2p_3$取和．

仿此，可以把行列式推广到一般情形．

1.3.1 *n*阶行列式的定义

定义1 设有n^2个数，排成n行n列的数表

$$\begin{matrix} a_{11} & a_{12} & \cdots & a_{1n} \\ a_{21} & a_{22} & \cdots & a_{2n} \\ \vdots & \vdots & \ddots & \vdots \\ a_{n1} & a_{n2} & \cdots & a_{nn} \end{matrix}$$

作出表中位于不同行不同列的n个数的乘积，并冠以符号$(-1)^t$，得到形如

$$(-1)^t a_{1p_1}a_{2p_2}\cdots a_{np_n} \tag{1.3.2}$$

的项，其中$p_1p_2\cdots p_n$为自然数$1,2,\cdots,n$的一个排列，t为这个排列的逆序数．由于这样的排列共有$n!$个，因而形如式(1.3.2)的项共有$n!$项．所以这$n!$项的代数和

$$\sum_{p_1p_2\cdots p_n} (-1)^t a_{1p_1}a_{2p_2}\cdots a_{np_n}$$

称为n阶行列式，记为

$$D = \begin{vmatrix} a_{11} & a_{12} & \cdots & a_{1n} \\ a_{21} & a_{22} & \cdots & a_{2n} \\ \vdots & \vdots & \ddots & \vdots \\ a_{n1} & a_{n2} & \cdots & a_{nn} \end{vmatrix}$$

简记为 $\det(a_{ij})$，其中数 a_{ij} 为行列式 D 的 (i,j) 元.

按此定义的二阶、三阶行列式，与 1.1 节中用对角线法则定义的二阶、三阶行列式，显然是一致的. 当 $n=1$ 时，一阶行列式 $|a|=a$，注意不要与绝对值记号相混淆.

从上面的分析及定义，可得到 n 阶行列式的另一种定义形式.

定义 2 $D=\sum\limits_{j_1j_2\cdots j_n}(-1)^t a_{j_1 1}a_{j_2 2}\cdots a_{j_n n}$，即把列标排列写成标准排列，$j_1j_2\cdots j_n$ 为行标的一个 n 级排列.

由此，得到行列式更加一般的定义形式.

定义 3 $D=\sum(-1)^{t(j_1j_2\cdots j_n)+t(p_1p_2\cdots p_n)}a_{j_1p_1}a_{j_2p_2}\cdots a_{j_np_n}$，其中 $j_1j_2\cdots j_n$ 为行标的一个 n 级排列，$p_1p_2\cdots p_n$ 为列标的一个 n 级排列.

例 1.3.1 四阶行列式 $D=\begin{vmatrix} a_{11} & a_{12} & a_{13} & a_{14} \\ a_{21} & a_{22} & a_{23} & a_{24} \\ a_{31} & a_{32} & a_{33} & a_{34} \\ a_{41} & a_{42} & a_{43} & a_{44} \end{vmatrix}$ 共有多少项？乘积 $a_{12}a_{24}a_{32}a_{41}$ 是 D 中的项吗？

解：共有 $4!=24$ 项. 乘积 $a_{12}a_{24}a_{32}a_{41}$ 不是 D 中的项，因为其中两个元素 a_{12}，a_{32} 均取自第二列.

例 1.3.2 已知 $D=\begin{vmatrix} x & 1 & 1 & 2 \\ 1 & x & 1 & -1 \\ 3 & 2 & x & 1 \\ 1 & 1 & 2x & 1 \end{vmatrix}$，求 x^3 的系数.

解：由行列式的定义，展开式的一般项为 $(-1)^{t(p_1p_2p_3p_4)}a_{1p_1}a_{2p_2}a_{3p_3}a_{4p_4}$，要出现 x^3 的项，a_{ip_i} 需三项取到 x. 显然行列式中含 x^3 的项仅有两项，它们是 $(-1)^{t(1234)}a_{11}a_{22}a_{33}a_{44}$ 及 $(-1)^{t(1243)}a_{11}a_{22}a_{34}a_{43}$. 即 $x\cdot x\cdot x\cdot 1=x^3$ 及 $(-1)\cdot x\cdot x\cdot 1\cdot 2x=-2x^3$，故 x^3 的系数为 $1+(-2)=-1$.

1.3.2 特殊行列式

下面利用行列式的定义来计算几种特殊的 n 阶行列式.

1. 对角行列式

称 $D=\begin{vmatrix} a_{11} & 0 & \cdots & 0 \\ 0 & a_{22} & \cdots & 0 \\ \vdots & \vdots & \ddots & \vdots \\ 0 & 0 & \cdots & a_{nn} \end{vmatrix}$ 为**对角行列式**. 根据行列式的定义得

$$D=\begin{vmatrix} a_{11} & 0 & \cdots & 0 \\ 0 & a_{22} & \cdots & 0 \\ \vdots & \vdots & \ddots & \vdots \\ 0 & 0 & \cdots & a_{nn} \end{vmatrix}=a_{11}a_{22}\cdots a_{nn}.$$

2．上三角形行列式

称 $D=\begin{vmatrix} a_{11} & a_{12} & \cdots & a_{1n} \\ 0 & a_{22} & \cdots & a_{2n} \\ \vdots & \vdots & \ddots & \vdots \\ 0 & 0 & \cdots & a_{nn} \end{vmatrix}$ 为上三角形行列式．根据行列式的定义得

$$D=\begin{vmatrix} a_{11} & a_{12} & \cdots & a_{1n} \\ 0 & a_{22} & \cdots & a_{2n} \\ \vdots & \vdots & \ddots & \vdots \\ 0 & 0 & \cdots & a_{nn} \end{vmatrix}=a_{11}a_{22}\cdots a_{nn}.$$

3．下三角形行列式

称 $D=\begin{vmatrix} a_{11} & 0 & \cdots & 0 \\ a_{21} & a_{22} & \cdots & 0 \\ \vdots & \vdots & \ddots & \vdots \\ a_{n1} & a_{n2} & \cdots & a_{nn} \end{vmatrix}$ 为下三角形行列式．根据行列式的定义得

$$D=\begin{vmatrix} a_{11} & 0 & \cdots & 0 \\ a_{21} & a_{22} & \cdots & 0 \\ \vdots & \vdots & \ddots & \vdots \\ a_{n1} & a_{n2} & \cdots & a_{nn} \end{vmatrix}=a_{11}a_{22}\cdots a_{nn}.$$

4．副对角形行列式

称 $D=\begin{vmatrix} 0 & \cdots & 0 & a_{1n} \\ 0 & \cdots & a_{2(n-1)} & 0 \\ \vdots & \ddots & \vdots & \vdots \\ a_{n1} & \cdots & 0 & 0 \end{vmatrix}$ 为副对角形行列式．根据行列式的定义得

$$D=\begin{vmatrix} 0 & \cdots & 0 & a_{1n} \\ 0 & \cdots & a_{2(n-1)} & 0 \\ \vdots & \ddots & \vdots & \vdots \\ a_{n1} & \cdots & 0 & 0 \end{vmatrix}=(-1)^{\frac{n(n-1)}{2}}a_{1n}a_{2(n-1)}\cdots a_{n1}.$$

1.4　行列式的性质

当行列式的阶数较高时，利用定义计算行列式相当麻烦，为了简化行列式的计算，需要研究行列式的一些性质.

1.4.1　行列式的性质

性质 1　将行列式的行、列互换，行列式的值不变. 即

$$D=\begin{vmatrix} a_{11} & a_{12} & \cdots & a_{1n} \\ a_{21} & a_{22} & \cdots & a_{2n} \\ \vdots & \vdots & \ddots & \vdots \\ a_{n1} & a_{n2} & \cdots & a_{nn} \end{vmatrix},\quad D^{\mathrm{T}}=\begin{vmatrix} a_{11} & a_{21} & \cdots & a_{n1} \\ a_{12} & a_{22} & \cdots & a_{n2} \\ \vdots & \vdots & \ddots & \vdots \\ a_{1n} & a_{2n} & \cdots & a_{nn} \end{vmatrix}$$

则 $D^{\mathrm{T}}=D$. 行列式 D^{T} 称为 D 的**转置行列式**.

由此性质可知，行列式中行与列的地位是对称的，也就是说，凡是行列式对行成立的性质，对列也是成立的.

性质 2　互换行列式的两行（列），行列式的值仅改变符号. 即

$$\begin{vmatrix} a_{11} & a_{12} & \cdots & a_{1n} \\ \vdots & \vdots & \ddots & \vdots \\ a_{i1} & a_{i2} & \cdots & a_{in} \\ \vdots & \vdots & \ddots & \vdots \\ a_{j1} & a_{j2} & \cdots & a_{jn} \\ \vdots & \vdots & \ddots & \vdots \\ a_{n1} & a_{n2} & \cdots & a_{nn} \end{vmatrix} \xlongequal{r_i \leftrightarrow r_j} -\begin{vmatrix} a_{11} & a_{12} & \cdots & a_{1n} \\ \vdots & \vdots & \ddots & \vdots \\ a_{j1} & a_{j2} & \cdots & a_{jn} \\ \vdots & \vdots & \ddots & \vdots \\ a_{i1} & a_{i2} & \cdots & a_{in} \\ \vdots & \vdots & \ddots & \vdots \\ a_{n1} & a_{n2} & \cdots & a_{nn} \end{vmatrix}.$$

以 r_i 表示行列式的第 i 行， 以 c_i 表示行列式的第 i 列. 交换 i,j 两行记为 $r_i \leftrightarrow r_j$， 交换 i,j 两列记为 $c_i \leftrightarrow c_j$.

推论 1　如果行列式有两行（列）完全相同，则此行列式等于零.

性质 3　以数 k 乘以行列式的某一行（列）中的所有元素，就等于用 k 乘此行列式. 即

$$\begin{vmatrix} a_{11} & a_{12} & \cdots & a_{1n} \\ \vdots & \vdots & \ddots & \vdots \\ ka_{i1} & ka_{i2} & \cdots & ka_{in} \\ \vdots & \vdots & \ddots & \vdots \\ a_{n1} & a_{n2} & \cdots & a_{nn} \end{vmatrix} = k\begin{vmatrix} a_{11} & a_{12} & \cdots & a_{1n} \\ \vdots & \vdots & \ddots & \vdots \\ a_{i1} & a_{i2} & \cdots & a_{in} \\ \vdots & \vdots & \ddots & \vdots \\ a_{n1} & a_{n2} & \cdots & a_{nn} \end{vmatrix}.$$

第 i 行（列）乘以 k，记为 $r_i \times k$ （$c_i \times k$）.

由性质3可得下面的推论.

推论 2　行列式一行（列）的所有元素的公因子可以提取到行列式的外面.

推论 3　如果行列式中有一行（列）的元素全为零，则此行列式值为零.

性质 4　如果行列式中有两行（列）的对应元素成比例，则此行列式值为零.

性质 5　如果行列式的某一行（列）的所有元素都是两个数的和，则此行列式等于两行列式之和. 即

$$\begin{vmatrix} a_{11} & a_{12} & \cdots & a_{1n} \\ \vdots & \vdots & \ddots & \vdots \\ a_{i1}+b_{i1} & a_{i2}+b_{i2} & \cdots & a_{in}+b_{in} \\ \vdots & \vdots & \ddots & \vdots \\ a_{n1} & a_{n2} & \cdots & a_{nn} \end{vmatrix} = \begin{vmatrix} a_{11} & a_{12} & \cdots & a_{1n} \\ \vdots & \vdots & \ddots & \vdots \\ a_{i1} & a_{i2} & \cdots & a_{in} \\ \vdots & \vdots & \ddots & \vdots \\ a_{n1} & a_{n2} & \cdots & a_{nn} \end{vmatrix} + \begin{vmatrix} a_{11} & a_{12} & \cdots & a_{1n} \\ \vdots & \vdots & \ddots & \vdots \\ b_{i1} & b_{i2} & \cdots & b_{in} \\ \vdots & \vdots & \ddots & \vdots \\ a_{n1} & a_{n2} & \cdots & a_{nn} \end{vmatrix}.$$

性质 6　把行列式的某一行（列）的各元素乘以同一常数后加到另一行（列）对应的元素上去，行列式的值不变.

例如，以数k乘第i行加到第j行上，当$i \neq j$时，有

$$\begin{vmatrix} a_{11} & a_{12} & \cdots & a_{1n} \\ \vdots & \vdots & \ddots & \vdots \\ a_{i1} & a_{i2} & \cdots & a_{in} \\ \vdots & \vdots & \ddots & \vdots \\ a_{j1} & a_{j2} & \cdots & a_{jn} \\ \vdots & \vdots & \ddots & \vdots \\ a_{n1} & a_{n2} & \cdots & a_{nn} \end{vmatrix} \xlongequal{r_j+k_j} \begin{vmatrix} a_{11} & a_{12} & \cdots & a_{1n} \\ \vdots & \vdots & \ddots & \vdots \\ a_{i1} & a_{i2} & \cdots & a_{in} \\ \vdots & \vdots & \ddots & \vdots \\ a_{j1}+ka_{i1} & a_{j2}+ka_{i2} & \cdots & a_{jn}+ka_{in} \\ \vdots & \vdots & \ddots & \vdots \\ a_{n1} & a_{n2} & \cdots & a_{nn} \end{vmatrix}.$$

以数k乘第i行（列）加到第j行（列）上记为$r_j + kr_i$（$c_j + kc_i$）.

以上诸性质请读者证明之.

1.4.2　利用行列式的性质计算行列式

性质2、性质3、性质6介绍了行列式关于行和关于列的三种运算，即$r_i \leftrightarrow r_j$、$r_i \times k$、$r_j + kr_i$和$c_i \leftrightarrow c_j$、$c_i \times k$、$c_j + kc_i$，利用这些运算可简化行列式的计算，特别是利用运算$r_j + kr_i$（或$c_j + kc_i$）可以把行列式中许多元素化为零. 计算行列式常用的一种方法就是利用$r_j + kr_i$（或$c_j + kc_i$）把行列式化为上三角形行列式，从而算得行列式的值.

例 1.4.1　计算$D = \begin{vmatrix} 1 & -5 & 3 & -3 \\ 2 & 0 & 1 & -1 \\ 3 & 1 & -1 & 2 \\ 4 & 1 & 3 & -1 \end{vmatrix}$.

解：$D \xlongequal[r_4-4r_1]{\substack{r_2-2r_1\\ r_3-3r_1}} \begin{vmatrix} 1 & -5 & 3 & -3 \\ 0 & 10 & -5 & 5 \\ 0 & 16 & -10 & 11 \\ 0 & 21 & -9 & 11 \end{vmatrix} = 5\begin{vmatrix} 1 & -5 & 3 & -3 \\ 0 & 2 & -1 & 1 \\ 0 & 0 & -2 & 3 \\ 0 & 1 & 1 & 1 \end{vmatrix} \xlongequal{r_2 \leftrightarrow r_4} (-5)\begin{vmatrix} 1 & -5 & 3 & -3 \\ 0 & 1 & 1 & 1 \\ 0 & 0 & -2 & 3 \\ 0 & 2 & -1 & 1 \end{vmatrix}$

$$\xlongequal{r_4-2r_2} (-5)\begin{vmatrix} 1 & -5 & 3 & -3 \\ 0 & 1 & 1 & 1 \\ 0 & 0 & -2 & 3 \\ 0 & 0 & -3 & -1 \end{vmatrix} \xlongequal{r_4-\frac{3}{2}r_3} (-5)\begin{vmatrix} 1 & -5 & 3 & -3 \\ 0 & 1 & 1 & 1 \\ 0 & 0 & -2 & 3 \\ 0 & 0 & 0 & -\dfrac{11}{2} \end{vmatrix} = -55 .$$

例 1.4.2 计算 $D_n = \begin{vmatrix} x & a & \cdots & a \\ a & x & \cdots & a \\ \vdots & \vdots & \ddots & \vdots \\ a & a & \cdots & x \end{vmatrix}$.

解：$D_n \xlongequal{r_1+(r_2+\cdots+r_n)} [x+(n-1)a]\begin{vmatrix} 1 & 1 & \cdots & 1 \\ a & x & \cdots & a \\ \vdots & \vdots & \ddots & \vdots \\ a & a & \cdots & x \end{vmatrix}$

$$\xlongequal[r_n-ar_1]{\substack{r_2-ar_1\\ \cdots}} [x+(n-1)a]\begin{vmatrix} 1 & 1 & \cdots & 1 \\ 0 & x-a & \cdots & 0 \\ \vdots & \vdots & \ddots & \vdots \\ 0 & 0 & \cdots & x-a \end{vmatrix}$$

$$=[x+(n-1)a](x-a)^{n-1} .$$

例 1.4.3 计算 $D_n = \begin{vmatrix} 1 & 2 & 3 & \cdots & n \\ 2 & 1 & 0 & \cdots & 0 \\ 3 & 0 & 1 & \cdots & 0 \\ \vdots & \vdots & \vdots & \ddots & \vdots \\ n & 0 & 0 & \cdots & 1 \end{vmatrix}$.

解：$D_n \xlongequal[j=1,2,\cdots,n]{c_1-jc_j} \begin{vmatrix} 1-(2^2+3^2+\cdots+n^2) & 2 & 3 & \cdots & n \\ 0 & 1 & 0 & \cdots & 0 \\ 0 & 0 & 1 & \cdots & 0 \\ \vdots & \vdots & \vdots & \ddots & \vdots \\ 0 & 0 & 0 & \cdots & 1 \end{vmatrix} = 1-(2^2+3^2+\cdots+n^2) .$

例 1.4.4 求证：$\begin{vmatrix} a+b & b+c & c+a \\ a_1+b_1 & b_1+c_1 & c_1+a_1 \\ a_2+b_2 & b_2+c_2 & c_2+a_2 \end{vmatrix} = 2\begin{vmatrix} a & b & c \\ a_1 & b_1 & c_1 \\ a_2 & b_2 & c_2 \end{vmatrix}$.

证：左式$=\begin{vmatrix} a & b+c & c+a \\ a_1 & b_1+c_1 & c_1+a_1 \\ a_2 & b_2+c_2 & c_2+a_2 \end{vmatrix} + \begin{vmatrix} b & b+c & c+a \\ b_1 & b_1+c_1 & c_1+a_1 \\ b_2 & b_2+c_2 & c_2+a_2 \end{vmatrix}$

$$=\begin{vmatrix} a & b+c & c \\ a_1 & b_1+c_1 & c_1 \\ a_2 & b_2+c_2 & c_2 \end{vmatrix} + \begin{vmatrix} b & c & c+a \\ b_1 & c_1 & c_1+a_1 \\ b_2 & c_2 & c_2+a_2 \end{vmatrix}$$

$$=\begin{vmatrix} a & b & c \\ a_1 & b_1 & c_1 \\ a_2 & b_2 & c_2 \end{vmatrix} + \begin{vmatrix} b & c & a \\ b_1 & c_1 & a_1 \\ b_2 & c_2 & a_2 \end{vmatrix}$$

$$=2\begin{vmatrix} a & b & c \\ a_1 & b_1 & c_1 \\ a_2 & b_2 & c_2 \end{vmatrix}$$

=右式.

例 1.4.5 证明 $D=\left|\begin{array}{ccc:ccc} a_{11} & \cdots & a_{1m} & 0 & \cdots & 0 \\ \vdots & \ddots & \vdots & \vdots & \ddots & \vdots \\ a_{m1} & \cdots & a_{mm} & 0 & \cdots & 0 \\ \hdashline * & \cdots & * & b_{11} & \cdots & b_{1n} \\ \vdots & \ddots & \vdots & \vdots & \ddots & \vdots \\ * & \cdots & * & b_{n1} & \cdots & b_{nn} \end{array}\right| = \begin{vmatrix} a_{11} & \cdots & a_{1m} \\ \vdots & \ddots & \vdots \\ a_{m1} & \cdots & a_{mm} \end{vmatrix}\begin{vmatrix} b_{11} & \cdots & b_{1n} \\ \vdots & \ddots & \vdots \\ b_{n1} & \cdots & b_{nn} \end{vmatrix}$.

证：$D_1=\begin{vmatrix} a_{11} & \cdots & a_{1m} \\ \vdots & \ddots & \vdots \\ a_{m1} & \cdots & a_{mm} \end{vmatrix} \xlongequal{\text{行倍加}} \begin{vmatrix} p_1 & & \\ \vdots & \ddots & \\ * & \cdots & p_m \end{vmatrix} = p_1\cdots p_m$

$$D_2=\begin{vmatrix} b_{11} & \cdots & b_{1n} \\ \vdots & \ddots & \vdots \\ b_{n1} & \cdots & b_{nn} \end{vmatrix} \xlongequal{\text{列倍加}} \begin{vmatrix} q_1 & & \\ \vdots & \ddots & \\ * & \cdots & q_n \end{vmatrix} = q_1\cdots q_n$$

$$D \xlongequal[\text{后}n\text{列“列倍加”}]{\text{前}m\text{行“行倍加”}} \left|\begin{array}{ccc:ccc} p_1 & & & 0 & \cdots & 0 \\ \vdots & \ddots & & \vdots & \ddots & \vdots \\ * & \cdots & p_m & 0 & \cdots & 0 \\ \hdashline * & \cdots & * & q_1 & & \\ \vdots & \ddots & \vdots & \vdots & \ddots & \\ * & \cdots & * & * & \cdots & q_n \end{array}\right| = (p_1\cdots p_m)(q_1\cdots q_n) = D_1D_2.$$

1.5 行列式按行（列）展开

上节介绍了利用行列式的性质来简化行列式的计算，本节将考虑如何把高阶行列式化为低阶行列式，由于二阶、三阶行列式可以直接计算，故这也是求行列式的有效途径．在这里我们先引进余子式和代数余子式的概念．

1.5.1 余子式和代数余子式

在n阶行列式中，将元素a_{ij}所在的第i行和第j列上的元素划去，其余元素按照原来的相对位置构成的$n-1$阶行列式，称为元素a_{ij}的**余子式**，记为M_{ij}．记$A_{ij}=(-1)^{i+j}M_{ij}$，称A_{ij}为元素a_{ij}的**代数余子式**．

例 1.5.1 求行列式$D=\begin{vmatrix}1&0&-1&3\\0&1&2&4\\-3&5&0&0\\2&0&0&1\end{vmatrix}$中元素$a_{12},a_{34},a_{44}$的余子式和代数余子式．

解：$M_{12}=\begin{vmatrix}0&2&4\\-3&0&0\\2&0&1\end{vmatrix}=6$；$A_{12}=(-1)^{1+2}M_{12}=-6$．

$$M_{34}=\begin{vmatrix}1&0&-1\\0&1&2\\2&0&0\end{vmatrix}=2\text{；}A_{34}=(-1)^{3+4}M_{34}=-2.$$

$$M_{44}=\begin{vmatrix}1&0&-1\\0&1&2\\-3&5&0\end{vmatrix}=-13\text{；}A_{44}=(-1)^{4+4}M_{44}=-13.$$

1.5.2 行列式展开定理

引理 在n阶行列式D中，如果第i行元素仅$a_{ij}\neq 0$，其余的都为零，则这个行列式等于a_{ij}与它的代数余子式的乘积．即

$$D=a_{ij}A_{ij}.$$

证：先证$(i,j)=(1,1)$的情形，此时$D=\begin{vmatrix}a_{11}&0&\cdots&0\\a_{21}&a_{22}&\cdots&a_{2n}\\\vdots&\vdots&\ddots&\vdots\\a_{n1}&a_{n2}&\cdots&a_{nn}\end{vmatrix}$，这是例 1.4.5 中当$m=1$时的特殊情形，按例 1.4.5 的结论，即有

$$D = a_{11}M_{11}.$$

又 $A_{11} = (-1)^{1+1}M_{11} = M_{11}$，从而 $D = a_{11}A_{11}$.

再证一般情形，此时

$$D = \begin{vmatrix} a_{11} & \cdots & a_{1j} & \cdots & a_{1n} \\ \vdots & \ddots & \vdots & \ddots & \vdots \\ 0 & \cdots & a_{ij} & \cdots & 0 \\ \vdots & \ddots & \vdots & \ddots & \vdots \\ a_{n1} & \cdots & a_{nj} & \cdots & a_{nn} \end{vmatrix}$$

为了利用前面的结果，把 D 的行列做如下调换：把 D 的第 i 行依次与第 $i-1$ 行、第 $i-2$ 行……第1行对调，这样数 a_{ij} 就调到了第 1 行第 j 列，调换的次数为 $i-1$．再把第 j 列依次与第 $j-1$ 列、第 $j-2$ 列……第 1 列对调，这样数 a_{ij} 就调到了第 1 行第 1 列，调换的次数为 $j-1$．总之，经过 $i+j-2$ 次调换，把 a_{ij} 就调到了第 1 行第 1 列，所得到的行列式 $D_1 = (-1)^{i+j-2}D = (-1)^{i+j}D$，而 D_1 中 $(1,1)$ 元的余子式就是 D 中 (i,j) 元的余子式 M_{ij}．

由于 D_1 中 $(1,1)$ 元为 a_{ij}，第 1 行其余元素都为零，利用前面的结果，有 $D_1 = a_{ij}M_{ij}$，于是 $D = (-1)^{i+j}D_1 = (-1)^{i+j}a_{ij}M_{ij} = a_{ij}A_{ij}$.

定理 1.5.1 行列式等于它的任一行（列）的各元素与其对应的代数余子式乘积之和，即

$$D = a_{i1}A_{i1} + a_{i2}A_{i2} + \cdots + a_{in}A_{in} \qquad (i = 1,2,\cdots,n)$$

$$\text{或 } D = a_{1j}A_{1j} + a_{2j}A_{2j} + \cdots + a_{nj}A_{nj} \qquad (j = 1,2,\cdots,n)$$

证： $$D = \begin{vmatrix} a_{11} & a_{12} & \cdots & a_{1n} \\ \vdots & \vdots & \ddots & \vdots \\ a_{i1}+0+\cdots+0 & 0+a_{i2}+\cdots+0 & \cdots & 0+\cdots+0+a_{in} \\ \vdots & \vdots & \ddots & \vdots \\ a_{n1} & a_{n2} & \cdots & a_{nn} \end{vmatrix}$$

$$= \begin{vmatrix} a_{11} & a_{12} & \cdots & a_{1n} \\ \vdots & \vdots & \ddots & \vdots \\ a_{i1} & 0 & \cdots & 0 \\ \vdots & \vdots & \ddots & \vdots \\ a_{n1} & a_{n2} & \cdots & a_{nn} \end{vmatrix} + \begin{vmatrix} a_{11} & a_{12} & \cdots & a_{1n} \\ \vdots & \vdots & \ddots & \vdots \\ 0 & a_{i2} & \cdots & 0 \\ \vdots & \vdots & \ddots & \vdots \\ a_{n1} & a_{n2} & \cdots & a_{nn} \end{vmatrix} + \cdots + \begin{vmatrix} a_{11} & a_{12} & \cdots & a_{1n} \\ \vdots & \vdots & \ddots & \vdots \\ 0 & 0 & \cdots & a_{in} \\ \vdots & \vdots & \ddots & \vdots \\ a_{n1} & a_{n2} & \cdots & a_{nn} \end{vmatrix}$$

根据引理，即得

$$D = a_{i1}A_{i1} + a_{i2}A_{i2} + \cdots + a_{in}A_{in} \quad (i = 1,2,\cdots,n).$$

类似地，若按列证明，可得

$$D = a_{1j}A_{1j} + a_{2j}A_{2j} + \cdots + a_{nj}A_{nj} \quad (j = 1,2,\cdots,n).$$

这个定理叫做**行列式按行（列）展开法则**. 利用这一法则并结合行列式的性质，可以简化行列式的计算.

例 1.5.2　用展开法则再来计算例 1.4.1 的

$$D = \begin{vmatrix} 1 & -5 & 3 & -3 \\ 2 & 0 & 1 & -1 \\ 3 & 1 & -1 & 2 \\ 4 & 1 & 3 & -1 \end{vmatrix}.$$

解： 保留 a_{32}，把第 2 列其余元素变为零，然后按第 2 列展开：

$$D \xlongequal[r_4 - r_3]{r_1 + 5r_3} \begin{vmatrix} 16 & 0 & -2 & 7 \\ 2 & 0 & 1 & -1 \\ 3 & 1 & -1 & 2 \\ 1 & 0 & 4 & -3 \end{vmatrix} \xlongequal{\text{按第2列展开}} (-1)^{3+2} \begin{vmatrix} 16 & -2 & 7 \\ 2 & 1 & -1 \\ 1 & 4 & -3 \end{vmatrix}$$

$$\xlongequal[r_3 - 4r_2]{r_1 + 2r_2} (-1) \begin{vmatrix} 20 & 0 & 5 \\ 2 & 1 & -1 \\ -7 & 0 & 1 \end{vmatrix} \xlongequal{\text{按第2列展开}} (-1)(-1)^{2+2} \begin{vmatrix} 20 & 5 \\ -7 & 1 \end{vmatrix} = -55$$

例 1.5.3　计算 $D_{2n} = \begin{vmatrix} a & & & & & & & b \\ & a & & & & & b & \\ & & \ddots & & & \iddots & & \\ & & & a & b & & & \\ & & & c & d & & & \\ & & \iddots & & & \ddots & & \\ & c & & & & & d & \\ c & & & & & & & d \end{vmatrix}$.

解： 将 D_{2n} 按第 1 行展开，则

$$D_{2n} = (-1)^{1+1} a \begin{vmatrix} D_{2(n-1)} & \begin{matrix} 0 \\ \vdots \\ 0 \end{matrix} \\ \begin{matrix} 0 & \cdots & 0 \end{matrix} & d \end{vmatrix}_{(2n-1)} + (-1)^{1+2n} b \begin{vmatrix} \begin{matrix} 0 \\ \vdots \\ 0 \end{matrix} & D_{2(n-1)} \\ c & \begin{matrix} 0 & \cdots & 0 \end{matrix} \end{vmatrix}_{(2n-1)}$$

$$=(-1)^{(2n-1)+(2n-1)}ad\cdot D_{2(n-1)}+(-1)(-1)^{(2n-1)+1}bc\cdot D_{2(n-1)}$$

$$=(ad-bc)D_{2(n-1)}=\cdots=(ad-bc)^{n-1}D_2$$

而$D_2=\begin{vmatrix}a & b\\ c & d\end{vmatrix}=ad-bc$，故$D_{2n}=(ad-bc)^n$.

例 1.5.4 计算$D_n=\begin{vmatrix}1 & 1 & & & & \\ 1 & 2 & 2 & & & \\ 1 & 0 & 3 & 3 & & \\ \vdots & \vdots & \vdots & \ddots & \ddots & \\ 1 & 0 & 0 & \cdots & n-1 & n-1\\ 1 & 0 & 0 & \cdots & 0 & n\end{vmatrix}$.

解：将D_n按第n行展开，则

$$\begin{aligned}D_n&=nD_{n-1}+(-1)^{n+1}(n-1)!\\&=n\left[(n-1)D_{n-2}+(-1)^{(n-1)+1}(n-1-1)!\right]+(-1)^{n+1}(n-1)!\\&=n(n-1)D_{n-2}+(-1)^n\frac{n!}{n-1}+(-1)^{n+1}\frac{n!}{n}\\&=\cdots\cdots\\&=n(n-1)\cdots3\cdot D_2+(-1)^4\frac{n!}{3}+\cdots+(-1)^n\frac{n!}{n-1}+(-1)^{n+1}\frac{n!}{n}\end{aligned}$$

而$D_2=\begin{vmatrix}1 & 1\\ 1 & 2\end{vmatrix}=2-1=(-1)^2\cdot2+(-1)^3\cdot1$，故

$$D_n=(n!)\left[\frac{(-1)^2}{1}+\frac{(-1)^3}{2}+\frac{(-1)^4}{3}+\cdots+\frac{(-1)^{n+1}}{n}\right].$$

例 1.5.5 证明范德蒙德（vandermonde）行列式

$$D_n=\begin{vmatrix}1 & 1 & \cdots & 1 & 1\\ x_1 & x_2 & \cdots & x_{n-1} & x_n\\ x_1^2 & x_2^2 & \cdots & x_{n-1}^2 & x_n^2\\ \vdots & \vdots & \ddots & \vdots & \vdots\\ x_1^{n-1} & x_2^{n-1} & \cdots & x_{n-1}^{n-1} & x_n^{n-1}\end{vmatrix}=\prod_{1\leqslant j<i\leqslant n}(x_i-x_j). \tag{1.5.1}$$

其中记号“Π”表示全体同类因子的乘积.

证：用数学归纳法．因为

$$D_2=\begin{vmatrix}1 & 1\\ x_1 & x_2\end{vmatrix}=x_2-x_1=\prod_{1\leqslant j<i\leqslant 2}(x_i-x_j)$$

所以当 $n=2$ 时式(1.5.1)成立．现在假设式(1.5.1)对于 $n-1$ 阶范德蒙德行列式成立，要证式(1.5.1)对 n 阶范德蒙德行列式也成立．

为此，设法把 D_n 降阶：从第 n 行开始，后行减去前行的 x_n 倍，有

$$D_n \xlongequal[i=n,\cdots,2]{r_i-x_n\times r_{i-1}} \left|\begin{array}{cccc|c}1 & 1 & \cdots & 1 & 1\\ \hline (x_1-x_n) & (x_2-x_n) & \cdots & (x_{n-1}-x_n) & 0\\ x_1(x_1-x_n) & x_2(x_2-x_n) & \cdots & x_{n-1}(x_{n-1}-x_n) & 0\\ \vdots & \vdots & \ddots & \vdots & \vdots\\ x_1^{n-2}(x_1-x_n) & x_2^{n-2}(x_2-x_n) & \cdots & x_{n-1}^{n-2}(x_{n-1}-x_n) & 0\end{array}\right|$$

按第 n 列展开，并把每列的公因子 (x_i-x_n) 提出，就有

$$D_n=(x_n-x_{n-1})(x_n-x_{n-2})\cdots(x_n-x_1)\begin{vmatrix}1 & 1 & \cdots & 1\\ x_1 & x_2 & \cdots & x_{n-1}\\ \vdots & \vdots & \ddots & \vdots\\ x_1^{n-2} & x_2^{n-2} & \cdots & x_{n-1}^{n-2}\end{vmatrix}$$

上式右端的行列式是 $n-1$ 阶范德蒙德行列式，按归纳法假设，它等于所有 (x_i-x_j) 因子的乘积，其中 $2\leqslant j<i\leqslant n-1$．故

$$\begin{aligned}D_n&=(x_n-x_{n-1})(x_n-x_{n-2})\cdots(x_n-x_1)\prod_{1\leqslant j<i\leqslant n-1}(x_i-x_j)\\ &=\prod_{1\leqslant j<i\leqslant n}(x_i-x_j)\end{aligned}$$

例 1.5.3、例 1.5.4、例 1.5.5 都是计算 n 阶行列式．计算 n 阶行列式，常要使用数学归纳法，不过在比较简单的情形，可省略归纳法的叙述格式，但归纳法的主要步骤是不可省略的．主要步骤是：导出递推公式（例 1.5.3 中导出 $D_{2n}=(ad-bc)D_{2(n-1)}$）及检验 $n=1$ 时结论成立（例 1.5.3 中最后用到 $D_2=ad-bc$）．

由定理 1.5.1，还可得下述重要推论．

推论 行列式某一行（列）的元素与另一行（列）的对应元素的代数余子式乘积之和等于零．即

$$a_{i1}A_{j1}+a_{i2}A_{j2}+\cdots+a_{in}A_{jn}=0,\quad i\neq j$$

$$\text{或 } a_{1i}A_{1j}+a_{2i}A_{2j}+\cdots+a_{ni}A_{nj}=0,\quad i\neq j,$$

证：把行列式按第 j 行展开，有

$$a_{j1}A_{j1}+a_{j2}A_{j2}+\cdots+a_{jn}A_{jn}=\begin{vmatrix} a_{11} & a_{12} & \cdots & a_{1n} \\ \vdots & \vdots & \ddots & \vdots \\ a_{i1} & a_{i2} & \cdots & a_{in} \\ \vdots & \vdots & \ddots & \vdots \\ a_{j1} & a_{j2} & \cdots & a_{jn} \\ \vdots & \vdots & \ddots & \vdots \\ a_{n1} & a_{n2} & \cdots & a_{nn} \end{vmatrix}$$

在上式中把 a_{jk} 换成 a_{ik} $(k=1,\cdots,n)$，可得

$$a_{i1}A_{j1}+a_{i2}A_{j2}+\cdots+a_{in}A_{jn}=\begin{vmatrix} a_{11} & a_{12} & \cdots & a_{1n} \\ \vdots & \vdots & \ddots & \vdots \\ a_{i1} & a_{i2} & \cdots & a_{in} \\ \vdots & \vdots & \ddots & \vdots \\ a_{i1} & a_{i2} & \cdots & a_{in} \\ \vdots & \vdots & \ddots & \vdots \\ a_{n1} & a_{n2} & \cdots & a_{nn} \end{vmatrix}\begin{matrix} \\ \\ \leftarrow 第i行 \\ \\ \leftarrow 第j行 \\ \\ \\ \end{matrix}$$

当 $i\neq j$ 时，上式右端行列式中有两行对应元素相同，故行列式等于零，即得

$$a_{i1}A_{j1}+a_{i2}A_{j2}+\cdots+a_{in}A_{jn}=0\,(i\neq j)$$

上述证法如按列进行，即可得

$$a_{1i}A_{1j}+a_{2i}A_{2j}+\cdots+a_{ni}A_{nj}=0\,(i\neq j).$$

结合定理 1.5.1 及其推论，可得代数余子式的重要性质：

$$a_{i1}A_{j1}+a_{i2}A_{j2}+\cdots+a_{in}A_{jn}=\begin{cases} D & (i=j) \\ 0 & (i\neq j) \end{cases}$$

$$或\ a_{1i}A_{1j}+a_{2i}A_{2j}+\cdots+a_{ni}A_{nj}=\begin{cases} D & (i=j) \\ 0 & (i\neq j) \end{cases}$$

仿照上述推论证明中所用的方法，在行列式 $\det(a_{ij})$ 按第 i 行展开的展开式

$$\det(a_{ij})=a_{i1}A_{i1}+a_{i2}A_{i2}+\cdots+a_{in}A_{in}$$

中，用 $b_1,b_2,\cdots,b_n$ 依次代替 $a_{i1},a_{i2},\cdots,a_{in}$，可得

$$\begin{vmatrix} a_{11} & a_{12} & \cdots & a_{1n} \\ \vdots & \vdots & \ddots & \vdots \\ a_{i-1,1} & a_{i-1,2} & \cdots & a_{i-1,n} \\ b_1 & b_2 & \ddots & b_n \\ a_{i+1,1} & a_{i+1,2} & \cdots & a_{i+1,n} \\ \vdots & \vdots & \ddots & \vdots \\ a_{n1} & a_{n2} & \cdots & a_{nn} \end{vmatrix}=b_1A_{i1}+b_2A_{i2}+\cdots+b_nA_{in}. \tag{1.5.2}$$

其实，把式 (1.5.2) 左端行列式按第 i 行展开，注意到它的 (i, j) 元的代数余子式等于 $\det(a_{ij})$ 中 (i, j) 元的代数余子式 A_{ij} $(j=1,2,\cdots,n)$，也可知式 (1.5.2) 成立.

类似地，用 $b_1,b_2,\cdots,b_n$ 代替 $\det(a_{ij})$ 中第 j 列，可得

$$\begin{vmatrix} a_{11} & \cdots & a_{1,j-1} & b_1 & a_{1,j+1} & \cdots & a_{1n} \\ \vdots & \ddots & \vdots & \vdots & \vdots & \ddots & \vdots \\ a_{n1} & \cdots & a_{n,j-1} & b_n & a_{n,j+1} & \cdots & a_{nn} \end{vmatrix} = b_1A_{1j}+b_2A_{2j}+\cdots+b_nA_{nj}. \tag{1.5.3}$$

例 1.5.6　$D=\begin{vmatrix} 1 & 2 & 3 & 4 \\ 2 & 4 & 3 & 1 \\ 4 & 1 & 3 & 2 \\ 1 & 4 & 3 & 2 \end{vmatrix}$，求 $A_{11}+A_{21}+A_{31}+A_{41}$.

解：按式 (1.5.3) 可知 $A_{11}+A_{21}+A_{31}+A_{41}$ 等于用 $1,1,1,1$ 代替 D 的第 1 列所得的行列式，即

$$A_{11}+A_{21}+A_{31}+A_{41}=\begin{vmatrix} 1 & 2 & 3 & 4 \\ 1 & 4 & 3 & 1 \\ 1 & 1 & 3 & 2 \\ 1 & 4 & 3 & 2 \end{vmatrix}=0$$ （第 1 列与第 3 列元素对应成比例）.

1.6　克拉默法则

1.6.1　线性方程组的基本概念

从实际问题导出的线性方程组通常含有很多个未知数和很多个方程，它的一般形式为

$$\begin{cases} a_{11}x_1+a_{12}x_2+\cdots+a_{1n}x_n=b_1 \\ a_{21}x_1+a_{22}x_2+\cdots+a_{2n}x_n=b_2 \\ \quad\vdots \\ a_{m1}x_1+a_{m2}x_2+\cdots+a_{mn}x_n=b_m \end{cases} \tag{1.6.1}$$

其中 $x_1,x_2,\cdots,x_n$ 是未知数，a_{ij} $(i=1,2,\cdots,m; j=1,2,\cdots,n)$ 是未知数的系数，$b_1,b_2,\cdots,b_m$ 叫作常数项，这里 m 与 n 不一定相等.

线性方程组 (1.6.1) 的解是指这样的一组数 $k_1,k_2,\cdots,k_n$，当用它们依次替换方程组 (1.6.1) 中的未知数 $x_1,x_2,\cdots,x_n$ 时，方程组中的每个方程都成立.

如果 $b_1=b_2=\cdots=b_m=0$，则式 (1.6.1) 叫做**齐次线性方程组**；如果 $b_1,b_2,\cdots,b_m$ 不全为零，则式 (1.6.1) 叫作**非齐次线性方程组**.

对于齐次线性方程组

$$\begin{cases} a_{11}x_1 + a_{12}x_2 + \cdots + a_{1n}x_n = 0 \\ a_{21}x_1 + a_{22}x_2 + \cdots + a_{2n}x_n = 0 \\ \qquad\qquad\vdots \\ a_{m1}x_1 + a_{m2}x_2 + \cdots + a_{mn}x_n = 0 \end{cases} \tag{1.6.2}$$

$x_1 = x_2 = \cdots = x_n = 0$ 一定是它的解，这个解叫作齐次线性方程组 (1.6.2) 的**零解**. 如果一组不全为零的数是 (1.6.2) 的解，则它叫作齐次线性方程组 (1.6.2) 的**非零解**. 齐次线性方程组一定有零解，但不一定有非零解.

1.6.2 克拉默法则

当 $m = n$ 时，方程组 (1.6.1) 变成

$$\begin{cases} a_{11}x_1 + a_{12}x_2 + \cdots + a_{1n}x_n = b_1 \\ a_{21}x_1 + a_{22}x_2 + \cdots + a_{2n}x_n = b_2 \\ \qquad\qquad\vdots \\ a_{n1}x_1 + a_{n2}x_2 + \cdots + a_{nn}x_n = b_n \end{cases} \tag{1.6.3}$$

此时由于未知数个数与方程个数相等，与 1.1.1 节中二、三元线性方程组相类似，它的解可以用 n 阶行列式表示. 即有如下定理.

定理 1.6.1（克拉默法则） 如果线性方程组 (1.6.2) 的系数行列式不等于零，即

$$D = \begin{vmatrix} a_{11} & a_{12} & \cdots & a_{1n} \\ a_{21} & a_{22} & \cdots & a_{2n} \\ \vdots & \vdots & \ddots & \vdots \\ a_{n1} & a_{n2} & \cdots & a_{nn} \end{vmatrix} \neq 0$$

那么，方程组 (1.6.3) 有唯一解

$$x_j = \frac{D_j}{D} \quad (j = 1, 2, \cdots, n) \tag{1.6.4}$$

其中 $D_j\,(j = 1, 2, \cdots, n)$ 是把系数行列式 D 中第 j 列元素用方程组右端的常数项代替后所得到的 n 阶行列式，即

$$D_j = \begin{vmatrix} a_{11} & \cdots & a_{1,j-1} & b_1 & a_{1,j+1} & \cdots & a_{1n} \\ \vdots & \ddots & \vdots & \vdots & \vdots & \ddots & \vdots \\ a_{n1} & \cdots & a_{n,j-1} & b_n & a_{n,j+1} & \cdots & a_{nn} \end{vmatrix}.$$

注意，这里的 D_j 有展开式 (1.5.3) .

例 1.6.1 求解线性方程组

$$\begin{cases} x_1 - x_2 + x_3 - 2x_4 = 2 \\ 2x_1 \quad\quad - x_3 + 4x_4 = 4 \\ 3x_1 + 2x_2 + x_3 \quad\quad = -1 \\ -x_1 + 2x_2 - x_3 + 2x_4 = -4 \end{cases}.$$

解：系数行列式

$$D = \begin{vmatrix} 1 & -1 & 1 & -2 \\ 2 & 0 & -1 & 4 \\ 3 & 2 & 1 & 0 \\ -1 & 2 & -1 & 2 \end{vmatrix} \xlongequal[c_2-2c_3]{c_1-3c_3} \begin{vmatrix} -2 & -3 & 1 & -2 \\ 5 & 2 & -1 & 4 \\ 0 & 0 & 1 & 0 \\ 2 & 4 & -1 & 2 \end{vmatrix}$$

$$\xlongequal{\text{按第3行展开}} (-1)^{3+3} \begin{vmatrix} -2 & -3 & -2 \\ 5 & 2 & 4 \\ 2 & 4 & 2 \end{vmatrix}$$

$$\xlongequal{r_1+r_3} \begin{vmatrix} 0 & 1 & 0 \\ 5 & 2 & 4 \\ 2 & 4 & 2 \end{vmatrix} = (-1)^{1+2} \begin{vmatrix} 5 & 4 \\ 2 & 2 \end{vmatrix} = -2 \neq 0$$

所以方程组有唯一解，而

$$D_1 = \begin{vmatrix} 2 & -1 & 1 & -2 \\ 4 & 0 & -1 & 4 \\ -1 & 2 & 1 & 0 \\ -4 & 2 & -1 & 2 \end{vmatrix} = -2\,,\quad D_2 = \begin{vmatrix} 1 & 2 & 1 & -2 \\ 2 & 4 & -1 & 4 \\ 3 & -1 & 1 & 0 \\ -1 & -4 & -1 & 2 \end{vmatrix} = 4$$

$$D_3 = \begin{vmatrix} 1 & -1 & 2 & -2 \\ 2 & 0 & 4 & 4 \\ 3 & 2 & -1 & 0 \\ -1 & 2 & -4 & 2 \end{vmatrix} = 0\,,\quad D_4 = \begin{vmatrix} 1 & -1 & 1 & 2 \\ 2 & 0 & -1 & 4 \\ 3 & 2 & 1 & -1 \\ -1 & 2 & -1 & -4 \end{vmatrix} = -1$$

于是得 $x_1 = 1$，$x_2 = -2$，$x_3 = 0$，$x_4 = \dfrac{1}{2}$.

定理 1.6.1 的逆否定理如下.

定理 1.6.2　如果线性方程组 (1.6.3) 无解或有无穷多解，则它的系数行列式必为零.

当线性方程组 (1.6.3) 的系数行列式为零的时候，会出现两种情况：一是无解；二是无穷多解. 这两种情况将在第 3 章进行详细讨论.

对于含有 n 个未知数 n 个方程的齐次线性方程组

$$\begin{cases} a_{11}x_1 + a_{12}x_2 + \cdots + a_{1n}x_n = 0 \\ a_{21}x_1 + a_{22}x_2 + \cdots + a_{2n}x_n = 0 \\ \quad\quad\quad\quad \vdots \\ a_{n1}x_1 + a_{n2}x_2 + \cdots + a_{nn}x_n = 0 \end{cases} \tag{1.6.5}$$

由定理 1.6.1，可得如下定理.

定理 1.6.3 如果齐次线性方程组(1.6.4)的系数行列式 $D \neq 0$，则齐次方程组只有零解.

定理 1.6.4 如果齐次方程组有非零解，则它的系数行列式必为零.

定理 1.6.3 和定理 1.6.4 说明系数行列式 $D = 0$ 是齐次线性方程组有非零解的必要条件. 在第 3 章还将证明这个条件也是充分的.

例 1.6.2 判断方程组 $\begin{cases} 2x_1 + x_2 - 5x_3 + x_4 = 0 \\ x_1 - 3x_2 - 6x_4 = 0 \\ 2x_2 - x_3 = 0 \\ x_1 + 4x_2 - 7x_3 + 6x_4 = 0 \end{cases}$ 有无非零解.

解： 由于系数行列式

$$D = \begin{vmatrix} 2 & 1 & -5 & 1 \\ 1 & -3 & 0 & -6 \\ 0 & 2 & -1 & 0 \\ 1 & 4 & -7 & 6 \end{vmatrix} \xlongequal{c_2 + 2c_3} \begin{vmatrix} 2 & -9 & -5 & 1 \\ 1 & -3 & 0 & -6 \\ 0 & 0 & -1 & 0 \\ 1 & -10 & -7 & 6 \end{vmatrix}$$

$$\xlongequal{\text{按第3行展开}} (-1)(-1)^{3+3} \begin{vmatrix} 2 & -9 & 1 \\ 1 & -3 & -6 \\ 1 & -10 & 6 \end{vmatrix}$$

$$\xlongequal[r_1 - 2r_3]{r_2 - r_3} - \begin{vmatrix} 0 & 11 & -11 \\ 0 & 7 & -12 \\ 1 & -10 & 6 \end{vmatrix}$$

$$\xlongequal{\text{按第1列展开}} -(-1)^{3+3} \begin{vmatrix} 11 & -11 \\ 7 & -12 \end{vmatrix} = 55 \neq 0$$

所以方程组只有零解.

例 1.6.3 已知 $\begin{cases} \lambda x_1 + x_2 + x_3 = 0 \\ x_1 + \lambda x_2 + x_3 = 0 \\ x_1 + x_2 + \lambda x_3 = 0 \end{cases}$ 有非零解，求 λ.

解： 因为方程组的系数行列式为

$$D = \begin{vmatrix} \lambda & 1 & 1 \\ 1 & \lambda & 1 \\ 1 & 1 & \lambda \end{vmatrix} = (\lambda + 2)(\lambda - 1)^2 = 0$$

由定理 1.6.4 知，它的系数行列式 $D=0$，即 $(\lambda+2)(\lambda-1)^2=0$，故 $\lambda=1$ 或 $\lambda=-2$.

习　题　1

1.1 利用对角线法则计算下列三阶行列式.

（1）$\begin{vmatrix} 2 & 0 & 1 \\ 1 & -4 & -1 \\ -1 & 8 & 3 \end{vmatrix}$;　（2）$\begin{vmatrix} a & b & c \\ b & c & a \\ c & a & b \end{vmatrix}$;

（3）$\begin{vmatrix} 1 & 1 & 1 \\ a & b & c \\ a^2 & b^2 & c^2 \end{vmatrix}$;　（4）$\begin{vmatrix} x & y & x+y \\ y & x+y & x \\ x+y & x & y \end{vmatrix}$.

1.2 按自然数从小到大为标准次序，求下列各排列的逆序数.

（1）1 2 3 4;　（2）4 1 3 2;

（3）3 4 2 1;　（4）2 4 1 3;

（5）1 3 … $(2n-1)$ 2 4 … $(2n)$;

（6）1 3 … $(2n-1)$ $(2n)$ $(2n-2)$ … 2.

1.3 写出四阶行列式中含有因子 $a_{11}a_{23}$ 的项.

1.4 计算下列各行列式.

（1）$\begin{vmatrix} 4 & 1 & 2 & 4 \\ 1 & 2 & 0 & 2 \\ 10 & 5 & 2 & 0 \\ 0 & 1 & 1 & 7 \end{vmatrix}$;　（2）$\begin{vmatrix} 2 & 1 & 4 & 1 \\ 3 & -1 & 2 & 1 \\ 1 & 2 & 3 & 2 \\ 5 & 0 & 6 & 2 \end{vmatrix}$;

（3）$\begin{vmatrix} -ab & ac & ae \\ bd & -cd & de \\ bf & cf & -ef \end{vmatrix}$;　（4）$\begin{vmatrix} a & 1 & 0 & 0 \\ -1 & b & 1 & 0 \\ 0 & -1 & c & 1 \\ 0 & 0 & -1 & d \end{vmatrix}$.

1.5 证明：

（1）$\begin{vmatrix} a^2 & ab & b^2 \\ 2a & a+b & 2b \\ 1 & 1 & 1 \end{vmatrix}=(a-b)^3$;

（2）$\begin{vmatrix} ax+by & ay+bz & az+bx \\ ay+bz & az+bx & ax+by \\ az+bx & ax+by & ay+bz \end{vmatrix}=(a^3+b^3)\begin{vmatrix} x & y & z \\ y & z & x \\ z & x & y \end{vmatrix}$;

（3）$\begin{vmatrix} a^2 & (a+1)^2 & (a+2)^2 & (a+3)^2 \\ b^2 & (b+1)^2 & (b+2)^2 & (b+3)^2 \\ c^2 & (c+1)^2 & (c+2)^2 & (c+3)^2 \\ d^2 & (d+1)^2 & (d+2)^2 & (d+3)^2 \end{vmatrix} = 0$；

（4）$\begin{vmatrix} 1 & 1 & 1 & 1 \\ a & b & c & d \\ a^2 & b^2 & c^2 & d^2 \\ a^4 & b^4 & c^4 & d^4 \end{vmatrix} = (a-b)(a-c)(a-d)(b-c)(b-d)(c-d)(a+b+c+d)$;

（5）$\begin{vmatrix} x & -1 & 0 & \cdots & 0 & 0 \\ 0 & x & -1 & \cdots & 0 & 0 \\ \vdots & \vdots & \vdots & \ddots & \vdots & \vdots \\ 0 & 0 & 0 & \cdots & x & -1 \\ a_n & a_{n-1} & a_{n-2} & \cdots & a_2 & x+a_1 \end{vmatrix} = x^n + a_1 x^{n-1} + \cdots + a_{n-1}x + a_n.$

1.6 设 n 阶行列式 $D=\det(a_{ij})$，把 D 上下翻转，逆时针旋转 90°，依副对角线翻转，依次得

$$D_1 = \begin{vmatrix} a_{n1} & \cdots & a_{nn} \\ \vdots & \ddots & \vdots \\ a_{11} & \cdots & a_{1n} \end{vmatrix},\quad D_2 = \begin{vmatrix} a_{1n} & \cdots & a_{nn} \\ \vdots & \ddots & \vdots \\ a_{11} & \cdots & a_{n1} \end{vmatrix},\quad D_3 = \begin{vmatrix} a_{nn} & \cdots & a_{1n} \\ \vdots & \ddots & \vdots \\ a_{n1} & \cdots & a_{11} \end{vmatrix}$$

证明 $D_1 = D_2 = (-1)^{\frac{n(n-1)}{2}} D, D_3 = D_2$.

1.7 计算下列各行列式（D_k 为 k 阶行列式）.

（1）$D_n = \begin{vmatrix} a & & 1 \\ & \ddots & \\ 1 & & a \end{vmatrix}$，其中对角线上元素都是 a，未写出的元素都是 0；

（2）$D_n = \begin{vmatrix} x & a & \cdots & a \\ a & x & \cdots & a \\ \vdots & \vdots & \ddots & \vdots \\ a & a & \cdots & x \end{vmatrix}$；

（3）$D_{n+1} = \begin{vmatrix} a^n & (a-1)^n & \cdots & (a-n)^n \\ a^{n-1} & (a-1)^{n-1} & \cdots & (a-n)^{n-1} \\ \vdots & \vdots & \ddots & \vdots \\ a & a-1 & \cdots & a-n \\ 1 & 1 & \cdots & 1 \end{vmatrix}$；

提示：利用范德蒙德行列式的结果.

（4）$D_{2n}=\begin{vmatrix} a_n & & & & & & b_n \\ & \ddots & & & & \cdot^{\cdot^{\cdot}} & \\ & & a_1 & b_1 & & & \\ & & c_1 & d_1 & & & \\ & \cdot^{\cdot^{\cdot}} & & & & \ddots & \\ c_n & & & & & & d_n \end{vmatrix}$，其中未写出的元素都是 0；

（5）$D=\det(a_{ij})$，其中 $a_{ij}=|i-j|$；

（6）$D_n=\begin{vmatrix} 1+a_1 & 1 & \cdots & 1 \\ 1 & 1+a_2 & \cdots & 1 \\ \vdots & \vdots & \ddots & \vdots \\ 1 & 1 & \cdots & 1+a_n \end{vmatrix}$，其中 $a_1a_2\cdots a_n\neq 0$．

1.8 用克拉默法则解下列方程组：

（1）$\begin{cases} x_1+x_2+x_3+x_4=5 \\ x_1+2x_2-x_3+4x_4=-2 \\ 2x_1-3x_2-x_3-5x_4=-2 \\ 3x_1+x_2+2x_3+11x_4=0 \end{cases}$

（2）$\begin{cases} 5x_1+6x_2=1 \\ x_1+5x_2+6x_3=0 \\ x_2+5x_3+6x_4=0 \\ x_3+5x_4+6x_5=0 \\ x_4+5x_5=1 \end{cases}$

1.9 问 λ,μ 取何值时，如下齐次线性方程组有非零解？

$$\begin{cases} \lambda x_1+x_2+x_3=0 \\ x_1+\mu x_2+x_3=0 \\ x_1+2\mu x_2+x_3=0 \end{cases}$$

1.10 问 λ 取何值时，如下齐次线性方程组有非零解？

$$\begin{cases} (1-\lambda)x_1-2x_2+4x_3=0 \\ 2x_1+(3-\lambda)x_2+x_3=0 \\ x_1+x_2+(1-\lambda)x_3=0 \end{cases}$$

第 2 章　矩阵及其运算

矩阵是线性代数中最重要的概念之一，很多数量关系有时都可用矩阵来描述，如学生的成绩统计表、车站的发车时刻表等表格以矩阵为表达形式非常清晰直观. 矩阵在本课程中也是研究线性方程组的求解与线性变换的一个重要工具.

本章主要介绍矩阵的运算与逆、分块法、初等变换、初等矩阵以及秩.

2.1　矩阵的概念

二元线性方程组

$$\begin{cases} a_{11}x_1 + a_{12}x_2 = b_1 \\ a_{21}x_1 + a_{22}x_2 = b_2 \end{cases} \tag{2.1.1}$$

中的系数 $a_{ij}\,(i, j = 1,2)$，$b_j\,(j = 1,2)$按原有的位置组成的数表为

$$\begin{bmatrix} a_{11} & a_{12} & b_1 \\ a_{21} & a_{22} & b_2 \end{bmatrix}$$

该数表与方程组(2.1.1)中的系数是一一对应的. 从而在本课程中以后解线性方程组时一般只在表中进行运算.

定义 2.1.1　由 $m \times n$ 个数 $a_{ij}\,(i = 1,2,\cdots,m; j = 1,2,\cdots,n)$所排成的 m 行 n 列的数表

$$\begin{matrix} a_{11} & a_{12} & \cdots & a_{1n} \\ a_{21} & a_{22} & \cdots & a_{2n} \\ \vdots & \vdots & \ddots & \vdots \\ a_{m1} & a_{m2} & \cdots & a_{mn} \end{matrix}$$

称为 m 行 n 列矩阵，简称 $m \times n$ 矩阵. 记为 $A_{m\times n}$ 或 A，即

$$\boldsymbol{A} = \begin{bmatrix} a_{11} & a_{12} & \cdots & a_{1n} \\ a_{21} & a_{22} & \cdots & a_{2n} \\ \vdots & \vdots & \ddots & \vdots \\ a_{m1} & a_{m2} & \cdots & a_{mn} \end{bmatrix}$$

其中元素 a_{ij} 称为矩阵 $\boldsymbol{A}$ 的(i, j)元.

一个行数与列数都为 n 的矩阵称为方阵，即

$$\begin{bmatrix} a_{11} & a_{12} & \cdots & a_{1n} \\ a_{21} & a_{22} & \cdots & a_{2n} \\ \vdots & \vdots & \ddots & \vdots \\ a_{n1} & a_{n2} & \cdots & a_{nn} \end{bmatrix}$$

也称为 n 阶矩阵.

元素全为零的矩阵称为零矩阵，记为 $\mathbf{0}$. 例如，

$$\mathbf{0}_{2\times2}=\begin{bmatrix} 0 & 0 \\ 0 & 0 \end{bmatrix},\qquad \mathbf{0}_{3\times4}=\begin{bmatrix} 0 & 0 & 0 & 0 \\ 0 & 0 & 0 & 0 \\ 0 & 0 & 0 & 0 \end{bmatrix}.$$

元素仅一行的矩阵称为行矩阵；元素仅一列的矩阵称为列矩阵.

在矩阵 $\boldsymbol{A}$ 中各个元素前面都添加一个负号得到的矩阵称为 $\boldsymbol{A}$ 的负矩阵，记为 $-\boldsymbol{A}$.

主对角线上元素全为 1，其他元素全为 0 的方阵称为单位矩阵，记为 $\boldsymbol{E}$（或 $\boldsymbol{I}$）. n 阶单位阵为

$$\boldsymbol{E}=\begin{bmatrix} 1 & 0 & \cdots & 0 \\ 0 & 1 & \cdots & 0 \\ \vdots & \vdots & \ddots & \vdots \\ 0 & 0 & \cdots & 1 \end{bmatrix}.$$

定义 2.1.2　两个矩阵只有在它们的行、列数分别相等，且对应的元素都相等时，才称为相等.

2.2　矩阵的运算

2.2.1　矩阵的加（减）法

定义 2.2.1　设

$$\boldsymbol{A}=\begin{bmatrix} a_{11} & a_{12} & \cdots & a_{1k} \\ a_{21} & a_{22} & \cdots & a_{2k} \\ \vdots & \vdots & \ddots & \vdots \\ a_{s1} & a_{s2} & \cdots & a_{sk} \end{bmatrix},\qquad \boldsymbol{B}=\begin{bmatrix} b_{11} & b_{12} & \cdots & b_{1k} \\ b_{21} & b_{22} & \cdots & b_{2k} \\ \vdots & \vdots & \ddots & \vdots \\ b_{s1} & b_{s2} & \cdots & b_{sk} \end{bmatrix}$$

是两个 $s\times k$ 阶矩阵，则 $s\times k$ 阶矩阵

$$C=\begin{bmatrix} a_{11}+b_{11} & a_{12}+b_{12} & \cdots & a_{1k}+b_{1k} \\ a_{21}+b_{21} & a_{22}+b_{22} & \cdots & a_{2k}+b_{2k} \\ \vdots & \vdots & \ddots & \vdots \\ a_{s1}+b_{s1} & a_{s2}+b_{s2} & \cdots & a_{sk}+b_{sk} \end{bmatrix}$$

称为 $\boldsymbol{A}$ 与 $\boldsymbol{B}$ 的和，记为 $\boldsymbol{C}=\boldsymbol{A}+\boldsymbol{B}$.

例 2.2.1 $\begin{bmatrix} 3 & 2 & -1 & 1 \\ 1 & -1 & 2 & 2 \\ 3 & 1 & -2 & 4 \\ 2 & 3 & 4 & 3 \end{bmatrix}+\begin{bmatrix} 1 & -1 & 4 & 5 \\ 2 & -1 & 3 & 2 \\ 0 & 5 & 4 & -2 \\ -1 & 0 & 3 & 2 \end{bmatrix}$

$$=\begin{bmatrix} 3+1 & 2+(-1) & (-1)+4 & 1+5 \\ 1+2 & (-1)+(-1) & 2+3 & 2+2 \\ 3+0 & 1+5 & (-2)+4 & 4+(-2) \\ 2+(-1) & 3+0 & 4+3 & 3+2 \end{bmatrix}=\begin{bmatrix} 4 & 1 & 3 & 6 \\ 3 & -2 & 5 & 4 \\ 3 & 6 & 2 & 2 \\ 1 & 3 & 7 & 5 \end{bmatrix}.$$

注意到两个矩阵的行数与列数分别相等时才能进行加法运算.

同样，对于矩阵的减法 $\boldsymbol{A}-\boldsymbol{B}$，也要求两个矩阵的行数与列数分别相等才能进行，且

$$\boldsymbol{A}-\boldsymbol{B}=\begin{bmatrix} a_{11}-b_{11} & a_{12}-b_{12} & \dots & a_{1k}-b_{1k} \\ a_{21}-b_{21} & a_{22}-b_{22} & \cdots & a_{2k}-b_{2k} \\ \vdots & \vdots & \ddots & \vdots \\ a_{s1}-b_{s1} & a_{s2}-b_{s2} & \cdots & a_{sk}-b_{sk} \end{bmatrix}.$$

2.2.2 数与矩阵的乘法

定义 2.2.2 设 $\boldsymbol{A}=\begin{bmatrix} a_{11} & a_{12} & \cdots & a_{1k} \\ a_{21} & a_{22} & \cdots & a_{2k} \\ \vdots & \vdots & \ddots & \vdots \\ a_{s1} & a_{s2} & \cdots & a_{sk} \end{bmatrix}$，$\lambda$ 为任意数，则称矩阵

$$\boldsymbol{C}=\lambda\boldsymbol{A}=\begin{bmatrix} c_{11} & c_{12} & \cdots & c_{1k} \\ c_{21} & c_{22} & \cdots & c_{2k} \\ \vdots & \vdots & \ddots & \vdots \\ c_{s1} & c_{s2} & \cdots & c_{sk} \end{bmatrix}$$

为数 λ 与矩阵 $\boldsymbol{A}$ 的数乘，其中 $c_{ij}=\lambda a_{ij}(i=1,2,\cdots,s;j=1,2,\cdots,k)$.

2.2.3 矩阵的乘法

在本节中，我们将变换

$$\begin{cases}z_1=3y_1+5y_2\\z_2=2y_1-4y_2\end{cases},\quad\begin{cases}y_1=2x_1-3x_2\\y_2=4x_1+6x_2\end{cases},\quad\begin{cases}z_1=26x_1+21x_2\\z_2=-12x_1-30x_2\end{cases}$$

写成矩阵表示形式

$$\begin{bmatrix}z_1\\z_2\end{bmatrix}=\begin{bmatrix}3&5\\2&4\end{bmatrix}\begin{bmatrix}y_1\\y_2\end{bmatrix},\quad\begin{bmatrix}y_1\\y_2\end{bmatrix}=\begin{bmatrix}2&-3\\4&6\end{bmatrix}\begin{bmatrix}x_1\\x_2\end{bmatrix},\quad\begin{bmatrix}z_1\\z_2\end{bmatrix}=\begin{bmatrix}26&21\\-12&-30\end{bmatrix}\begin{bmatrix}x_1\\x_2\end{bmatrix}.$$

将上式简写为 $\boldsymbol{Z}=\boldsymbol{AY}$，$\boldsymbol{Y}=\boldsymbol{BX}$，则 $\boldsymbol{Z}=\boldsymbol{CX}$．其中 $\boldsymbol{C}=\boldsymbol{AB}$ 就是我们这一节所讲的矩阵的乘法.

例如，设有三名学生，他们某门课程的平时、期中、期末成绩如下所示：

$$\begin{matrix}&\text{平时}&\text{期中}&\text{期末}\\ \text{同学1}\ \cdots&100&50&20\\ \text{同学2}\ \cdots&50&20&100\\ \text{同学3}\ \cdots&20&100&50\end{matrix}.$$

按照平时 20%、期中 30%、期末 50%，他们的平均成绩分别为 45、66 和 59.

可以将上面的平均成绩与分值权重也写成矩阵，用矩阵的乘法表示为

$$\begin{bmatrix}100&50&20\\50&20&100\\20&100&50\end{bmatrix}\begin{bmatrix}0.2\\0.3\\0.5\end{bmatrix}=\begin{bmatrix}45\\66\\59\end{bmatrix}\begin{matrix}\cdots\ \text{同学1}\\\cdots\ \text{同学2}\\\cdots\ \text{同学3}\end{matrix}.$$

定义 2.2.3　设 $\boldsymbol{A}$ 是一个 $m\times k$ 阶矩阵 $\begin{bmatrix}a_{11}&a_{12}&\cdots&a_{1k}\\a_{21}&a_{22}&\cdots&a_{2k}\\\vdots&\vdots&\ddots&\vdots\\a_{m1}&a_{m2}&\cdots&a_{mk}\end{bmatrix}$，$\boldsymbol{B}$ 是一个 $k\times n$ 阶矩阵 $\begin{bmatrix}b_{11}&b_{12}&\cdots&b_{1n}\\b_{21}&b_{22}&\cdots&b_{2n}\\\vdots&\vdots&\ddots&\vdots\\b_{k1}&b_{k2}&\cdots&b_{kn}\end{bmatrix}$，则称 $\boldsymbol{C}$ 是一个 $m\times n$ 阶矩阵 $\begin{bmatrix}c_{11}&c_{12}&\cdots&c_{1n}\\c_{21}&c_{22}&\cdots&c_{2n}\\\vdots&\vdots&\ddots&\vdots\\c_{m1}&c_{m2}&\cdots&c_{mn}\end{bmatrix}$，其中 $c_{ij}=a_{i1}b_{1j}+a_{i2}b_{2j}+\cdots+a_{ik}b_{kj}\,(i=1,2,\cdots,m;\,j=1,2,\cdots,n)$ 为 $\boldsymbol{A}$ 与 $\boldsymbol{B}$ 的乘积，记为 $\boldsymbol{C}=\boldsymbol{AB}$.

例 2.2.2　设二阶矩阵

$$\boldsymbol{A}=\begin{bmatrix}1&2\\3&6\end{bmatrix},\qquad\boldsymbol{B}=\begin{bmatrix}2&4\\-1&-2\end{bmatrix}$$

求 $\boldsymbol{AB}$ 与 $\boldsymbol{BA}$.

解：

$$\boldsymbol{AB}=\begin{bmatrix}1&2\\3&6\end{bmatrix}\begin{bmatrix}2&4\\-1&-2\end{bmatrix}=\begin{bmatrix}0&0\\0&0\end{bmatrix},\ \boldsymbol{BA}=\begin{bmatrix}2&4\\-1&-2\end{bmatrix}\begin{bmatrix}1&2\\3&6\end{bmatrix}=\begin{bmatrix}14&28\\-7&-14\end{bmatrix}.$$

从上例可以看出，矩阵的乘法一般不满足交换律，而当两个矩阵都为非零矩阵时，它们的乘积有可能是零矩阵.

设 $\boldsymbol{A}$ 为方阵，规定

$$\boldsymbol{A}^0=\boldsymbol{E},\quad \boldsymbol{A}^k=\overbrace{\boldsymbol{A}\cdot\boldsymbol{A}\cdots\boldsymbol{A}}^{k},k\text{ 为自然数}$$

$\boldsymbol{A}^k$ 称为 $\boldsymbol{A}$ 的 k 次幂.

方阵的幂满足运算规律：

（1）$\boldsymbol{A}^m\boldsymbol{A}^n=\boldsymbol{A}^{m+n}\quad(m,n\text{为非负整数})$；

（2）$(\boldsymbol{A}^m)^n=\boldsymbol{A}^{mn}$.

一般地，$(\boldsymbol{AB})^m\neq\boldsymbol{A}^m\boldsymbol{B}^m$（$m$ 为自然数）. 只有 $\boldsymbol{AB}=\boldsymbol{BA}$ 时，$(\boldsymbol{AB})^m=\boldsymbol{A}^m\boldsymbol{B}^m$.

2.2.4 矩阵的转置

定义 2.2.4 把一个 $m\times k$ 阶矩阵 $\boldsymbol{A}=\begin{bmatrix}a_{11}&a_{12}&\cdots&a_{1k}\\a_{21}&a_{22}&\cdots&a_{2k}\\\vdots&\vdots&\ddots&\vdots\\a_{m1}&a_{m2}&\cdots&a_{mk}\end{bmatrix}$的行与列互换得到的 $k\times m$ 阶矩阵称为 $\boldsymbol{A}$ 的转置矩阵，记为 $\boldsymbol{A}^{\mathrm{T}}$. 即

$$\boldsymbol{A}^{\mathrm{T}}=\begin{bmatrix}a_{11}&a_{21}&\cdots&a_{m1}\\a_{12}&a_{22}&\cdots&a_{m2}\\\vdots&\vdots&\ddots&\vdots\\a_{1k}&a_{2k}&\cdots&a_{mk}\end{bmatrix}.$$

例 2.2.3 设 $\boldsymbol{A}=\begin{bmatrix}2&1&0\\1&-2&2\\2&3&1\end{bmatrix}$，$\boldsymbol{B}=\begin{bmatrix}4&2\\2&0\\-1&1\end{bmatrix}$，求 $(\boldsymbol{AB})^{\mathrm{T}}$ 与 $\boldsymbol{B}^{\mathrm{T}}\boldsymbol{A}^{\mathrm{T}}$.

解： $\boldsymbol{AB}=\begin{bmatrix}2&1&0\\1&-2&2\\2&3&1\end{bmatrix}\begin{bmatrix}4&2\\2&0\\-1&1\end{bmatrix}=\begin{bmatrix}10&4\\-2&4\\13&5\end{bmatrix}$,

$$(\boldsymbol{AB})^{\mathrm{T}}=\begin{bmatrix}10&-2&13\\4&4&5\end{bmatrix},$$

$$\boldsymbol{B}^{\mathrm{T}}\boldsymbol{A}^{\mathrm{T}}=\begin{bmatrix}4&2&-1\\2&0&1\end{bmatrix}\begin{bmatrix}2&1&2\\1&-2&3\\0&2&1\end{bmatrix}=\begin{bmatrix}10&-2&13\\4&4&5\end{bmatrix}.$$

矩阵的转置满足如下运算规律：

（1）$(A^{\mathrm{T}})^{\mathrm{T}}=A$；

（2）$(A+B)^{\mathrm{T}}=A^{\mathrm{T}}+B^{\mathrm{T}}$；

（3）$(kA)^{\mathrm{T}}=kA^{\mathrm{T}}$；

（4）$(AB)^{\mathrm{T}}=B^{\mathrm{T}}A^{\mathrm{T}}$.

2.2.5　几种特殊的矩阵

主对角线上元素全为 k，其他元素全为 0 的方阵称为**数量矩阵**，记为 kE，形如

$$\begin{bmatrix} k & 0 & \cdots & 0 \\ 0 & k & \cdots & 0 \\ \vdots & \vdots & \ddots & \vdots \\ 0 & 0 & \cdots & k \end{bmatrix} = k\begin{bmatrix} 1 & 0 & \cdots & 0 \\ 0 & 1 & \cdots & 0 \\ \vdots & \vdots & \ddots & \vdots \\ 0 & 0 & \cdots & 1 \end{bmatrix}.$$

数量矩阵 kE 乘以矩阵 A 等于数 k 乘以矩阵 A，即 $kEA=kA$.

主对角线上元素不全为 0，其了元素全为 0 的方阵称为**对角矩阵**，形如

$$\begin{bmatrix} a_1 & 0 & \cdots & 0 \\ 0 & a_2 & \cdots & 0 \\ \vdots & \vdots & \ddots & \vdots \\ 0 & 0 & \cdots & a_n \end{bmatrix}.$$

对角矩阵与对角矩阵相乘仍是对角矩阵，如

$$\begin{bmatrix} a_1 & 0 & \cdots & 0 \\ 0 & a_2 & \cdots & 0 \\ \vdots & \vdots & \ddots & \vdots \\ 0 & 0 & \cdots & a_n \end{bmatrix}\begin{bmatrix} b_1 & 0 & \cdots & 0 \\ 0 & b_2 & \cdots & 0 \\ \vdots & \vdots & \ddots & \vdots \\ 0 & 0 & \cdots & b_n \end{bmatrix} = \begin{bmatrix} a_1b_1 & 0 & \cdots & 0 \\ 0 & a_2b_2 & \cdots & 0 \\ \vdots & \vdots & \ddots & \vdots \\ 0 & 0 & \cdots & a_nb_n \end{bmatrix}.$$

如果方阵 A 满足 $a_{ij}=a_{ji}\ (i,j=1,2,\cdots,n)$，则称 A 为**对称矩阵**. 记为 $A^{\mathrm{T}}=A$.

如果方阵 A 满足 $a_{ij}=-a_{ji}\ (i,j=1,2,\cdots,n)$，则称 A 为**反对称矩阵**. 记为 $A^{\mathrm{T}}=-A$. 其中反对称矩阵主对角线上的元素全为零.

若矩阵 $AB=BA$，则矩阵 A 与矩阵 B 为**可交换矩阵**.

2.2.6　方阵乘积的行列式

定义 2.2.5　与 n 阶方阵相对应的行列式，称为方阵 A 的行列式，记为 $|A|$.

例 2.2.4　设 $A=\begin{bmatrix} 1 & 2 & 3 \\ -1 & 3 & -4 \\ 1 & 7 & -5 \end{bmatrix}$，计算 $|A|$.

解：$|A|=\begin{vmatrix}1&2&3\\-1&3&-4\\1&7&-5\end{vmatrix}=\begin{vmatrix}1&2&3\\0&5&-1\\0&5&-8\end{vmatrix}=\begin{vmatrix}1&2&3\\0&5&-1\\0&0&-7\end{vmatrix}=-35$.

定理 2.2.1 对于方阵 A 和 B，有 $|AB|=|A||B|$.

证明：现就 $n=2$ 的情形进行证明．设 $A=\begin{bmatrix}a_{11}&a_{12}\\a_{21}&a_{22}\end{bmatrix}$，$B=\begin{bmatrix}b_{11}&b_{12}\\b_{21}&b_{22}\end{bmatrix}$.

考察行列式

$$|D|=\begin{vmatrix}a_{11}&a_{12}&0&0\\a_{21}&a_{22}&0&0\\-1&0&b_{11}&b_{12}\\0&-1&b_{21}&b_{22}\end{vmatrix}.$$

一方面，利用按行列展开计算：

$$\begin{aligned}|D|&=a_{11}\begin{vmatrix}a_{22}&0&0\\0&b_{11}&b_{12}\\-1&b_{21}&b_{22}\end{vmatrix}-a_{12}\begin{vmatrix}a_{21}&0&0\\-1&b_{11}&b_{12}\\0&b_{21}&b_{22}\end{vmatrix}\\&=a_{11}a_{22}\begin{vmatrix}b_{11}&b_{12}\\b_{21}&b_{22}\end{vmatrix}-a_{12}a_{21}\begin{vmatrix}b_{11}&b_{12}\\b_{21}&b_{22}\end{vmatrix}\\&=(a_{11}a_{22}-a_{12}a_{21})\begin{vmatrix}b_{11}&b_{12}\\b_{21}&b_{22}\end{vmatrix}\\&=\begin{vmatrix}a_{11}&a_{12}\\a_{21}&a_{22}\end{vmatrix}\begin{vmatrix}b_{11}&b_{12}\\b_{21}&b_{22}\end{vmatrix}=|A||B|.\end{aligned}$$

另一方面，利用行列式性质将 $a_{11},a_{12,},a_{21},a_{22}$ 变为零：

$$\begin{aligned}|D|&=\begin{vmatrix}0&a_{12}&a_{11}b_{11}&a_{11}b_{12}\\0&a_{22}&a_{21}b_{11}&a_{21}b_{12}\\-1&0&b_{11}&b_{12}\\0&-1&b_{21}&b_{22}\end{vmatrix}\\&=\begin{vmatrix}0&0&a_{11}b_{11}+a_{12}b_{21}&a_{11}b_{12}+a_{12}b_{22}\\0&0&a_{21}b_{11}+a_{22}b_{21}&a_{21}b_{12}+a_{22}b_{22}\\-1&0&b_{11}&b_{12}\\0&-1&b_{21}&b_{22}\end{vmatrix}\\&=-\begin{vmatrix}0&a_{11}b_{11}+a_{12}b_{21}&a_{11}b_{12}+a_{12}b_{22}\\0&a_{21}b_{11}+a_{22}b_{21}&a_{21}b_{12}+a_{22}b_{22}\\-1&b_{21}&b_{22}\end{vmatrix}\end{aligned}$$

$$=\begin{vmatrix} a_{11}b_{11}+a_{12}b_{21} & a_{11}b_{12}+a_{12}b_{22} \\ a_{21}b_{11}+a_{22}b_{21} & a_{21}b_{12}+a_{22}b_{22} \end{vmatrix}$$

$$=|\boldsymbol{AB}|$$

所以$|\boldsymbol{AB}|=|\boldsymbol{A}||\boldsymbol{B}|$.

同理可证，对于n阶方阵$\boldsymbol{A}_1,\boldsymbol{A}_2,\cdots,\boldsymbol{A}_n$，则有

$$|\boldsymbol{A}_1\boldsymbol{A}_2\cdots\boldsymbol{A}_n|=|\boldsymbol{A}_1||\boldsymbol{A}_2|\cdots|\boldsymbol{A}_n|.$$

也可以证明，对于n阶方阵$\boldsymbol{A}$有$|\lambda\boldsymbol{A}|=\lambda^n|\boldsymbol{A}|$.

2.3　逆　矩　阵

2.3.1　逆矩阵的定义

在本节中，我们将变换

$$\begin{cases} y_1=2x_1+3x_2 \\ y_2=3x_1+5x_2 \end{cases},\quad \begin{cases} x_1=5y_1-3y_2 \\ x_2=-3y_1+2y_2 \end{cases}$$

写成矩阵表示形式

$$\begin{bmatrix} y_1 \\ y_2 \end{bmatrix}=\begin{bmatrix} 2 & 3 \\ 3 & 5 \end{bmatrix}\begin{bmatrix} x_1 \\ x_2 \end{bmatrix},\quad \begin{bmatrix} x_1 \\ x_2 \end{bmatrix}=\begin{bmatrix} 5 & -3 \\ -3 & 2 \end{bmatrix}\begin{bmatrix} y_1 \\ y_2 \end{bmatrix}.$$

将上式简写为$\boldsymbol{Y}=\boldsymbol{AX}$，则$\boldsymbol{X}=\boldsymbol{BY}$，其中$\boldsymbol{B}$就是我们这一节所介绍的矩阵$\boldsymbol{A}$的逆矩阵.

定义 2.3.1　对于方阵$\boldsymbol{A}$，如果存在一个矩阵$\boldsymbol{B}$，使得

$$\boldsymbol{AB}=\boldsymbol{BA}=\boldsymbol{E}$$

则称$\boldsymbol{A}$为**可逆矩阵**，并称$\boldsymbol{B}$是$\boldsymbol{A}$的**逆矩阵**，记为$\boldsymbol{A}^{-1}$.

定理 2.3.1　若$\boldsymbol{A}$是可逆矩阵，则$\boldsymbol{A}$的逆矩阵是唯一的.

证明：设$\boldsymbol{B}$与$\boldsymbol{C}$都是$\boldsymbol{A}$的逆矩阵，有

$$\boldsymbol{AB}=\boldsymbol{BA}=\boldsymbol{E}$$

$$\boldsymbol{AC}=\boldsymbol{CA}=\boldsymbol{E}$$

则

$$\boldsymbol{B}=\boldsymbol{BE}=\boldsymbol{B}(\boldsymbol{AC})=(\boldsymbol{BA})\boldsymbol{C}=\boldsymbol{EC}=\boldsymbol{C}$$

2.3.2　逆矩阵的求法

定义 2.3.2　称

$$\begin{bmatrix} A_{11} & A_{21} & \cdots & A_{n1} \\ A_{12} & A_{22} & \cdots & A_{n2} \\ \vdots & \vdots & \ddots & \vdots \\ A_{1n} & A_{2n} & \cdots & A_{nn} \end{bmatrix}$$

为

$$A=\begin{bmatrix} a_{11} & a_{12} & \cdots & a_{1n} \\ a_{21} & a_{22} & \cdots & a_{2n} \\ \vdots & \vdots & \ddots & \vdots \\ a_{n1} & a_{n2} & \cdots & a_{nn} \end{bmatrix}$$

的**伴随矩阵**，记为 A^*（其中 A_{ij} 是行列式 $|A|$ 中元素 a_{ij} 的代数余子式）.

由第 1 章中行列式的性质，可以证明

$$A^*A=AA^*=\begin{bmatrix} |A| & 0 & \cdots & 0 \\ 0 & |A| & \cdots & 0 \\ 0 & 0 & \cdots & 0 \\ 0 & 0 & \cdots & |A| \end{bmatrix}=|A|E$$

故当 $|A|\neq 0$ 时，有

$$A^{-1}=\frac{1}{|A|}A^*.$$

定理 2.3.2 矩阵 A 可逆的充分必要条件是 $|A|\neq 0$.

例 2.3.1 设矩阵 $A=\begin{bmatrix} 0 & 1 & 1 \\ 1 & 1 & 2 \\ 2 & -1 & 0 \end{bmatrix}$，判别 A 是否可逆. 若可逆，求逆矩阵 A^{-1}.

解：因为

$$|A|=\begin{vmatrix} 0 & 1 & 1 \\ 1 & 1 & 2 \\ 2 & -1 & 0 \end{vmatrix}=1\neq 0$$

所以 A 可逆，且各元素的代数余子式分别为

$$A_{11}=\begin{vmatrix} 1 & 2 \\ -1 & 0 \end{vmatrix}=2, \quad A_{12}=-\begin{vmatrix} 1 & 2 \\ 2 & 0 \end{vmatrix}=4, \quad A_{13}=\begin{vmatrix} 1 & 1 \\ 2 & -1 \end{vmatrix}=-3$$

$$A_{21}=-\begin{vmatrix} 1 & 1 \\ -1 & 0 \end{vmatrix}=-1, \quad A_{22}=\begin{vmatrix} 0 & 1 \\ 2 & 0 \end{vmatrix}=-2, \quad A_{23}=-\begin{vmatrix} 0 & 1 \\ 2 & -1 \end{vmatrix}=2$$

$$A_{31}=\begin{vmatrix} 1 & 1 \\ 1 & 2 \end{vmatrix}=1, \quad A_{32}=-\begin{vmatrix} 0 & 1 \\ 1 & 2 \end{vmatrix}=1, \quad A_{33}=\begin{vmatrix} 0 & 1 \\ 1 & 1 \end{vmatrix}=-1$$

则

$$A^{-1}=\frac{1}{|A|}A^*=\begin{bmatrix}2 & -1 & 1\\ 4 & -2 & 1\\ -3 & 2 & -1\end{bmatrix}.$$

例 2.3.2　设方阵满足方程 $A^2-3A+2E=\mathbf{0}$，证明 $A+5E$ 可逆，并求 $(A+5E)^{-1}$.

证明：由 $A^2-3A+2E=\mathbf{0}$ 得 $(A+5E)(A-8E)=-42E$，即

$$(A+5E)\frac{-1}{42}(A-8E)=E$$

所以 $A+5E$ 可逆，且

$$(A+5E)^{-1}=\frac{-1}{42}(A-8E).$$

例 2.3.3　对于二阶矩阵 $\begin{bmatrix}a & b\\ c & d\end{bmatrix}$，如果满足 $ad-bc\neq 0$，则

$$\begin{bmatrix}a & b\\ c & d\end{bmatrix}^{-1}=\frac{1}{ad-bc}\begin{bmatrix}d & -b\\ -c & a\end{bmatrix}.$$

例 2.3.4　对于对角矩阵 $\begin{bmatrix}a_1 & & & \\ & a_2 & & \\ & & \ddots & \\ & & & a_n\end{bmatrix}$，如果满足 $a_1a_2\cdots a_n\neq 0$，则

$$\begin{bmatrix}a_1 & & & \\ & a_2 & & \\ & & \ddots & \\ & & & a_n\end{bmatrix}^{-1}=\begin{bmatrix}\frac{1}{a_1} & & & \\ & \frac{1}{a_2} & & \\ & & \ddots & \\ & & & \frac{1}{a_n}\end{bmatrix}.$$

可逆矩阵有如下一些性质：

1. A 可逆，则 $(A^{-1})^{-1}=A$.
2. A 可逆，则 $(kA)^{-1}=\frac{1}{k}A^{-1}(k\neq 0)$.
3. A、B 可逆，则 $\left(AB\right)^{-1}=B^{-1}A^{-1}$.
4. A 可逆，则 $(A^{\mathrm{T}})^{-1}=(A^{-1})^{\mathrm{T}}$.

综合矩阵的乘法与逆的运算，我们可以解矩阵方程，如果 A 的逆矩阵 A^{-1} 存在，如 $AX=B$，其中 $X=A^{-1}B$．而矩阵方程 $XA=B$ 的解为 $X=BA^{-1}$.

这里要特别强调的是两个方程解的区别，要注意 B 与 A^{-1} 不能交换.

2.4 矩阵的分块法

将矩阵 $\boldsymbol{A}$ 在行的方向用水平线分成 s 块，在列的方向分成 t 块，就得 $\boldsymbol{A}$ 的一个 $s\times t$ 分块矩阵，简称分块矩阵，它的每一小块 $\boldsymbol{A}_{ij}$ 称为矩阵 $\boldsymbol{A}$ 的子矩阵，即

$$\boldsymbol{A}=\begin{bmatrix}\boldsymbol{A}_{11} & \boldsymbol{A}_{12} & \cdots & \boldsymbol{A}_{1t}\\ \boldsymbol{A}_{21} & \boldsymbol{A}_{22} & \cdots & \boldsymbol{A}_{2t}\\ \vdots & \vdots & \ddots & \vdots\\ \boldsymbol{A}_{s1} & \boldsymbol{A}_{s2} & \cdots & \boldsymbol{A}_{st}\end{bmatrix}.$$

对于分块矩阵，它的元素是矩阵，如果满足一定的条件，也可以按照矩阵的运算方法进行的加法、减法、数乘、乘法、转置、逆等运算．

若分块矩阵的阶数相同，且对应的子矩阵的阶数也相同，就能进行分块矩阵的加法运算．如

$$\begin{bmatrix}\boldsymbol{A}_{11} & \boldsymbol{A}_{12} & \cdots & \boldsymbol{A}_{1t}\\ \boldsymbol{A}_{21} & \boldsymbol{A}_{22} & \cdots & \boldsymbol{A}_{2t}\\ \vdots & \vdots & \ddots & \vdots\\ \boldsymbol{A}_{s1} & \boldsymbol{A}_{s2} & \cdots & \boldsymbol{A}_{st}\end{bmatrix}+\begin{bmatrix}\boldsymbol{B}_{11} & \boldsymbol{B}_{12} & \cdots & \boldsymbol{B}_{1t}\\ \boldsymbol{B}_{21} & \boldsymbol{B}_{22} & \cdots & \boldsymbol{B}_{2t}\\ \vdots & \vdots & \ddots & \vdots\\ \boldsymbol{B}_{s1} & \boldsymbol{B}_{s2} & \cdots & \boldsymbol{B}_{st}\end{bmatrix}=\begin{bmatrix}\boldsymbol{A}_{11}+\boldsymbol{B}_{11} & \boldsymbol{A}_{12}+\boldsymbol{B}_{12} & \cdots & \boldsymbol{A}_{1t}+\boldsymbol{B}_{1t}\\ \boldsymbol{A}_{21}+\boldsymbol{B}_{21} & \boldsymbol{A}_{22}+\boldsymbol{B}_{22} & \cdots & \boldsymbol{A}_{2t}+\boldsymbol{B}_{2t}\\ \vdots & \vdots & \ddots & \vdots\\ \boldsymbol{A}_{s1}+\boldsymbol{B}_{s1} & \boldsymbol{A}_{s2}+\boldsymbol{B}_{s2} & \dots & \boldsymbol{A}_{st}+\boldsymbol{B}_{st}\end{bmatrix}.$$

同样，减法与加法具有相同的条件，结果为对应的子矩阵相减．

对于数乘，有

$$\lambda\begin{bmatrix}\boldsymbol{A}_{11} & \boldsymbol{A}_{12} & \cdots & \boldsymbol{A}_{1t}\\ \boldsymbol{A}_{21} & \boldsymbol{A}_{22} & \cdots & \boldsymbol{A}_{2t}\\ \vdots & \vdots & \ddots & \vdots\\ \boldsymbol{A}_{s1} & \boldsymbol{A}_{s2} & \cdots & \boldsymbol{A}_{st}\end{bmatrix}=\begin{bmatrix}\lambda\boldsymbol{A}_{11} & \lambda\boldsymbol{A}_{12} & \cdots & \lambda\boldsymbol{A}_{1t}\\ \lambda\boldsymbol{A}_{21} & \lambda\boldsymbol{A}_{22} & \cdots & \lambda\boldsymbol{A}_{2t}\\ \vdots & \vdots & \ddots & \vdots\\ \lambda\boldsymbol{A}_{s1} & \lambda\boldsymbol{A}_{s2} & \cdots & \lambda\boldsymbol{A}_{st}\end{bmatrix}.$$

对于乘法，若左分块矩阵 $\boldsymbol{A}$ 的列的分法与右分块矩阵 $\boldsymbol{B}$ 的行的分法相同，就可以将子块按“数”一样要求，按矩阵的乘法进行．

设矩阵 $\boldsymbol{A}$ 是 $m\times l$ 矩阵，$\boldsymbol{B}$ 是 $l\times n$ 矩阵，现将 $\boldsymbol{A}$ 的 l 列分成 s 组，将 $\boldsymbol{B}$ 的 l 行也分成 s 组，且 $\boldsymbol{A}$ 的每个列组所含列数等于 $\boldsymbol{B}$ 的相应行组所含行数，即

$$\boldsymbol{A}=\begin{bmatrix}\boldsymbol{A}_{11} & \boldsymbol{A}_{12} & \cdots & \boldsymbol{A}_{1s}\\ \boldsymbol{A}_{21} & \boldsymbol{A}_{22} & \cdots & \boldsymbol{A}_{2s}\\ \vdots & \vdots & \ddots & \vdots\\ \boldsymbol{A}_{r1} & \boldsymbol{A}_{r2} & \cdots & \boldsymbol{A}_{rs}\end{bmatrix},\qquad \boldsymbol{B}=\begin{bmatrix}\boldsymbol{B}_{11} & \boldsymbol{B}_{12} & \cdots & \boldsymbol{B}_{1t}\\ \boldsymbol{B}_{21} & \boldsymbol{B}_{22} & \cdots & \boldsymbol{B}_{2t}\\ \vdots & \vdots & \ddots & \vdots\\ \boldsymbol{B}_{s1} & \boldsymbol{B}_{s2} & \cdots & \boldsymbol{B}_{st}\end{bmatrix}$$

其中子块 $\boldsymbol{A}_{ij}$ 的列数等于 $\boldsymbol{B}_{jk}$ 的行数（$j=1,2,\cdots,s$），

$$AB = \begin{bmatrix} C_{11} & C_{12} & \cdots & C_{1t} \\ C_{21} & C_{22} & \cdots & C_{2t} \\ \vdots & \vdots & \ddots & \vdots \\ C_{r1} & C_{r2} & \cdots & C_{rt} \end{bmatrix}$$

其中 $C_{ij} = A_{i1}B_{1j} + A_{i2}B_{2j} + \cdots + A_{is}B_{sj}$.

对于矩阵 A 的转置有

$$\begin{bmatrix} A_{11} & A_{12} & \cdots & A_{1s} \\ A_{21} & A_{22} & \cdots & A_{2s} \\ \vdots & \vdots & \ddots & \vdots \\ A_{r1} & A_{r2} & \cdots & A_{rs} \end{bmatrix}^{\mathrm{T}} = \begin{bmatrix} A_{11}^{\mathrm{T}} & A_{21}^{\mathrm{T}} & \cdots & A_{r1}^{\mathrm{T}} \\ A_{12}^{\mathrm{T}} & A_{22}^{\mathrm{T}} & \cdots & A_{r2}^{\mathrm{T}} \\ \vdots & \vdots & \ddots & \vdots \\ A_{1s}^{\mathrm{T}} & A_{2s}^{\mathrm{T}} & \cdots & A_{rs}^{\mathrm{T}} \end{bmatrix}.$$

对于特殊的分块矩阵求逆也是极方便的.

如，当 $\begin{bmatrix} A_{11} & & \\ & A_{22} & \\ & & A_{33} \end{bmatrix}$ 为对角分块矩阵，且 A_{11}, A_{22}, A_{33} 均可逆时，有

$$\begin{bmatrix} A_{11} & & \\ & A_{22} & \\ & & A_{33} \end{bmatrix}^{-1} = \begin{bmatrix} A_{11}^{-1} & & \\ & A_{22}^{-1} & \\ & & A_{33}^{-1} \end{bmatrix}$$

又如，当 $\begin{bmatrix} & & A_{13} \\ & A_{22} & \\ A_{31} & & \end{bmatrix}$ 为对角分块矩阵，且 A_{13}, A_{22}, A_{31} 均可逆时，有

$$\begin{bmatrix} & & A_{13} \\ & A_{22} & \\ A_{31} & & \end{bmatrix}^{-1} = \begin{bmatrix} & & A_{31}^{-1} \\ & A_{22}^{-1} & \\ A_{13}^{-1} & & \end{bmatrix}.$$

分块矩阵 $\begin{bmatrix} A & B \\ 0 & C \end{bmatrix}$ 可逆时，由解矩阵方程，得 $\begin{bmatrix} A & B \\ 0 & C \end{bmatrix}^{-1} = \begin{bmatrix} A^{-1} & -A^{-1}BC^{-1} \\ 0 & C^{-1} \end{bmatrix}$.

2.5　矩阵的初等变换与初等矩阵

2.5.1　矩阵的初等变换与等价

定义 2.5.1　对矩阵的行所实施的下面三种形式的变换，称为矩阵的初等行变换.

（1）交换矩阵的两行（交换 i, j 两行记为 $r_i \leftrightarrow r_j$）

（2）以非零数k乘第i行中所有的元素（记为kr_i）

（3）把第i行的所有元素k倍加到第j行对应的元素上去（r_j+kr_i）

如果将定义中的“行”改为“列”，则所进行的变换称为矩阵的初等列变换．矩阵的初等行变换与初等列变换统称为矩阵的初等变换．

定义 2.5.2 若对矩阵$\boldsymbol{A}$经过若干次初等变换后得到矩阵$\boldsymbol{B}$，则称矩阵$\boldsymbol{B}$与矩阵$\boldsymbol{A}$等价，记为$\boldsymbol{A}\cong\boldsymbol{B}$．

矩阵等价的性质

自反性：$\boldsymbol{A}\cong\boldsymbol{A}$.

对称性：$\boldsymbol{A}\cong\boldsymbol{B}$，则$\boldsymbol{B}\cong\boldsymbol{A}$.

传递性：$\boldsymbol{A}\cong\boldsymbol{B}$，$\boldsymbol{B}\cong\boldsymbol{C}$，则$\boldsymbol{A}\cong\boldsymbol{C}$.

2.5.2 初等矩阵

定义 2.5.3 将单位矩阵经过一次初等变换所得到的矩阵称为初等矩阵．

对于行、列变换有三种不同的变换方法，将对应三种类型的初等矩阵．

（1）将单位矩阵i行（或i列）上乘k，记为$\boldsymbol{E}_i(k)$．

$$\boldsymbol{E}_i(k)=\begin{bmatrix}1&&&&&\\&\ddots&&&&\\&&1&&&\\&&&\ddots&&\\&&&&k&&\\&&&&&\ddots&\\&&&&&&1\end{bmatrix}\cdots i$$

（2）将单位矩阵i行上乘k加到j行上（或在单位矩阵j列上乘k加到i列上），记为$\boldsymbol{E}_{ij}(k)$．

$$\boldsymbol{E}_{ij}(k)=\begin{bmatrix}1&&&&&\\&\ddots&&&&\\&&1&&&\\&&&\ddots&&\\&&k&&1&\\&&&&&\ddots&\\&&&&&&1\end{bmatrix}\begin{matrix}\\\\\cdots i\\\\\cdots j\\\\\\\end{matrix}$$

（3）将单位矩阵i行与j行（i列与j列）对换，记为$\boldsymbol{E}_{ij}$．

$$
\boldsymbol{E}_{ij}=\begin{bmatrix}
1 & & & & & & & & \\
& \ddots & & & & & & & \\
& & 0 & & & & 1 & & \\
& & & 1 & & & & & \\
& & & & \ddots & & & & \\
& & & & & 1 & & & \\
& & 1 & & & & 0 & & \\
& & & & & & & \ddots & \\
& & & & & & & & 1
\end{bmatrix}\begin{matrix} \\ \\ \cdots i \\ \\ \\ \\ \cdots j \\ \\ \\ \end{matrix}
$$

定理 2.5.1　对于矩阵 $\boldsymbol{A}$ 施行一次行初等变换，等于在矩阵的左边乘上一个相应的初等矩阵.

例 2.5.1　将矩阵 $\boldsymbol{A}=\begin{bmatrix}2 & -1 & 3\\ 1 & 2 & 2\\ 3 & -2 & 4\end{bmatrix}$ 的第二行上乘以 2 倍，变换为

$$
\boldsymbol{A}=\begin{bmatrix}2 & -1 & 3\\ 1 & 2 & 2\\ 3 & -2 & 4\end{bmatrix}\xrightarrow{2r_2}\begin{bmatrix}2 & -1 & 3\\ 2 & 4 & 4\\ 3 & -2 & 4\end{bmatrix}
$$

等于将矩阵 $\boldsymbol{A}$ 左边乘上初等矩阵 $\boldsymbol{E}_2(2)$，得

$$
\begin{bmatrix}1 & 0 & 0\\ 0 & 2 & 0\\ 0 & 0 & 1\end{bmatrix}\begin{bmatrix}2 & -1 & 3\\ 1 & 2 & 2\\ 3 & -2 & 4\end{bmatrix}=\begin{bmatrix}2 & -1 & 3\\ 2 & 4 & 4\\ 3 & -2 & 4\end{bmatrix}.
$$

又如将矩阵 $\begin{bmatrix}2 & -1 & 3\\ 2 & 4 & 4\\ 3 & -2 & 4\end{bmatrix}$ 的第一行与第二行对换，变换为

$$
\begin{bmatrix}2 & -1 & 3\\ 2 & 4 & 4\\ 3 & -2 & 4\end{bmatrix}\xrightarrow{r_1\leftrightarrow r_2}\begin{bmatrix}2 & 4 & 4\\ 2 & -1 & 3\\ 3 & -2 & 4\end{bmatrix}
$$

等于将矩阵 $\begin{bmatrix}2 & -1 & 3\\ 2 & 4 & 4\\ 3 & -2 & 4\end{bmatrix}$ 左边乘上初等矩阵 $\boldsymbol{E}_{12}$，得

$$
\begin{bmatrix}0 & 1 & 0\\ 1 & 0 & 0\\ 0 & 0 & 1\end{bmatrix}\begin{bmatrix}2 & -1 & 3\\ 2 & 4 & 4\\ 3 & -2 & 4\end{bmatrix}=\begin{bmatrix}2 & 4 & 4\\ 2 & -1 & 3\\ 3 & -2 & 4\end{bmatrix}.
$$

再如将$\begin{bmatrix}2 & 4 & 4\\2 & -1 & 3\\3 & -2 & 4\end{bmatrix}$的第一行的乘以(−1)倍加到第二行上，变换为

$$\begin{bmatrix}2 & 4 & 4\\2 & -1 & 3\\3 & -2 & 4\end{bmatrix}\xrightarrow{r_2+(-1)r_1}\begin{bmatrix}2 & 4 & 4\\0 & -5 & -1\\3 & -2 & 4\end{bmatrix}$$

等于将矩阵$\begin{bmatrix}2 & 4 & 4\\2 & -1 & 3\\3 & -2 & 4\end{bmatrix}$左边乘上初等矩阵$\boldsymbol{E}_{12}(-1)$，得

$$\begin{bmatrix}1 & 0 & 0\\-1 & 1 & 0\\0 & 0 & 1\end{bmatrix}\begin{bmatrix}2 & 4 & 4\\2 & -1 & 3\\3 & -2 & 4\end{bmatrix}=\begin{bmatrix}2 & 4 & 4\\0 & -5 & -1\\3 & -2 & 4\end{bmatrix}.$$

同样可以推出下列结论，读者可自行验证.

定理 2.5.2 对于矩阵 $\boldsymbol{A}$ 施行一次列初等变换，等于在矩阵的右边乘上一个相应的初等矩阵.

2.5.3 在初等行变换下的行阶梯形矩阵与行简化阶梯形矩阵

定义 2.5.4 设矩阵 $\boldsymbol{A}$ 中任一非零行，其中第一个非零元素，称为**首非零元**. 如果矩阵 $\boldsymbol{A}$ 中每行首非零所在列下其余元素全为“0”，且零行排在矩阵的最下方的矩阵称为**行阶梯形矩阵**. 如果在矩阵的行阶梯形中，每行首非零全为“1”，首非零所在列其余元素全为“0”的矩阵称为**行简化阶梯形矩阵**.

例 2.5.2 矩阵$\begin{bmatrix}0 & 2 & 3 & 0\\0 & 0 & 3 & 2\\0 & 0 & 0 & 1\\0 & 0 & 0 & 0\end{bmatrix}$为行阶梯形矩阵，而矩阵$\begin{bmatrix}1 & 0 & 0 & 3\\0 & 1 & 0 & 2\\0 & 0 & 1 & 5\\0 & 0 & 0 & 0\end{bmatrix}$为行简化阶梯形矩阵.

定理 2.5.3 任一矩阵都可以通过若干次初等行变换化为行阶梯形矩阵. 任一行阶梯形矩阵都可以通过若干次初等行变换化为行简化阶梯形矩阵.

2.5.4 利用初等变换求逆矩阵与解矩阵方程

根据定理 2.5.1 对矩阵进行初等行变换相当于左乘初等矩阵，可以证明：如果对可逆矩阵 $\boldsymbol{A}$ 施行一系列初等行变换，由定理 2.5.3 一定可以化为单位矩阵. 如果同时对单位矩阵 $\boldsymbol{E}$ 施行与 $\boldsymbol{A}$ 相同的初等行变换，一定将 $\boldsymbol{E}$ 化为 $\boldsymbol{A}^{-1}$.

即同时进行行初等变换 $(\boldsymbol{A},\boldsymbol{E})\to(\boldsymbol{E},\boldsymbol{A}^{-1})$.

例 2.5.3　用初等行变换求矩阵 $A=\begin{bmatrix}0&1&0&0\\8&0&0&0\\0&0&1&1\\0&0&1&2\end{bmatrix}$ 的逆矩阵.

解：$(A\quad E)=\begin{bmatrix}0&1&0&0&1&0&0&0\\8&0&0&0&0&1&0&0\\0&0&1&1&0&0&1&0\\0&0&1&2&0&0&0&1\end{bmatrix}$

$$\xrightarrow{r_1\leftrightarrow r_2}\begin{bmatrix}8&0&0&0&0&1&0&0\\0&1&0&0&1&0&0&0\\0&0&1&1&0&0&1&0\\0&0&1&2&0&0&0&1\end{bmatrix}$$

$$\xrightarrow{\frac{1}{8}r_1}\begin{bmatrix}1&0&0&0&0&\frac{1}{8}&0&0\\0&1&0&0&1&0&0&0\\0&0&1&1&0&0&1&0\\0&0&1&2&0&0&0&1\end{bmatrix}$$

$$\xrightarrow{r_4+(-1)r_3}\begin{bmatrix}1&0&0&0&0&\frac{1}{8}&0&0\\0&1&0&0&1&0&0&0\\0&0&1&1&0&0&1&0\\0&0&0&1&0&0&-1&1\end{bmatrix}$$

$$\xrightarrow{r_3+(-1)r_4}\begin{bmatrix}1&0&0&0&0&\frac{1}{8}&0&0\\0&1&0&0&1&0&0&0\\0&0&1&0&0&0&2&-1\\0&0&0&1&0&0&-1&1\end{bmatrix}$$

$$=(E\quad A^{-1})$$

即 $A^{-1}=\begin{bmatrix}0&\frac{1}{8}&0&0\\1&0&0&0\\0&0&2&-1\\0&0&-1&1\end{bmatrix}$.

用初等行变换也可以解矩阵方程：如果方程 $AX=B$ 中 A 可逆，那么 $X=A^{-1}B$. 即同时进行行初等变换 $(A\quad B)\rightarrow(E\quad A^{-1}B)=(E\quad X)$.

例 2.5.4 用初等行变换解矩阵方程 $\begin{bmatrix} 2 & 3 & -1 \\ 1 & 2 & 0 \\ -1 & 2 & -2 \end{bmatrix} \boldsymbol{X} = \begin{bmatrix} 2 & 1 \\ -1 & 0 \\ 3 & 1 \end{bmatrix}$.

解： $(\boldsymbol{A} \quad \boldsymbol{B}) = \begin{bmatrix} 2 & 3 & -1 & 2 & 1 \\ 1 & 2 & 0 & -1 & 0 \\ -1 & 2 & -2 & 3 & 1 \end{bmatrix}$

$$\xrightarrow{r_1 \leftrightarrow r_2} \begin{bmatrix} 1 & 2 & 0 & -1 & 0 \\ 2 & 3 & -1 & 2 & 1 \\ -1 & 2 & -2 & 3 & 1 \end{bmatrix}$$

$$\xrightarrow[r_3+r_1]{r_2-2r_1} \begin{bmatrix} 1 & 2 & 0 & -1 & 0 \\ 0 & -1 & -1 & 4 & 1 \\ 0 & 4 & -2 & 2 & 1 \end{bmatrix}$$

$$\xrightarrow{(-1)\times r_3} \begin{bmatrix} 1 & 2 & 0 & -1 & 0 \\ 0 & 1 & 1 & -4 & -1 \\ 0 & 4 & -2 & 2 & 1 \end{bmatrix}$$

$$\xrightarrow{r_4\times(-4r_3)} \begin{bmatrix} 1 & 2 & 0 & -1 & 0 \\ 0 & 1 & 1 & -4 & -1 \\ 0 & 0 & -6 & 18 & 5 \end{bmatrix}$$

$$\xrightarrow{-\frac{1}{6}r_3} \begin{bmatrix} 1 & 2 & 0 & -1 & 0 \\ 0 & 1 & 1 & -4 & -1 \\ 0 & 0 & 1 & -3 & \frac{-5}{6} \end{bmatrix}$$

$$\xrightarrow{r_1-2r_2} \begin{bmatrix} 1 & 0 & -2 & 7 & 2 \\ 0 & 1 & 1 & -4 & -1 \\ 0 & 0 & 1 & -3 & \frac{-5}{6} \end{bmatrix}$$

$$\xrightarrow[r_2-r_3]{r_1+2r_3} \begin{bmatrix} 1 & 0 & 0 & 1 & \frac{2}{6} \\ 0 & 1 & 0 & -1 & \frac{-1}{6} \\ 0 & 0 & 1 & -3 & \frac{-5}{6} \end{bmatrix}$$

$$= (\boldsymbol{E} \quad \boldsymbol{X})$$

即 $X=\begin{bmatrix}1 & \frac{2}{6}\\ -1 & \frac{-1}{6}\\ -3 & \frac{-5}{6}\end{bmatrix}$.

同理，用初等列变换可以求解矩阵方程 $XA=B$，其中 $X=BA^{-1}$，即 $\begin{bmatrix}A\\E\end{bmatrix}=\begin{bmatrix}E\\X\end{bmatrix}$，请读者自学.

2.6　矩阵的秩

在下章学习解线性方程组时，矩阵的秩是一个重要的概念.

在矩阵中，位于任意选定 k 行、k 列交叉位置上的 k^2 个元素，按原来的位置组成的 k 阶行列式，称为 A 的一个 k 阶子式. 如果子式的值不为零，就称为非零子式.

例 2.5.5　将矩阵 $\begin{bmatrix}2 & 4 & -1 & 7\\ 0 & 2 & 6 & 2\\ 1 & 1 & -5 & 1\\ 5 & 3 & 0 & 4\end{bmatrix}$ 的第一行、第三行，第二列、第四列上 4 个元素按原来位置组成的一个二阶子式为 $\begin{vmatrix}4 & 7\\ 1 & 1\end{vmatrix}$，且 $\begin{vmatrix}4 & 7\\ 1 & 1\end{vmatrix}=-3\neq 0$，称为二阶非零子式.

定义 2.5.5　矩阵 A 中非零子式的最高阶数称为矩阵 A 的秩，记为 $R(A)$.

定理 2.5.4　初等变换不改变矩阵的秩.

因为初等变换的三条变换，在行列式性质中，一是扩大行列式的倍数，二是改变行列式的正负号，三是行列式的值不变，若矩阵的子式不为零，变换后仍不为零. 若矩阵的子式原为零，变换后仍为零. 所以初等变换不改变矩阵的秩.

将矩阵利用初等行变换化为行阶梯形，阶梯形中非零行的行数即为矩阵的秩. 因为阶梯形中非零行的所有的首非零元排在行列式的对角线上，组成的子式是非零的，它又是矩阵最高阶数的非零子式.

例 2.5.6　矩阵 $\begin{bmatrix}2 & 4 & -1 & 7\\ 0 & 2 & 6 & 2\\ 0 & 0 & -5 & 1\\ 0 & 0 & 0 & 0\end{bmatrix}$ 的阶梯形中有三个非零行，其中有一个最高三阶子式是

由第一、第二、第三行与第一、第二、第三列 9 个元素组成的$\begin{vmatrix}2 & 4 & -1\\0 & 2 & 6\\0 & 0 & -5\end{vmatrix}=-20\neq 0$，它的对角线上分别是第一行首非零元 2，第二行首非零元 2，第三行首非零元 −5．而行列式的值是所有首非零元的乘积，不等于零，所以秩为 3.

由于初等变换不改变矩阵的秩，所以一般用初等变换将矩阵化为阶梯形，再求出矩阵的秩.

例 2.6.1 求矩阵 $\boldsymbol{A}=\begin{bmatrix}1 & -2 & 1 & 3 & 3\\2 & 1 & -3 & 1 & -4\\3 & 4 & -3 & -1 & -11\\1 & 3 & 0 & -2 & -3\end{bmatrix}$的秩.

解：

$$\begin{bmatrix}1 & -2 & 1 & 3 & 3\\2 & 1 & -3 & 1 & -4\\3 & 4 & -3 & -1 & -11\\1 & 3 & 0 & -2 & -3\end{bmatrix}\to\begin{bmatrix}1 & -2 & 1 & 3 & 3\\0 & 5 & -5 & -5 & -10\\0 & 10 & -6 & -10 & -20\\0 & 5 & -1 & -5 & -6\end{bmatrix}\to$$

$$\begin{bmatrix}1 & -2 & 1 & 3 & 3\\0 & 5 & -5 & -5 & -10\\0 & 0 & 4 & 0 & 0\\0 & 0 & 4 & 0 & 4\end{bmatrix}\to\begin{bmatrix}1 & -2 & 1 & 3 & 3\\0 & 5 & -5 & -5 & -10\\0 & 0 & 4 & 0 & 0\\0 & 0 & 0 & 0 & 4\end{bmatrix}.$$

因此，$R(\boldsymbol{A})=4$.

习 题 2

2.1 已知$\boldsymbol{A}=\begin{bmatrix}-1 & 2 & 3 & 1\\0 & 3 & -2 & 1\\4 & 0 & 3 & 2\end{bmatrix}$，$\boldsymbol{B}=\begin{bmatrix}4 & 3 & 2 & -1\\5 & -3 & 0 & 1\\1 & 2 & -5 & 0\end{bmatrix}$，求$3\boldsymbol{A}-2\boldsymbol{B}$.

2.2 已知$\boldsymbol{A}=\begin{bmatrix}3 & -1 & 2 & 0\\1 & 5 & 7 & 9\\2 & 4 & 6 & 8\end{bmatrix}$，$\boldsymbol{B}=\begin{bmatrix}7 & 5 & -2 & 4\\5 & 1 & 9 & 7\\3 & 2 & -1 & 6\end{bmatrix}$，且$\boldsymbol{A}+2\boldsymbol{X}=\boldsymbol{B}$，求$\boldsymbol{X}$.

2.3 计算下列各题.

（1）$\begin{bmatrix}1 & 1\\0 & 1\end{bmatrix}^n$；　　（2）$\begin{bmatrix}a_1 & & & \\ & a_2 & & \\ & & \ddots & \\ & & & a_n\end{bmatrix}\begin{bmatrix}b_1 & & & \\ & b_2 & & \\ & & \ddots & \\ & & & b_n\end{bmatrix}$；

（3）$\begin{bmatrix}2 & 3\\1 & -2\\3 & 1\end{bmatrix}\begin{bmatrix}1 & -2 & -3\\2 & -1 & 0\end{bmatrix}$；　　（4）$\left[\begin{bmatrix}1\\-3\\2\end{bmatrix}\begin{bmatrix}2 & 1 & 2\end{bmatrix}\right]^n$.

2.4 设$\boldsymbol{A}=\begin{bmatrix}1 & 0 & 4\end{bmatrix}$，$\boldsymbol{B}=\begin{bmatrix}1\\1\\0\end{bmatrix}$.$\boldsymbol{A}$是一个$1\times3$矩阵，$\boldsymbol{B}$是$3\times1$矩阵，求$\boldsymbol{AB}$与$\boldsymbol{BA}$及$\boldsymbol{A}^{\mathrm{T}}\boldsymbol{B}^{\mathrm{T}}$.

2.5 设$\boldsymbol{A}$、$\boldsymbol{B}$均为n阶矩阵，且$\boldsymbol{A}$为对称矩阵，证明$\boldsymbol{B}^{\mathrm{T}}\boldsymbol{AB}$也是对称矩阵.

2.6 求下列矩阵的逆矩阵.

（1）$\begin{bmatrix}2 & 3\\5 & 4\end{bmatrix}$；　　（2）$\begin{bmatrix}\cos\theta & -\sin\theta\\\sin\theta & \cos\theta\end{bmatrix}$；

（3）$\begin{bmatrix}-2 & 1 & 0\\1 & -2 & 1\\0 & 1 & 2\end{bmatrix}$；　　（4）$\begin{bmatrix}0 & 1 & 2\\1 & 1 & -1\\2 & 4 & 2\end{bmatrix}$.

2.7 求下列分块矩阵的逆矩阵.

（1）$\begin{bmatrix}1 & 2 & 0 & 0 & 0\\2 & 1 & 0 & 0 & 0\\0 & 0 & 1 & 1 & 0\\0 & 0 & -2 & -3 & 0\\0 & 0 & 0 & 0 & 5\end{bmatrix}$；　　（2）$\begin{bmatrix}2 & 3 & 3 & 4\\1 & 2 & 2 & 5\\0 & 0 & 4 & 3\\0 & 0 & 1 & 2\end{bmatrix}$.

2.8 已知$\begin{bmatrix}a & b & c & d\\1 & 4 & 9 & 2\end{bmatrix}\begin{bmatrix}1 & 0 & 2 & 0\\0 & 0 & 1 & 1\\0 & 1 & 0 & 0\\0 & 0 & 1 & 0\end{bmatrix}=\begin{bmatrix}1 & 0 & 6 & 6\\1 & 9 & 8 & 4\end{bmatrix}$，求$a,b,c,d$.

2.9 利用初等变换求下列矩阵的逆矩阵.

（1）$\begin{bmatrix}-2 & 1 & 0\\1 & -2 & 1\\0 & 1 & 2\end{bmatrix}$；　　（2）$\begin{bmatrix}1 & 0 & 2\\0 & 1 & -1\\2 & -1 & -1\end{bmatrix}$.

2.10 求下列矩阵的秩.

（1）$\begin{bmatrix}1 & 0 & 1 & 1\\0 & 2 & -1 & 0\\0 & 1 & 0 & 1\\0 & 0 & 0 & 1\\0 & 0 & 1 & 0\end{bmatrix}$；　　（2）$\begin{bmatrix}2 & -5 & 3 & 2 & 1\\5 & -8 & 5 & 4 & 3\\1 & -7 & 4 & 2 & 0\\4 & -1 & 1 & 2 & 3\end{bmatrix}$.

2.11 设方阵$\boldsymbol{A}$满足$\boldsymbol{A}^2-\boldsymbol{A}-2\boldsymbol{E}=0$，证明$\boldsymbol{A}$与$\boldsymbol{A}-\boldsymbol{E}$都可逆，并求它们的逆矩阵.

2.12 解下列矩阵方程.

（1）$\begin{bmatrix}1&2\\3&4\end{bmatrix}\boldsymbol{X}=\begin{bmatrix}3&2\\3&4\end{bmatrix}$；

（2）$\boldsymbol{X}\begin{bmatrix}1&2&-3\\3&2&-4\\2&-1&0\end{bmatrix}=\begin{bmatrix}2&-3&0\\-1&2&8\\5&5&7\end{bmatrix}$；

（3）$\begin{bmatrix}3&5\\2&2\end{bmatrix}\boldsymbol{X}\begin{bmatrix}2&5\\1&3\end{bmatrix}=\begin{bmatrix}3&2\\3&2\end{bmatrix}$.

2.13 求$\begin{bmatrix}2&3&0&0\\1&2&0&0\\2&1&4&1\\3&2&1&5\end{bmatrix}$的逆矩阵.

第3章　线性方程组与向量组的线性相关性

3.1　线性方程组的解

设有 n 个未知数 m 个方程的线性方程组

$$\begin{cases} a_{11}x_1 + a_{12}x_2 + \cdots + a_{1n}x_n = b_1 \\ a_{21}x_1 + a_{22}x_2 + \cdots + a_{2n}x_n = b_2 \\ \qquad\qquad\vdots \\ a_{m1}x_1 + a_{m2}x_2 + \cdots + a_{mn}x_n = b_m \end{cases} \tag{3.1.1}$$

如果记

$$\boldsymbol{A} = \begin{bmatrix} a_{11} & a_{12} & \cdots & a_{1n} \\ a_{21} & a_{22} & \cdots & a_{2n} \\ \vdots & \vdots & \ddots & \vdots \\ a_{m1} & a_{m2} & \cdots & a_{mn} \end{bmatrix}，\quad \boldsymbol{x} = \begin{bmatrix} x_1 \\ x_2 \\ \vdots \\ x_n \end{bmatrix}，\quad \boldsymbol{b} = \begin{bmatrix} b_1 \\ b_2 \\ \vdots \\ b_n \end{bmatrix}$$

那么方程组(3.1.1)也可写成矩阵方程

$$\boldsymbol{Ax} = \boldsymbol{b} . \tag{3.1.2}$$

线性方程组(3.1.2)如果有解，就称它是相容的，如果无解，就称为不相容．利用系数矩阵 $\boldsymbol{A}$ 和增广矩阵 $\boldsymbol{B} = (\boldsymbol{A},\boldsymbol{b})$ 的秩，可以讨论线性方程组是否有解以及有解时解是否唯一等问题，结论如下．

定理 3.1.1　n 元线性方程组 $\boldsymbol{Ax} = \boldsymbol{b}$，

（1）无解的充分必要条件是 $R(\boldsymbol{A}) < R(\boldsymbol{A},\boldsymbol{b})$；

（2）有唯一解的充分必要条件是 $R(\boldsymbol{A}) = R(\boldsymbol{A},\boldsymbol{b}) = n$；

（3）有无限多解的充分必要条件是 $R(\boldsymbol{A}) = R(\boldsymbol{A},\boldsymbol{b}) < n$．

证明：只需证明条件的充分性，因为（1）、（2）、（3）中条件的必要性依次是（2）（3）、（1）（3）、（1）（2）中条件的充分性的逆否命题．设 $R(\boldsymbol{A}) = r$，令 $\boldsymbol{B} = (\boldsymbol{A},\boldsymbol{b})$ 的行最简形为

$$\tilde{\boldsymbol{B}}=\begin{bmatrix} 1 & 0 & \cdots & 0 & b_{11} & \cdots & b_{1,n-r} & d_1 \\ 0 & 1 & \cdots & 0 & b_{21} & \cdots & b_{2,n-r} & d_2 \\ \vdots & \vdots & \ddots & \vdots & \vdots & \ddots & \vdots & \vdots \\ 0 & 0 & \cdots & 1 & b_{r1} & \cdots & b_{r,n-r} & d_r \\ 0 & 0 & \cdots & 0 & 0 & \cdots & 0 & d_{r+1} \\ 0 & 0 & \cdots & 0 & 0 & \cdots & 0 & 0 \\ \vdots & \vdots & \ddots & \vdots & \vdots & \ddots & \vdots & \vdots \\ 0 & 0 & \cdots & 0 & 0 & \cdots & 0 & 0 \end{bmatrix}.$$

（1）若 $R(\boldsymbol{A})<R(\boldsymbol{B})$，则 $\tilde{\boldsymbol{B}}$ 中的 $d_{r+1}=1$，于是 $\tilde{\boldsymbol{B}}$ 的第 $r+1$ 行对应矛盾方程 $0=1$，故方程组(3.1.1)无解；

（2）若 $R(\boldsymbol{A})=R(\boldsymbol{B})=r=n$，则 $\tilde{\boldsymbol{B}}$ 中的 $d_{r+1}=0$（或 d_{r+1} 不出现），且 b_{ij} 都不出现，于是 $\tilde{\boldsymbol{B}}$ 对应方程组

$$\begin{cases} x_1=d_1 \\ x_2=d_2 \\ \quad\vdots \\ x_n=d_n \end{cases}$$

故方程组(3.1.1)有唯一解.

（3）若 $R(\boldsymbol{A})=R(\boldsymbol{B})=r<n$，则 $\tilde{\boldsymbol{B}}$ 中的 $d_{r+1}=0$（或 d_{r+1} 不出现），$\tilde{\boldsymbol{B}}$ 对应方程组

$$\begin{cases} x_1=-b_{11}x_{r+1}-\cdots-b_{1,n-r}x_n+d_1 \\ x_2=-b_{21}x_{r+1}-\cdots-b_{2,n-r}x_n+d_2 \\ \qquad\vdots \\ x_r=-b_{r1}x_{r+1}-\cdots-b_{r,n-r}x_n+d_r \end{cases} \tag{3.1.3}$$

令自由未知数 $x_{r+1}=c_1,x_{r+2}=c_2,\cdots,x_n=c_{n-r}$，即得方程组(3.1.1)的含 $n-r$ 个参数的解

$$\begin{bmatrix} x_1 \\ \vdots \\ x_r \\ x_{r+1} \\ \vdots \\ x_n \end{bmatrix}=\begin{bmatrix} -b_{11}c_1-\cdots-b_{1,n-r}c_{n-r}+d_1 \\ \vdots \\ -b_{r1}c_1-\cdots-b_{r,n-r}c_{n-r}+d_r \\ c_1 \\ \vdots \\ c_{n-r} \end{bmatrix}$$

即
$$\begin{bmatrix} x_1 \\ \vdots \\ x_r \\ x_{r+1} \\ \vdots \\ x_n \end{bmatrix} = c_1 \begin{bmatrix} -b_{11} \\ \vdots \\ -b_{r1} \\ 1 \\ \vdots \\ 0 \end{bmatrix} + \cdots + c_{n-r} \begin{bmatrix} -b_{1,n-r} \\ \vdots \\ -b_{r,n-r} \\ 0 \\ \vdots \\ 1 \end{bmatrix} + \begin{bmatrix} d_1 \\ \vdots \\ d_r \\ 0 \\ \vdots \\ 0 \end{bmatrix} \tag{3.1.4}$$

由于参数 $c_1, c_2, \cdots, c_{n-r}$ 可以任意取值，故方程组(3.1.1)有无穷多个解.

当 $R(\boldsymbol{A}) = R(\boldsymbol{B}) = r < n$ 时，由于含 $n-r$ 个参数的解(3.1.4)可表示为线性方程组(3.1.3)的任一解，因此解(3.1.4)称为线性方程组(3.1.1)的通解. 定理 3.1.1 的证明过程同时也是求解线性方程组(3.1.1)的过程.

例 3.1.1　求解齐次线性方程组

$$\begin{cases} x_1 + 2x_2 + 2x_3 + x_4 = 0 \\ 2x_1 + x_2 - 2x_3 - 2x_4 = 0 \\ x_1 - x_2 - 4x_3 - 3x_4 = 0 \end{cases}.$$

解：对系数矩阵 $\boldsymbol{A}$ 施以初等行变换，化为行最简形

$$\boldsymbol{A} = \begin{bmatrix} 1 & 2 & 2 & 1 \\ 2 & 1 & -2 & -2 \\ 1 & -1 & -4 & -3 \end{bmatrix} \to \begin{bmatrix} 1 & 0 & -2 & -\frac{5}{3} \\ 0 & 1 & 2 & \frac{4}{3} \\ 0 & 0 & 0 & 0 \end{bmatrix}$$

即得原方程组的同解方程组

$$\begin{cases} x_1 - 2x_3 - \frac{5}{3}x_4 = 0 \\ x_2 + 2x_3 + \frac{4}{3}x_4 = 0 \end{cases}，即 \begin{cases} x_1 = 2x_3 + \frac{5}{3}x_4 \\ x_2 = -2x_3 - \frac{4}{3}x_4 \end{cases}（x_3, x_4 为自由未知量）.$$

令 $x_3 = c_1, x_4 = c_2$，原方程组的通解写成向量形式如下：

$$\begin{bmatrix} x_1 \\ x_2 \\ x_3 \\ x_4 \end{bmatrix} = c_1 \begin{bmatrix} 2 \\ -2 \\ 1 \\ 0 \end{bmatrix} + c_2 \begin{bmatrix} \frac{5}{3} \\ -\frac{4}{3} \\ 0 \\ 1 \end{bmatrix}（c_1, c_2 为任意实数）.$$

上式表达了原方程组的所有解.

例 3.1.2 求解线性方程组

$$\begin{cases} x_1+5x_2-x_3-x_4=-1 \\ x_1-2x_2+x_3+3x_4=3 \\ 3x_1+8x_2-x_3+x_4=1 \\ x_1-9x_2+3x_3+7x_4=7 \end{cases}.$$

解： 对增广矩阵 $(\boldsymbol{A},\boldsymbol{b})$ 施以初等行变换，化为行最简形

$$(\boldsymbol{A},\boldsymbol{b})=\begin{bmatrix} 1 & 5 & -1 & -1 & -1 \\ 1 & -2 & 1 & 3 & 3 \\ 3 & 8 & -1 & 1 & 1 \\ 1 & -9 & 3 & 7 & 7 \end{bmatrix} \to \begin{bmatrix} 1 & 0 & \frac{3}{7} & \frac{13}{7} & \frac{13}{7} \\ 0 & 1 & -\frac{2}{7} & -\frac{4}{7} & -\frac{4}{7} \\ 0 & 0 & 0 & 0 & 0 \\ 0 & 0 & 0 & 0 & 0 \end{bmatrix}.$$

因为 $R(\boldsymbol{A},\boldsymbol{b})=R(\boldsymbol{A})=2<4$，故方程组有无穷多解，即得与原方程组同解方程组

$$\begin{cases} x_1=-\frac{3}{7}x_3-\frac{13}{7}x_4+\frac{13}{7} \\ x_2=\frac{2}{7}x_3+\frac{4}{7}x_4-\frac{4}{7} \end{cases}$$

取 $x_3=c_1, x_4=c_2$，原方程组的通解写成向量形式为

$$\begin{bmatrix} x_1 \\ x_2 \\ x_3 \\ x_4 \end{bmatrix}=c_1\begin{bmatrix} -\frac{3}{7} \\ \frac{2}{7} \\ 1 \\ 0 \end{bmatrix}+c_2\begin{bmatrix} -\frac{13}{7} \\ \frac{4}{7} \\ 0 \\ 1 \end{bmatrix}+\begin{bmatrix} \frac{13}{7} \\ -\frac{4}{7} \\ 0 \\ 0 \end{bmatrix} \quad (c_1,c_2\text{为任意实数}).$$

例 3.1.3 设有线性方程组

$$\begin{cases} (1+\lambda)x_1+x_2+x_3=0 \\ x_1+(1+\lambda)x_2+x_3=3 \\ x_1+x_2+(1+\lambda)x_3=\lambda \end{cases}$$

问 λ 取何值时（1）方程组有唯一解；（2）方程组有无限多解；（3）方程组无解？在有无限多解时，求出通解.

解： 方法一．对增广矩阵 $\boldsymbol{B}=(\boldsymbol{A},\boldsymbol{b})$ 做初等行变换化为阶梯形：

$$B=\begin{bmatrix}1+\lambda & 1 & 1 & 0\\ 1 & 1+\lambda & 1 & 3\\ 1 & 1 & 1+\lambda & \lambda\end{bmatrix}\to\begin{bmatrix}1 & 1 & 1+\lambda & \lambda\\ 1 & 1+\lambda & 1 & 3\\ 1+\lambda & 1 & 1 & 0\end{bmatrix}$$

$$\to\begin{bmatrix}1 & 1 & 1+\lambda & \lambda\\ 0 & \lambda & -\lambda & 3-\lambda\\ 0 & -\lambda & -\lambda(2+\lambda) & -\lambda(1+\lambda)\end{bmatrix}\to\begin{bmatrix}1 & 1 & 1+\lambda & \lambda\\ 0 & \lambda & -\lambda & 3-\lambda\\ 0 & 0 & -\lambda(3+\lambda) & (1-\lambda)(3+\lambda)\end{bmatrix}.$$

（1）当 $\lambda\neq 0$，且 $\lambda\neq -3$ 时，$R(\boldsymbol{A})=R(\boldsymbol{B})=3$，方程组有唯一解；

（2）当 $\lambda=-3$ 时，$R(\boldsymbol{A})=R(\boldsymbol{B})=2$，方程组有无数个解，此时

$$\boldsymbol{B}\to\begin{bmatrix}1 & 1 & -2 & -3\\ 0 & -3 & 3 & 6\\ 0 & 0 & 0 & 0\end{bmatrix}\to\begin{bmatrix}1 & 0 & -1 & -1\\ 0 & 1 & -1 & -2\\ 0 & 0 & 0 & 0\end{bmatrix}$$

与原方程组同解的方程组为

$$\begin{cases}x_1=x_3-1\\ x_2=x_3-2\end{cases}$$

所以原方程组的通解为

$$\begin{bmatrix}x_1\\ x_2\\ x_3\end{bmatrix}=c\begin{bmatrix}1\\ 1\\ 1\end{bmatrix}+\begin{bmatrix}-1\\ -2\\ 0\end{bmatrix}\quad（c\in R）.$$

（3）当 $\lambda=0$ 时，$R(\boldsymbol{A})=1$，$R(\boldsymbol{B})=2$，方程组无解.

方法二. 因系数矩阵 $\boldsymbol{A}$ 为方阵，方程组有唯一解的充要条件是系数行列式 $|\boldsymbol{A}|\neq 0$.

（1）$$|\boldsymbol{A}|=\begin{vmatrix}1+\lambda & 1 & 1\\ 1 & 1+\lambda & 1\\ 1 & 1 & 1+\lambda\end{vmatrix}=(3+\lambda)\begin{vmatrix}1 & 1 & 1\\ 1 & 1+\lambda & 1\\ 1 & 1 & 1+\lambda\end{vmatrix}$$

$$=(3+\lambda)\begin{vmatrix}1 & 1 & 1\\ 0 & \lambda & 0\\ 0 & 0 & \lambda\end{vmatrix}=\lambda^2(3+\lambda)$$

因此，当 $\lambda\neq 0$，且 $\lambda\neq -3$ 时，方程组有唯一解；

（2）当 $\lambda=-3$ 时，

$$\boldsymbol{B}=\begin{bmatrix}-2 & 1 & 1 & 0\\ 1 & -2 & 1 & 3\\ 1 & 1 & -2 & -3\end{bmatrix}\to\begin{bmatrix}1 & 0 & -1 & -1\\ 0 & 1 & -1 & -2\\ 0 & 0 & 0 & 0\end{bmatrix}$$

$R(\boldsymbol{A})=R(\boldsymbol{B})=2$，方程组有无数个解，且通解为

$$\begin{bmatrix}x_1\\x_2\\x_3\end{bmatrix}=c\begin{bmatrix}1\\1\\1\end{bmatrix}+\begin{bmatrix}-1\\-2\\0\end{bmatrix}\ （c\in R）;$$

（3）当 $\lambda=0$ 时，

$$\boldsymbol{B}=\begin{bmatrix}1&1&1&0\\1&1&1&3\\1&1&1&0\end{bmatrix}\to\begin{bmatrix}1&1&1&0\\0&0&0&1\\0&0&0&0\end{bmatrix}$$

所以 $R(\boldsymbol{A})=1$，$R(\boldsymbol{B})=2$，方程组无解.

由定理 3.1.1 立即得到下面两个结论.

定理 3.1.2 n 元线性方程组 $\boldsymbol{Ax}=\boldsymbol{b}$ 有解的充分必要条件是 $R(\boldsymbol{A})=R(\boldsymbol{A},\boldsymbol{b})$.

定理 3.1.3 n 元齐次线性方程组 $\boldsymbol{Ax}=0$ 有非零解的充分必要条件是 $R(\boldsymbol{A})<n$.

下面把定理 3.1.1 推广到矩阵方程的情形，不加证明地给出下面两个结论.

定理 3.1.4 矩阵方程 $\boldsymbol{AX}=\boldsymbol{B}$ 有解的充分必要条件是 $R(\boldsymbol{A})=R(\boldsymbol{A},\boldsymbol{B})$.

定理 3.1.5 矩阵方程 $\boldsymbol{A}_{m\times n}\boldsymbol{X}_{n\times l}=0$ 只有零解的充分必要条件是 $R(\boldsymbol{A})=n$.

此定理说明了矩阵乘法消去律成立的条件是 $R(\boldsymbol{A})=n$.

3.2 向量组及其线性组合

向量是研究线性空间问题的有力工具，向量的概念介绍如下：

定义 3.2.1 n 个有次序的数 $\boldsymbol{a}_1,\boldsymbol{a}_2,\cdots,\boldsymbol{a}_n$ 所组成的数组称为 n 维向量，这 n 个数称为该向量的 n 个分向量，第 i 个数 $\boldsymbol{a}_i$ 称为第 i 个分向量，也称为第 i 个坐标. 分向量全为实数的向量称为实向量，分向量为复数的向量称为复向量. 除非特别说明，本书只讨论实向量.

n 维向量可以写成一行，也可以写成一列，分别称为行向量和列向量，也等同于行矩阵和列矩阵，并规定行向量和列向量都按矩阵的运算规律进行运算. 所以，对于 n 维列向量

$$\boldsymbol{a}=\begin{bmatrix}\boldsymbol{a}_1\\\boldsymbol{a}_2\\\vdots\\\boldsymbol{a}_n\end{bmatrix}$$

与 n 维行向量 $\boldsymbol{a}^{\mathrm{T}}=(\boldsymbol{a}_1,\boldsymbol{a}_2,\cdots,\boldsymbol{a}_n)$ 总视为两个不同的向量（按定义 3.2.1，二者应该是同一个向量）. 本书中列向量用 $\boldsymbol{a},\boldsymbol{b},\boldsymbol{\alpha},\boldsymbol{\beta}$ 等表示，行向量则用 $\boldsymbol{a}^{\mathrm{T}},\boldsymbol{b}^{\mathrm{T}},\boldsymbol{\alpha}^{\mathrm{T}},\boldsymbol{\beta}^{\mathrm{T}}$ 等表示. 所讨论的向量在没有特别指明的情况下，都当做列向量.

在几何学中，“空间”通常是作为点的集合，即作为“空间”的元素是点，这样的空间叫点空间，将三维向量的全体所组成的集合

$$R^3=\left\{\boldsymbol{r}=(\boldsymbol{x},\boldsymbol{y},\boldsymbol{z})^{\mathrm{T}}\mid \boldsymbol{x},\boldsymbol{y},\boldsymbol{z}\in R\right\}$$

称为三维空间．在点空间取定坐标系后，空间中的点 $P(x,y,z)$ 与三维向量 $\boldsymbol{r}=(x,y,z)$ 之间就有一一对应的关系，因此，向量可以类比为取定了坐标系的点空间．

类似地，n 维向量的全体所组成的集合

$$R^n=\left\{\boldsymbol{x}=(\boldsymbol{x}_1,\boldsymbol{x}_2,\cdots,\boldsymbol{x}_n)^{\mathrm{T}}\mid \boldsymbol{x}_1,\boldsymbol{x}_2,\cdots,\boldsymbol{x}_n\in R\right\}$$

称为 n 维向量空间．

若干同维数的列向量（或同维数的行向量）所组成的集合称为向量组．例如，矩阵 $\boldsymbol{A}_{m\times n}$ 的全体列向量是一个含 n 个 m 维列向量的向量组，它的全体行向量是一个 m 个 n 维行向量的向量组．这样矩阵可以写成向量组，反之，一个含有限个向量的向量组总可以构成一个矩阵．例如，

m 个 n 维列向量所组成的向量组 $\boldsymbol{A}:\boldsymbol{a}_1,\boldsymbol{a}_2,\cdots,\boldsymbol{a}_m$ 构成一个 $n\times m$ 矩阵

$$\boldsymbol{A}=(\boldsymbol{a}_1,\boldsymbol{a}_2,\cdots,\boldsymbol{a}_m)\text{；}$$

m 个 n 维行向量所组成的向量组 $\boldsymbol{B}:\boldsymbol{\beta}_1^{\mathrm{T}},\boldsymbol{\beta}_2^{\mathrm{T}},\cdots,\boldsymbol{\beta}_m^{\mathrm{T}}$，构成一个 $m\times n$ 矩阵

$$\boldsymbol{B}=\begin{pmatrix}\boldsymbol{\beta}_1^{\mathrm{T}}\\\boldsymbol{\beta}_2^{\mathrm{T}}\\\vdots\\\boldsymbol{\beta}_m^{\mathrm{T}}\end{pmatrix}.$$

总之，含有有限个向量的有序向量组可以与矩阵一一对应．

定义 3.2.2　给定 n 维向量组 $\boldsymbol{A}:\boldsymbol{a}_1,\boldsymbol{a}_2,\cdots,\boldsymbol{a}_m$，对于任何一组实数 $\lambda_1,\lambda_2,\cdots,\lambda_m$，表达式

$$\lambda_1\boldsymbol{a}_1+\lambda_2\boldsymbol{a}_2+\cdots+\lambda_m\boldsymbol{a}_m$$

称为向量组 $\boldsymbol{A}$ 的一个线性组合，$\lambda_1,\lambda_2,\cdots,\lambda_m$ 称为这个线性组合的系数．

定义 3.2.3　给定 n 维向量组 $\boldsymbol{A}:\boldsymbol{a}_1,\boldsymbol{a}_2,\cdots,\boldsymbol{a}_m$ 和 n 维向量 $\boldsymbol{b}$，如果存在一组常数 $k_1,k_2,\cdots,k_m$，使

$$\boldsymbol{b}=k_1\boldsymbol{a}_1+k_2\boldsymbol{a}_2+\cdots+k_m\boldsymbol{a}_m$$

则向量 $\boldsymbol{b}$ 是向量组 $\boldsymbol{A}$ 的线性组合，此时称向量 $\boldsymbol{b}$ 能由向量组 $\boldsymbol{A}$ 线性表示．

特别向量 $\boldsymbol{\beta}$ 可以由向量 $\boldsymbol{\alpha}$ 线性表示，即存在常数 k，使得 $\boldsymbol{\beta}=k\boldsymbol{\alpha}$，则称 $\boldsymbol{\beta}$ 与 $\boldsymbol{\alpha}$ 成比例．

向量 $\boldsymbol{b}$ 能由向量组 $\boldsymbol{A}$ 线性表示，即方程组

$$\boldsymbol{x}_1\boldsymbol{a}_1+\boldsymbol{x}_2\boldsymbol{a}_2+\cdots+\boldsymbol{x}_m\boldsymbol{a}_m=\boldsymbol{b}$$

有解，由定理 3.1.2，立即得到如下定理和定义．

定理 3.2.1 向量 $\boldsymbol{b}$ 能由向量组 $\boldsymbol{A}:\boldsymbol{a}_1,\boldsymbol{a}_2,\cdots,\boldsymbol{a}_m$ 线性表示的充分必要条件是矩阵 $\boldsymbol{A}=(\boldsymbol{a}_1,\boldsymbol{a}_2,\cdots,\boldsymbol{a}_m)$ 的秩等于矩阵 $\boldsymbol{B}=(\boldsymbol{a}_1,\boldsymbol{a}_2,\cdots,\boldsymbol{a}_m,\boldsymbol{b})$ 的秩.

定义 3.2.4 设有两个向量组 $\boldsymbol{A}:\boldsymbol{a}_1,\boldsymbol{a}_2,\cdots,\boldsymbol{a}_m$ 和 $\boldsymbol{B}:\boldsymbol{b}_1,\boldsymbol{b}_2,\cdots,\boldsymbol{b}_n$，如果 $\boldsymbol{B}$ 组中的每个向量能由 $\boldsymbol{A}$ 组线性表示，则称向量组 $\boldsymbol{B}$ 能由向量组 $\boldsymbol{A}$ 线性表示. 如果向量组 $\boldsymbol{A}$ 和向量组 $\boldsymbol{B}$ 能相互线性表示，则称这两个向量组等价，记为 $\boldsymbol{A}\sim\boldsymbol{B}$.

向量组等价性具有如下性质：

1．反身性 向量组 $\boldsymbol{A}$ 与向量组 $\boldsymbol{A}$ 等价；

2．对称性 如果向量组 $\boldsymbol{A}$ 与向量组 $\boldsymbol{B}$ 等价，则向量组 $\boldsymbol{B}$ 与向量组 $\boldsymbol{A}$ 等价；

3．传递性 如果向量组 $\boldsymbol{A}$ 与向量组 $\boldsymbol{B}$ 等价，向量组 $\boldsymbol{B}$ 与向量组 $\boldsymbol{C}$ 等价，则向量组 $\boldsymbol{A}$ 与向量组 $\boldsymbol{C}$ 等价.

把向量组 $\boldsymbol{A}$ 和 $\boldsymbol{B}$ 所构成的矩阵依次记为 $\boldsymbol{A}=(\boldsymbol{a}_1,\boldsymbol{a}_2,\cdots,\boldsymbol{a}_m)$ 和 $\boldsymbol{B}=(\boldsymbol{b}_1,\boldsymbol{b}_2,\cdots,\boldsymbol{b}_n)$，向量组 $\boldsymbol{B}$ 能由向量组 $\boldsymbol{A}$ 线性表示，即对每个向量 $\boldsymbol{b}_j\,(j=1,2,\cdots,n)$，存在一组数 $k_{1j},k_{2j},\cdots,k_{mj}$，使

$$\boldsymbol{b}_j=k_{1j}\boldsymbol{a}_1+k_{2j}\boldsymbol{a}_2+\cdots+k_{mj}\boldsymbol{a}_m=(\boldsymbol{a}_1,\boldsymbol{a}_2,\cdots,\boldsymbol{a}_m)\begin{bmatrix}k_{1j}\\k_{2j}\\\vdots\\k_{mj}\end{bmatrix}$$

进而有 $(\boldsymbol{b}_1,\boldsymbol{b}_2,\cdots,\boldsymbol{b}_n)=(\boldsymbol{a}_1,\boldsymbol{a}_2,\cdots,\boldsymbol{a}_m)\boldsymbol{K}_{m\times n}$，这里 $\boldsymbol{K}_{m\times n}$ 称为该线性表示的系数矩阵.

另一方面，如果 $\boldsymbol{C}_{m\times n}=\boldsymbol{A}_{m\times l}\boldsymbol{B}_{l\times n}$，则矩阵 $\boldsymbol{C}$ 的列向量组能由矩阵 $\boldsymbol{A}$ 的列向量组线性表示，$\boldsymbol{B}$ 为这一表示的系数矩阵：

$$(\boldsymbol{c}_1,\boldsymbol{c}_2,\cdots,\boldsymbol{c}_n)=(\boldsymbol{a}_1,\boldsymbol{a}_2,\cdots,\boldsymbol{a}_l)\begin{bmatrix}b_{11}&b_{12}&\cdots&b_{1n}\\b_{21}&b_{22}&\cdots&b_{2n}\\\vdots&\vdots&\ddots&\vdots\\b_{l1}&b_{l2}&\cdots&b_{ln}\end{bmatrix}$$

同时，$\boldsymbol{C}$ 的行向量组能由 $\boldsymbol{B}$ 的行向量组线性表示，$\boldsymbol{A}$ 为这一表示的系数矩阵：

$$\begin{bmatrix}\boldsymbol{\gamma}_1^{\mathrm{T}}\\\boldsymbol{\gamma}_2^{\mathrm{T}}\\\vdots\\\boldsymbol{\gamma}_m^{\mathrm{T}}\end{bmatrix}=\begin{bmatrix}a_{11}&a_{12}&\cdots&a_{1n}\\a_{21}&a_{22}&\cdots&a_{2n}\\\vdots&\vdots&\ddots&\vdots\\a_{m1}&a_{m2}&\cdots&a_{ml}\end{bmatrix}\begin{bmatrix}\boldsymbol{\beta}_1^{\mathrm{T}}\\\boldsymbol{\beta}_2^{\mathrm{T}}\\\vdots\\\boldsymbol{\beta}_l^{\mathrm{T}}\end{bmatrix}.$$

设矩阵 $\boldsymbol{A}$ 与 $\boldsymbol{B}$ 行等价，即矩阵 $\boldsymbol{A}$ 经初等行变换变成矩阵 $\boldsymbol{B}$，则 $\boldsymbol{B}$ 的每个行向量都是 $\boldsymbol{A}$ 的行向量组的线性组合，即 $\boldsymbol{B}$ 的行向量组可由 $\boldsymbol{A}$ 的行向量组的线性表示. 因为初等变换可逆，知矩阵 $\boldsymbol{B}$ 亦可经初等行变换变为 $\boldsymbol{A}$，从而 $\boldsymbol{A}$ 的行向量组也能由 $\boldsymbol{B}$ 的行向量组线性表示. 于是得到 $\boldsymbol{A}$ 的行向量组和 $\boldsymbol{B}$ 的行向量组等价. 类似可知，如果矩阵 $\boldsymbol{A}$ 与 $\boldsymbol{B}$ 列等价，则 $\boldsymbol{A}$ 的列向量组和 $\boldsymbol{B}$ 的列向量组等价.

依定义 3.2.4，向量组 $\boldsymbol{B}:\boldsymbol{b}_1,\boldsymbol{b}_2,\cdots,\boldsymbol{b}_n$ 能由向量组 $\boldsymbol{A}:\boldsymbol{a}_1,\boldsymbol{a}_2,\cdots,\boldsymbol{a}_m$ 线性表示，即存在矩阵 $\boldsymbol{K}_{m\times n}$，使 $(\boldsymbol{b}_1,\boldsymbol{b}_2,\cdots,\boldsymbol{b}_n)=(\boldsymbol{a}_1,\boldsymbol{a}_2,\cdots,\boldsymbol{a}_m)\boldsymbol{K}_{m\times n}$，也就是矩阵方程

$$(\boldsymbol{b}_1,\boldsymbol{b}_2,\cdots,\boldsymbol{b}_n)=(\boldsymbol{a}_1,\boldsymbol{a}_2,\cdots,\boldsymbol{a}_m)\boldsymbol{X}$$

有解．由定理 3.1.4，立即得到如下定理与推论．

定理 3.2.2　向量组 $\boldsymbol{B}:\boldsymbol{b}_1,\boldsymbol{b}_2,\cdots,\boldsymbol{b}_n$ 能由向量组 $\boldsymbol{A}:\boldsymbol{a}_1,\boldsymbol{a}_2,\cdots,\boldsymbol{a}_m$ 线性表示的充分必要条件是矩阵 $\boldsymbol{A}=(\boldsymbol{a}_1,\boldsymbol{a}_2,\cdots,\boldsymbol{a}_m)$ 的秩等于矩阵 $(\boldsymbol{A},\boldsymbol{B})=(\boldsymbol{a}_1,\boldsymbol{a}_2,\cdots,\boldsymbol{a}_m,\boldsymbol{b}_1,\boldsymbol{b}_2,\cdots,\boldsymbol{b}_n)$ 的秩，即 $R(\boldsymbol{A})=R(\boldsymbol{A},\boldsymbol{B})$．

推论：向量组 $\boldsymbol{A}:\boldsymbol{a}_1,\boldsymbol{a}_2,\cdots,\boldsymbol{a}_m$ 与向量组 $\boldsymbol{B}:\boldsymbol{b}_1,\boldsymbol{b}_2,\cdots,\boldsymbol{b}_n$ 等价的充要条件是

$$R(\boldsymbol{A})=R(\boldsymbol{B})=R(\boldsymbol{A},\boldsymbol{B})$$

其中 $\boldsymbol{A}$ 和 $\boldsymbol{B}$ 是向量组 $\boldsymbol{A}$ 和 $\boldsymbol{B}$ 所构成的矩阵．

证明：因为 $\boldsymbol{A}$ 组和 $\boldsymbol{B}$ 组等价，即能相互线性表示，由定理 3.2.2 得到

$$R(\boldsymbol{A})=R(\boldsymbol{A},\boldsymbol{B}) \text{ 和 } R(\boldsymbol{B})=R(\boldsymbol{B},\boldsymbol{A}),$$

由矩阵秩的结论知 $R(\boldsymbol{B},\boldsymbol{A})=R(\boldsymbol{A},\boldsymbol{B})$，于是得到 $R(\boldsymbol{A})=R(\boldsymbol{B})=R(\boldsymbol{A},\boldsymbol{B})$．

定理 3.2.3　设向量组 $\boldsymbol{B}:\boldsymbol{b}_1,\boldsymbol{b}_2,\cdots,\boldsymbol{b}_n$ 能由向量组 $\boldsymbol{A}:\boldsymbol{a}_1,\boldsymbol{a}_2,\cdots,\boldsymbol{a}_m$ 线性表示，则 $R(\boldsymbol{b}_1,\boldsymbol{b}_2,\cdots,\boldsymbol{b}_n)\leqslant R(\boldsymbol{a}_1,\boldsymbol{a}_2,\cdots,\boldsymbol{a}_m)$．

证明：记 $\boldsymbol{A}=(\boldsymbol{a}_1,\boldsymbol{a}_2,\cdots,\boldsymbol{a}_m)$，$\boldsymbol{B}=(\boldsymbol{b}_1,\boldsymbol{b}_2,\cdots,\boldsymbol{b}_n)$．据定理 3.2.2 有 $R(\boldsymbol{A})=R(\boldsymbol{A},\boldsymbol{B})$，而 $R(\boldsymbol{B})\leqslant R(\boldsymbol{A},\boldsymbol{B})$，因此

$$R(\boldsymbol{B})\leqslant R(\boldsymbol{A},\boldsymbol{B})=R(\boldsymbol{A}).$$

定理 3.2.2 和定理 3.2.3 的意义在于揭示了两个向量组之间的线性相关性由该两个向量组所构成的矩阵秩的大小关系所确定．

例 3.2.1　由向量组 $\boldsymbol{a}_1,\boldsymbol{a}_2,\boldsymbol{a}_3,\boldsymbol{a}_4$ 和向量 $\boldsymbol{b}$ 组成的矩阵为

$$\boldsymbol{A}=(\boldsymbol{a}_1,\boldsymbol{a}_2,\boldsymbol{a}_3,\boldsymbol{a}_4,\boldsymbol{b})=\begin{bmatrix}1&1&2&2&1\\0&2&1&5&-1\\2&0&3&-1&3\\1&1&0&4&-1\end{bmatrix}.$$

证明：向量 $\boldsymbol{b}$ 能由向量组 $\boldsymbol{a}_1,\boldsymbol{a}_2,\boldsymbol{a}_3,\boldsymbol{a}_4$ 线性表示．

证明：

$$\boldsymbol{A}\xrightarrow[r_4-r_1]{r_3-2r_1}\begin{bmatrix}1&1&2&2&1\\0&2&1&5&-1\\0&-2&-1&-5&1\\0&0&-2&2&-2\end{bmatrix}\xrightarrow{r_3+r_2}\begin{bmatrix}1&1&2&2&1\\0&2&1&5&-1\\0&0&0&0&0\\0&0&-2&2&-2\end{bmatrix}\xrightarrow{r_3\leftrightarrow r_4}\begin{bmatrix}1&1&2&2&1\\0&2&1&5&-1\\0&0&-2&2&-2\\0&0&0&0&0\end{bmatrix}$$

所以 $R(\boldsymbol{A})=R(\boldsymbol{a}_1,\boldsymbol{a}_2,\boldsymbol{a}_3,\boldsymbol{a}_4,\boldsymbol{b})=3$，由定理 3.2.2 得证．

把上面矩阵继续施以初等行变换，可化为行最简形为

$$\begin{bmatrix} 1 & 0 & 0 & 1 & 0 \\ 0 & 1 & 0 & 3 & -1 \\ 0 & 0 & 1 & -1 & 1 \\ 0 & 0 & 0 & 0 & 0 \end{bmatrix}$$

由该矩阵可以得到

$$\boldsymbol{b} = -\boldsymbol{a}_2 + \boldsymbol{a}_3$$

所以向量 $\boldsymbol{b}$ 能由向量组 $\boldsymbol{a}_1,\boldsymbol{a}_2,\boldsymbol{a}_3,\boldsymbol{a}_4$ 线性表示.

例 3.2.2 设 $\boldsymbol{b}_1 = \begin{bmatrix} 2 \\ 0 \\ 1 \\ 1 \end{bmatrix}$，$\boldsymbol{b}_2 = \begin{bmatrix} 1 \\ 1 \\ 0 \\ 2 \end{bmatrix}$，$\boldsymbol{b}_3 = \begin{bmatrix} 3 \\ -1 \\ 2 \\ 0 \end{bmatrix}$，$\boldsymbol{a}_1 = \begin{bmatrix} 1 \\ -1 \\ 1 \\ -1 \end{bmatrix}$，$\boldsymbol{a}_2 = \begin{bmatrix} 3 \\ 1 \\ 1 \\ 3 \end{bmatrix}$，证明向量组 $\boldsymbol{b}_1,\boldsymbol{b}_2,\boldsymbol{b}_3$ 与向量组 $\boldsymbol{a}_1,\boldsymbol{a}_2$ 等价.

证明：对矩阵 $(\boldsymbol{b}_1,\boldsymbol{b}_2,\boldsymbol{b}_3,\boldsymbol{a}_1,\boldsymbol{a}_2)$ 施以初等行变换，化为行阶梯形

$$(\boldsymbol{b}_1,\boldsymbol{b}_2,\boldsymbol{b}_3,\boldsymbol{a}_1,\boldsymbol{a}_2) = \begin{bmatrix} 2 & 1 & 3 & 1 & 3 \\ 0 & 1 & -1 & -1 & 1 \\ 1 & 0 & 2 & 1 & 1 \\ 1 & 2 & 0 & -1 & 3 \end{bmatrix} \to \begin{bmatrix} 1 & 0 & 2 & 1 & 1 \\ 0 & 1 & -1 & -1 & 1 \\ 0 & 0 & 0 & 0 & 0 \\ 0 & 0 & 0 & 0 & 0 \end{bmatrix}$$

可见 $R(\boldsymbol{b}_1,\boldsymbol{b}_2,\boldsymbol{b}_3) = 2$，$R(\boldsymbol{a}_1,\boldsymbol{a}_2) = 2$，$R(\boldsymbol{b}_1,\boldsymbol{b}_2,\boldsymbol{b}_3,\boldsymbol{a}_1,\boldsymbol{a}_2) = 2$，故向量组 $\boldsymbol{b}_1,\boldsymbol{b}_2,\boldsymbol{b}_3$ 与向量组 $\boldsymbol{a}_1,\boldsymbol{a}_2$ 等价.

3.3 向量组的线性相关性

向量组中向量间线性关系的研究在线性方程组解的存在性与解的结构问题的研究中都显得特别重要. 下面给出向量组的线性相关和线性无关的概念.

定义 3.3.1 对于给定的 n 维向量组 $\boldsymbol{A}:\boldsymbol{a}_1,\boldsymbol{a}_2,\cdots,\boldsymbol{a}_m$，如果存在不全为零的一组实数 $\lambda_1,\lambda_2,\cdots,\lambda_m$，使

$$\lambda_1\boldsymbol{a}_1+\lambda_2\boldsymbol{a}_2+\cdots+\lambda_m\boldsymbol{a}_m = 0$$

则称向量组 $\boldsymbol{A}$ 是线性相关的，否则就称之为线性无关.

对于一个向量 $\boldsymbol{a}$ 而言，当 $\boldsymbol{a} = 0$ 时，是线性相关的，当 $\boldsymbol{a} \neq 0$ 时，是线性无关的；含两个向量的向量组 $\boldsymbol{a}_1,\boldsymbol{a}_2$，它们线性相关的充要条件是 $\boldsymbol{a}_1,\boldsymbol{a}_2$ 的对应坐标成比例，其几何意义是两向量共线；含三个向量的向量组线性相关的几何意义是三向量共面.

定理 3.3.1　n 维的向量组 $\boldsymbol{A}:\boldsymbol{a}_1,\boldsymbol{a}_2,\cdots,\boldsymbol{a}_m$ $(m\geqslant 2)$ 线性相关的充要条件是该向量组中至少存在一个向量可以由其余 $m-1$ 个向量线性表示.

证明： 必要性由向量组 $\boldsymbol{a}_1,\boldsymbol{a}_2,\cdots,\boldsymbol{a}_m$ 线性相关，可知必存在不全为零的一组数 $k_1,k_2,\cdots,k_m$，使 $k_1\boldsymbol{a}_1+k_2\boldsymbol{a}_2+\cdots+k_m\boldsymbol{a}_m=0$ 成立，不妨令 $k_i\neq 0$，则有

$$\boldsymbol{a}_i=\left(-\frac{k_1}{k_i}\right)\boldsymbol{a}_1+\cdots+\left(-\frac{k_{i-1}}{k_i}\right)\boldsymbol{a}_{i-1}+\left(-\frac{k_{i+1}}{k_i}\right)\boldsymbol{a}_{i+1}+\cdots+\left(-\frac{k_m}{k_i}\right)\boldsymbol{a}_m .$$

充分性 不妨设向量组 $\boldsymbol{a}_1,\boldsymbol{a}_2,\cdots,\boldsymbol{a}_m$ 中向量 $\boldsymbol{a}_s$ 可由其余向量线性表示如下：

$$\boldsymbol{a}_s=\lambda_1\boldsymbol{a}_1+\cdots+\lambda_{s-1}\boldsymbol{a}_{s-1}+\lambda_{s+1}\boldsymbol{a}_{s+1}+\cdots+\lambda_m\boldsymbol{a}_m$$

则存在一组不全为零的数 $\lambda_1,\cdots,\lambda_{s-1},-1,\lambda_{s+1}\cdots,\lambda_m$，使得

$$\lambda_1\boldsymbol{a}_1+\cdots+\lambda_{s-1}\boldsymbol{a}_{s-1}+(-1)\boldsymbol{a}_s+\lambda_{s+1}\boldsymbol{a}_{s+1}+\cdots+\lambda_m\boldsymbol{a}_m=0$$

故向量组 $\boldsymbol{a}_1,\boldsymbol{a}_2,\cdots,\boldsymbol{a}_m$ 线性相关.

向量组线性相关和线性无关的概念也可以移用到线性方程组中．当方程组中有某个方程是其余方程的线性组合时，这个方程就是多余的，此时称各个方程间是线性相关；当方程组中没有多余方程，就称各个方程间是线性无关（或线性独立）的.

向量组 $\boldsymbol{A}:\boldsymbol{a}_1,\boldsymbol{a}_2,\cdots,\boldsymbol{a}_m$ 构成矩阵 $\boldsymbol{A}=(\boldsymbol{a}_1,\boldsymbol{a}_2,\cdots,\boldsymbol{a}_m)$，向量组 $\boldsymbol{A}$ 线性相关，就是齐次线性方程组

$$\boldsymbol{x}_1\boldsymbol{a}_1+\boldsymbol{x}_2\boldsymbol{a}_2+\cdots+\boldsymbol{x}_m\boldsymbol{a}_m=0\text{（或 }\boldsymbol{A}\boldsymbol{x}=0\text{）}$$

有非零解．由定理 3.1.5，可得如下定理.

定理 3.3.2　向量组 $\boldsymbol{a}_1,\boldsymbol{a}_2,\cdots,\boldsymbol{a}_m$ 线性相关的充要条件是它所构成的矩阵 $\boldsymbol{A}=(\boldsymbol{a}_1,\boldsymbol{a}_2,\cdots,\boldsymbol{a}_m)$ 的秩小于向量的个数 m；向量组线性无关的充要条件是 $R(\boldsymbol{A})=m$.

例 3.3.1　试证明 n 维的单位坐标向量组是线性无关的.

证明： n 维的单位坐标向量组构成矩阵 $\boldsymbol{E}=(\boldsymbol{e}_1,\boldsymbol{e}_2,\cdots,\boldsymbol{e}_n)$ 是 n 阶的单位矩阵．由 $|\boldsymbol{E}|=1\neq 0$，知 $R(\boldsymbol{E})=n$，由定理 3.2.2 知此向量组是线性无关的.

例 3.3.2　已知 $\boldsymbol{a}_1=\begin{bmatrix}1\\2\\1\end{bmatrix}$，$\boldsymbol{a}_2=\begin{bmatrix}1\\0\\-1\end{bmatrix}$，$\boldsymbol{a}_3=\begin{bmatrix}2\\2\\1\end{bmatrix}$，试讨论向量组 $\boldsymbol{a}_1,\boldsymbol{a}_2,\boldsymbol{a}_3$ 的线性相关性.

解： $$(\boldsymbol{a}_1,\boldsymbol{a}_2,\boldsymbol{a}_3)=\begin{bmatrix}1&1&2\\2&0&2\\1&-1&1\end{bmatrix}\xrightarrow[r_3-r_1]{r_2-2r_1}\begin{bmatrix}1&1&2\\0&-2&-2\\0&-2&-1\end{bmatrix}\xrightarrow{r_3-r_2}\begin{bmatrix}1&1&2\\0&-2&-2\\0&0&1\end{bmatrix}$$

$R(\boldsymbol{a}_1,\boldsymbol{a}_2,\boldsymbol{a}_3)=3$，由定理 3.3.2 知，向量组 $\boldsymbol{a}_1,\boldsymbol{a}_2,\boldsymbol{a}_3$ 线性无关.

例 3.3.3　已知向量组 $\boldsymbol{a}_1,\boldsymbol{a}_2,\boldsymbol{a}_3$ 线性无关，试证明向量组 $\boldsymbol{a}_1,\boldsymbol{a}_1-\boldsymbol{a}_2,\boldsymbol{a}_1+\boldsymbol{a}_2-\boldsymbol{a}_3$ 也是线性无关的.

证明：设存在数 k_1,k_2,k_3，使得

$$k_1\boldsymbol{a}_1+k_2(\boldsymbol{a}_1-\boldsymbol{a}_2)+k_3(\boldsymbol{a}_1+\boldsymbol{a}_2-\boldsymbol{a}_3)=0$$

则得到

$$(k_1+k_2+k_3)\boldsymbol{a}_1+(-k_2+k_3)\boldsymbol{a}_2-k_3\boldsymbol{a}_3=0$$

因为向量组 $\boldsymbol{a}_1,\boldsymbol{a}_2,\boldsymbol{a}_3$ 线性无关，所以有

$$k_1+k_2+k_3=-k_2+k_3=-k_3=0$$

该方程组的解为 $k_1=k_2=k_3=0$，因此向量组 $\boldsymbol{a}_1,\boldsymbol{a}_1-\boldsymbol{a}_2,\boldsymbol{a}_1+\boldsymbol{a}_2-\boldsymbol{a}_3$ 是线性无关的.

向量组中一部分向量构成的向量组，称为该向量组的**部分组**.

定理 3.3.3 在 n 维的向量组 $\boldsymbol{a}_1,\boldsymbol{a}_2\cdots,\boldsymbol{a}_m$ 中，若存在某部分组线性相关，则向量组 $\boldsymbol{a}_1,\boldsymbol{a}_2\cdots,\boldsymbol{a}_m$ 一定线性相关. 反之，若向量组 $\boldsymbol{a}_1,\boldsymbol{a}_2\cdots,\boldsymbol{a}_m$ 线性无关，则它的任意部分组都线性无关.

证明：不妨设部分组 $\boldsymbol{a}_1,\boldsymbol{a}_2,\cdots,\boldsymbol{a}_s$ $(s\leqslant m)$ 线性相关，则存在不全为零的 s 个数 $k_1,k_2,\cdots,k_s$，使得 $k_1\boldsymbol{a}_1+k_2\boldsymbol{a}_2+\cdots+k_s\boldsymbol{a}_s=0$. 因此有不全为零的 m 个数 $k_1,k_2,\cdots,k_s,0,\cdots,0$，使得

$$k_1\boldsymbol{a}_1+k_2\boldsymbol{a}_2+\cdots+k_s\boldsymbol{a}_s+0\boldsymbol{a}_{s+1}+\cdots+0\boldsymbol{a}_m=0$$

所以向量组 $\boldsymbol{a}_1,\boldsymbol{a}_2\cdots,\boldsymbol{a}_m$ 线性相关.

由命题与其逆否命题等价得到：若向量组 $\boldsymbol{a}_1,\boldsymbol{a}_2\cdots,\boldsymbol{a}_m$ 线性无关，则它的任意部分组都线性无关.

定理 3.3.4 如果 m 个 n 维向量组 $\boldsymbol{a}_1,\boldsymbol{a}_2\cdots,\boldsymbol{a}_m$ 线性无关，且 $m+1$ 个 n 维向量组 $\boldsymbol{a}_1,\boldsymbol{a}_2\cdots,\boldsymbol{a}_m,\boldsymbol{b}$ 线性相关，则向量 $\boldsymbol{b}$ 可以由向量组 $\boldsymbol{a}_1,\boldsymbol{a}_2\cdots,\boldsymbol{a}_m$ 线性表示，且表示式是唯一的.

证明：（1）因为向量组 $\boldsymbol{a}_1,\boldsymbol{a}_2\cdots,\boldsymbol{a}_m,\boldsymbol{b}$ 线性相关，所以存在不全为零的一组数 $k_1,k_2,\cdots,k_m$，使得 $k_1\boldsymbol{a}_1+k_2\boldsymbol{a}_2+\cdots+k_m\boldsymbol{a}_m+k\boldsymbol{b}=0$，这里一定有 $k\neq0$. 因为如果 $k=0$，则有 $k_1\boldsymbol{a}_1+k_2\boldsymbol{a}_2+\cdots+k_m\boldsymbol{a}_m=0$，从而有 $k_1=k_2=\cdots=k_m=0$，这与 $\boldsymbol{a}_1,\boldsymbol{a}_2,\cdots,\boldsymbol{a}_m,\boldsymbol{b}$ 线性相关矛盾，故 $k\neq0$. 因此有 $\boldsymbol{b}=-\dfrac{k_1}{k}\boldsymbol{a}_1-\dfrac{k_2}{k}\boldsymbol{a}_2-\cdots-\dfrac{k_m}{k}\boldsymbol{a}_m$，向量 $\boldsymbol{b}$ 可以由向量组 $\boldsymbol{a}_1,\boldsymbol{a}_2,\cdots,\boldsymbol{a}_m$ 线性表示.

（2）再证唯一性，设有两组数 $\lambda_1,\lambda_2,\cdots,\lambda_m$ 与 $k_1,k_2,\cdots,k_m$，分别使 $\boldsymbol{b}=k_1\boldsymbol{a}_1+k_2\boldsymbol{a}_2+\cdots+k_m\boldsymbol{a}_m$ 和 $\boldsymbol{b}=\lambda_1\boldsymbol{a}_1+\lambda_2\boldsymbol{a}_2+\cdots+\lambda_m\boldsymbol{a}_m$ 都成立，则有

$$k_1\boldsymbol{a}_1+k_2\boldsymbol{a}_2+\cdots+k_m\boldsymbol{a}_m=\lambda_1\boldsymbol{a}_1+\lambda_2\boldsymbol{a}_2+\cdots+\lambda_m\boldsymbol{a}_m$$

则有

$$(k_1-\lambda_1)\boldsymbol{a}_1+(k_2-\lambda_2)\boldsymbol{a}_2+\cdots+(k_m-\lambda_m)\boldsymbol{a}_m=0$$

由向量组 $\boldsymbol{a}_1,\boldsymbol{a}_2,\cdots,\boldsymbol{a}_m$ 线性无关，得到

$$k_1-\lambda_1=0,k_2-\lambda_2=0,\cdots,k_m-\lambda_m=0$$

因此有 $k_1=\lambda_1,k_2=\lambda_2,\cdots,k_m=\lambda_m$，即向量 $\boldsymbol{b}$ 可以由向量组 $\boldsymbol{a}_1,\boldsymbol{a}_2,\cdots,\boldsymbol{a}_m$ 线性表示，表示式是唯一的.

定理 3.3.5　n 维向量组 $\boldsymbol{a}_1,\boldsymbol{a}_2,\cdots,\boldsymbol{a}_m$ 同时去掉相应的 $n-s(n>s)$ 个分向量后得到 s 维向量组 $\boldsymbol{\beta}_1,\boldsymbol{\beta}_2,\cdots,\boldsymbol{\beta}_m$，其中 $\boldsymbol{a}_j=\begin{bmatrix}a_{1j}\\a_{2j}\\\vdots\\a_{nj}\end{bmatrix}$，$\boldsymbol{\beta}_j=\begin{bmatrix}a_{1j}\\a_{2j}\\\vdots\\a_{sj}\end{bmatrix}$，$j=1,2,\cdots,m$，则

（1）如果 $\boldsymbol{a}_1,\boldsymbol{a}_2,\cdots,\boldsymbol{a}_m$ 线性相关，则 $\boldsymbol{\beta}_1,\boldsymbol{\beta}_2,\cdots,\boldsymbol{\beta}_m$ 也线性相关；

（2）如果 $\boldsymbol{\beta}_1,\boldsymbol{\beta}_2,\cdots,\boldsymbol{\beta}_m$ 线性无关，则 $\boldsymbol{a}_1,\boldsymbol{a}_2,\cdots,\boldsymbol{a}_m$ 也线性无关.

证明：（1）如果 $\boldsymbol{a}_1,\boldsymbol{a}_2,\cdots,\boldsymbol{a}_m$ 线性相关，存在不全为零的一组数 $k_1,k_2,\cdots,k_m$，使得

$$k_1\boldsymbol{a}_1+k_2\boldsymbol{a}_2+\cdots+k_m\boldsymbol{a}_m=0$$

即 $k_1\begin{bmatrix}a_{11}\\a_{21}\\\vdots\\a_{n1}\end{bmatrix}+k_2\begin{bmatrix}a_{12}\\a_{22}\\\vdots\\a_{n2}\end{bmatrix}+\cdots+k_m\begin{bmatrix}a_{1m}\\a_{2m}\\\vdots\\a_{nm}\end{bmatrix}=\begin{bmatrix}0\\0\\\vdots\\0\end{bmatrix}$，从而得到 n 个方程成立：

$$\begin{cases}a_{11}k_1+a_{12}k_2+\cdots+a_{1m}k_m=0\\a_{21}k_1+a_{22}k_2+\cdots+a_{2m}k_m=0\\\qquad\vdots\\a_{s1}k_1+a_{s2}k_2+\cdots+a_{sm}k_m=0\\a_{s+1,1}k_1+a_{s+1,2}k_2+\cdots+a_{s+1,m}k_m=0\\\qquad\vdots\\a_{n1}k_1+a_{n2}k_2+\cdots+a_{nm}k_m=0\end{cases}.$$

根据前边 s 个方程成立可得

$$k_1\begin{bmatrix}a_{11}\\a_{21}\\\vdots\\a_{s1}\end{bmatrix}+k_2\begin{bmatrix}a_{12}\\a_{22}\\\vdots\\a_{s2}\end{bmatrix}+\cdots+k_m\begin{bmatrix}a_{1m}\\a_{2m}\\\vdots\\a_{sm}\end{bmatrix}=\begin{bmatrix}0\\0\\\vdots\\0\end{bmatrix}.$$

因此存在不全为零的数 $k_1,k_2,\cdots,k_m$，使得

$$k_1\boldsymbol{\beta}_1+k_2\boldsymbol{\beta}_2+\cdots+k_m\boldsymbol{\beta}_m=0$$

于是得到 $\boldsymbol{\beta}_1,\boldsymbol{\beta}_2,\cdots,\boldsymbol{\beta}_m$ 也线性相关；

（2）由于结论（2）是结论（1）的逆否命题，结论（1）成立，结论（2）也成立.

定理 3.3.6 设有两个向量组 $\boldsymbol{A}:\boldsymbol{a}_1,\boldsymbol{a}_2,\cdots,\boldsymbol{a}_m$ 和 $\boldsymbol{B}:\boldsymbol{\beta}_1,\boldsymbol{\beta}_2,\cdots,\boldsymbol{\beta}_n$，向量组 $\boldsymbol{B}$ 能由向量组 $\boldsymbol{A}$ 线性表示，并且 $m<n$，则向量组 $\boldsymbol{B}$ 线性相关.

证明： 因为向量组 $\boldsymbol{B}$ 能由向量组 $\boldsymbol{A}$ 线性表示，存在矩阵 $\boldsymbol{K}_{m\times n}$，使

$$(\boldsymbol{\beta}_1,\boldsymbol{\beta}_2,\cdots,\boldsymbol{\beta}_n)=(\boldsymbol{a}_1,\boldsymbol{a}_2,\cdots,\boldsymbol{a}_m)\begin{bmatrix} k_{11} & k_{12} & \cdots & k_{1n} \\ k_{21} & k_{22} & \cdots & k_{2n} \\ \vdots & \vdots & \ddots & \vdots \\ k_{m1} & k_{m2} & \cdots & k_{mn} \end{bmatrix} \tag{3.3.1}$$

要证存在不全为零的数 $x_1,x_2,\cdots,x_n$，使

$$x_1\boldsymbol{\beta}_1+x_2\boldsymbol{\beta}_2+\cdots+x_n\boldsymbol{\beta}_n=(\boldsymbol{\beta}_1,\boldsymbol{\beta}_2,\cdots,\boldsymbol{\beta}_n)\begin{bmatrix} x_1 \\ x_2 \\ \vdots \\ x_n \end{bmatrix}=0 \tag{3.3.2}$$

将式(3.3.1)代入式(3.3.2)，并注意到有 $m<n$ 成立，就可得到齐次方程组

$$\begin{bmatrix} k_{11} & k_{12} & \cdots & k_{1n} \\ k_{21} & k_{22} & \cdots & k_{2n} \\ \vdots & \vdots & \ddots & \vdots \\ k_{m1} & k_{m2} & \cdots & k_{mn} \end{bmatrix}\begin{bmatrix} x_1 \\ x_2 \\ \vdots \\ x_n \end{bmatrix}=0$$

有非零解，从而向量组 $\boldsymbol{B}$ 线性相关.

推论 3.3.1 设向量组 $\boldsymbol{B}:\boldsymbol{\beta}_1,\boldsymbol{\beta}_2,\cdots,\boldsymbol{\beta}_n$ 能由向量组 $\boldsymbol{A}:\boldsymbol{a}_1,\boldsymbol{a}_2,\cdots,\boldsymbol{a}_m$ 线性表示，如果向量组 $\boldsymbol{B}$ 线性无关，则 $m\geqslant n$.

推论 3.3.2 设向量组 $\boldsymbol{A}:\boldsymbol{a}_1,\boldsymbol{a}_2,\cdots,\boldsymbol{a}_m$ 与向量组 $\boldsymbol{B}:\boldsymbol{\beta}_1,\boldsymbol{\beta}_2,\cdots,\boldsymbol{\beta}_n$ 可以相互线性表示，如果向量组 $\boldsymbol{A}$ 和 $\boldsymbol{B}$ 都线性无关，则 $m=n$.

3.4 向量组的秩

前面两节讨论向量组的线性组合和线性相关性时，矩阵的秩起到了十分重要的作用，为了进一步讨论，我们把秩的概念引进到向量组，本节将讨论向量组的最大无关组的概念和有关结论.

定义 3.4.1 设有向量组 $\boldsymbol{A}$，如果 $\boldsymbol{A}$ 中能选出 r 个向量 $\boldsymbol{a}_1,\boldsymbol{a}_2,\cdots,\boldsymbol{a}_r$，满足

（1）$\boldsymbol{A}$ 的部分组 $\boldsymbol{A}_0:\boldsymbol{a}_1,\boldsymbol{a}_2,\cdots,\boldsymbol{a}_r$ 线性无关；

（2）向量组 $\boldsymbol{A}$ 中任意 $r+1$ 个向量都线性相关.

那么称向量组 $\boldsymbol{A}_0$ 是向量组 $\boldsymbol{A}$ 的一个最大线性无关向量组（简称最大无关组），最大无关组所含向量的个数 r 称为向量组 $\boldsymbol{A}$ 的秩，记为 $R_{\boldsymbol{A}}$.

只含零向量的向量组没有最大无关组，规定它的秩为 0.

对于只含有限个向量的向量组 $\boldsymbol{A}:\boldsymbol{a}_1,\boldsymbol{a}_2,\cdots,\boldsymbol{a}_m$，它可以构成矩阵 $\boldsymbol{A}=(\boldsymbol{a}_1,\boldsymbol{a}_2,\cdots,\boldsymbol{a}_m)$. 把定义 3.4.1 与矩阵的最高阶非零子式及矩阵秩的定义作比较，容易得到向量组 $\boldsymbol{A}$ 的秩就等于矩阵 $\boldsymbol{A}$ 的秩，即有如下定理.

定理 3.4.1　矩阵的秩等于它的列向量组的秩，也等于它的行向量组的秩.

证明：设 $\boldsymbol{A}:\boldsymbol{a}_1,\boldsymbol{a}_2,\cdots,\boldsymbol{a}_m$，$R(\boldsymbol{A})=r$，并设 r 阶子式 $\boldsymbol{D}_r\neq 0$. 据定理 3.3.2，$\boldsymbol{D}_r\neq 0$ 知 $\boldsymbol{D}_r$ 所在的 r 列线性无关；又有 $\boldsymbol{A}$ 中所有 $r+1$ 阶子式均为零，知 $\boldsymbol{A}$ 中任意 $r+1$ 列向量都线性相关. 因此 $\boldsymbol{D}_r$ 所在的 r 列是 $\boldsymbol{A}$ 的列向量组的一个最大线性无关组，所以列向量组的秩等于 r. 类似可证矩阵行向量组的秩也等于 $R(\boldsymbol{A})$.

今后，向量组 $\boldsymbol{a}_1,\boldsymbol{a}_2,\cdots,\boldsymbol{a}_m$ 的秩记为 $R(\boldsymbol{a}_1,\boldsymbol{a}_2,\cdots,\boldsymbol{a}_m)$.

不妨设向量组 $\boldsymbol{A}:\boldsymbol{a}_1,\boldsymbol{a}_2,\cdots,\boldsymbol{a}_m$ 的一个最大线性无关组为 $\boldsymbol{B}:\boldsymbol{a}_1,\boldsymbol{a}_2,\cdots,\boldsymbol{a}_r\ (r<m)$，则由定义 3.4.1 知向量组 $\boldsymbol{a}_1,\boldsymbol{a}_2,\cdots,\boldsymbol{a}_r,\boldsymbol{a}_k(k=r+1,r+2,\cdots,m)$ 一定线性相关，再由定理 3.3.4 知 $\boldsymbol{a}_k(k=r+1,r+2,\cdots,m)$ 可由向量组 $\boldsymbol{B}$ 线性表示，显然可得：向量组 $\boldsymbol{A}$ 中的每一个向量可由 $\boldsymbol{A}$ 的最大线性无关组线性表示. 当然，向量组 $\boldsymbol{B}$ 也可由向量组 $\boldsymbol{A}$ 线性表示，于是，向量组 $\boldsymbol{A}$ 和它的最大线性无关组 $\boldsymbol{B}$ 是等价的. 据以上分析不难得到如下定义.

最大无关组的等价定义

设向量组 $\boldsymbol{A}_0:\boldsymbol{a}_1,\boldsymbol{a}_2,\cdots,\boldsymbol{a}_r$ 是向量组 $\boldsymbol{A}$ 的部分组，且满足

（1）向量组 $\boldsymbol{A}_0$ 线性无关；

（2）向量组 $\boldsymbol{A}$ 中任意一个向量都能由向量组 $\boldsymbol{A}_0$ 线性表示；

那么向量组 $\boldsymbol{A}_0$ 便是向量组 $\boldsymbol{A}$ 的一个最大线性无关组.

n 维的单位坐标向量构成向量组 $\boldsymbol{E}:\boldsymbol{e}_1,\boldsymbol{e}_2,\cdots,\boldsymbol{e}_n$ 作为全体 n 维的实向量组 $\boldsymbol{R}^n$ 的线性无关的部分组，它是 $\boldsymbol{R}^n$ 的一个最大线性无关组，这是因为 $\boldsymbol{R}^n$ 中任意一个向量都可以由向量组 $\boldsymbol{E}:\boldsymbol{e}_1,\boldsymbol{e}_2,\cdots,\boldsymbol{e}_n$ 线性表示. 一般情况下，向量组的最大线性无关组不唯一.

例 3.4.1　设向量组 $\boldsymbol{a}_1=\begin{bmatrix}1\\1\\2\end{bmatrix}$，$\boldsymbol{a}_2=\begin{bmatrix}3\\1\\0\end{bmatrix}$，$\boldsymbol{a}_3=\begin{bmatrix}2\\2\\4\end{bmatrix}$，求它的最大无关组.

解：因为 $\boldsymbol{a}_3=2\boldsymbol{a}_1+0\boldsymbol{a}_2$，向量组 $\boldsymbol{a}_1,\boldsymbol{a}_2,\boldsymbol{a}_3$ 线性相关，又因为 $\boldsymbol{a}_2,\boldsymbol{a}_3$ 线性无关，$\boldsymbol{a}_1,\boldsymbol{a}_2$ 也线性无关，$\boldsymbol{a}_1,\boldsymbol{a}_3$ 线性相关，所以向量组 $\boldsymbol{a}_1,\boldsymbol{a}_2$ 和 $\boldsymbol{a}_2,\boldsymbol{a}_3$ 都是向量组 $\boldsymbol{a}_1,\boldsymbol{a}_2,\boldsymbol{a}_3$ 的最大线性无关组.

例 3.4.2　求矩阵 $\boldsymbol{A}=\begin{bmatrix}1&2&3&2&5\\2&2&2&3&5\\3&2&1&1&2\\-1&-1&-1&1&0\end{bmatrix}$ 秩和它的一个最大线性无关组，并把其余向量表示为所求最大无关组的线性组合.

解：设矩阵 $\boldsymbol{A}$ 的列向量组记为 $\boldsymbol{a}_1,\boldsymbol{a}_2,\boldsymbol{a}_3,\boldsymbol{a}_4,\boldsymbol{a}_5$，对 $\boldsymbol{A}$ 施行初等行变换变为行阶梯形矩阵

$$A \to \begin{bmatrix} 1 & 2 & 3 & 2 & 5 \\ 0 & 1 & 2 & 3 & 5 \\ 0 & 0 & 0 & 1 & 1 \\ 0 & 0 & 0 & 0 & 0 \end{bmatrix}$$

知 $R(A)=3$，故列向量组的最大无关组含 3 个向量，而三个非零行的首元在 1、2、4 列，故 $\boldsymbol{a}_1,\boldsymbol{a}_2,\boldsymbol{a}_4$ 为列向量组的一个最大无关组．原因是

$$(\boldsymbol{a}_1,\boldsymbol{a}_2,\boldsymbol{a}_4) \to \begin{bmatrix} 1 & 2 & 2 \\ 0 & 1 & 3 \\ 0 & 0 & 1 \\ 0 & 0 & 0 \end{bmatrix}$$

知 $R(\boldsymbol{a}_1,\boldsymbol{a}_2,\boldsymbol{a}_4)=3$，故 $\boldsymbol{a}_1,\boldsymbol{a}_2,\boldsymbol{a}_4$ 线性无关.

为把 $\boldsymbol{a}_3,\boldsymbol{a}_5$ 用 $\boldsymbol{a}_1,\boldsymbol{a}_2,\boldsymbol{a}_4$ 线性表示，把矩阵 $\boldsymbol{A}$ 的行阶梯形矩阵再化为行最简形矩阵为

$$A \to \begin{bmatrix} 1 & 0 & -1 & 0 & -1 \\ 0 & 1 & 2 & 0 & 2 \\ 0 & 0 & 0 & 1 & 1 \\ 0 & 0 & 0 & 0 & 0 \end{bmatrix}$$

把上列行最简形矩阵记为 $\boldsymbol{B}=(\boldsymbol{b}_1,\boldsymbol{b}_2,\boldsymbol{b}_3,\boldsymbol{b}_4,\boldsymbol{b}_5)$，由于方程 $\boldsymbol{Ax}=0$ 与 $\boldsymbol{Bx}=0$ 同解，即方程

$$a_1x_1+a_2x_2+a_3x_3+a_4x_4+a_5x_5=0$$

与

$$b_1x_1+b_2x_2+b_3x_3+b_4x_4+b_5x_5=0$$

同解，因此向量 $\boldsymbol{a}_1,\boldsymbol{a}_2,\boldsymbol{a}_3,\boldsymbol{a}_4,\boldsymbol{a}_5$ 之间和向量 $\boldsymbol{b}_1,\boldsymbol{b}_2,\boldsymbol{b}_3,\boldsymbol{b}_4,\boldsymbol{b}_5$ 之间有相同的线性关系．现在 $\boldsymbol{b}_3=2\boldsymbol{b}_2-\boldsymbol{b}_1$，$\boldsymbol{b}_5=\boldsymbol{b}_4+2\boldsymbol{b}_2-\boldsymbol{b}_1$，因此有 $\boldsymbol{a}_3=2\boldsymbol{a}_2-\boldsymbol{a}_1$，$\boldsymbol{a}_5=\boldsymbol{a}_4+2\boldsymbol{a}_2-\boldsymbol{a}_1$.

设向量组 $\boldsymbol{A}:\boldsymbol{a}_1,\boldsymbol{a}_2,\cdots,\boldsymbol{a}_m$ 构成矩阵 $\boldsymbol{A}=(\boldsymbol{a}_1,\boldsymbol{a}_2,\cdots,\boldsymbol{a}_m)$，根据向量组秩的定义及定理 3.4.1，有

$$R_A=R(\boldsymbol{a}_1,\boldsymbol{a}_2,\cdots,\boldsymbol{a}_m)=R(\boldsymbol{A}).$$

由此可知，前面介绍的定理 3.2.1、3.2.2、3.2.3 和 3.3.2 出现矩阵的秩均可改为向量组的秩，例如，定理 3.2.2 可叙述为

向量组 $\boldsymbol{B}:\boldsymbol{b}_1,\boldsymbol{b}_2,\cdots,\boldsymbol{b}_n$ 能由向量组 $A:\boldsymbol{a}_1,\boldsymbol{a}_2\cdots,\boldsymbol{a}_m$ 线性表示的充分必要条件是

$$R(\boldsymbol{a}_1,\boldsymbol{a}_2,\cdots,\boldsymbol{a}_m)=R(\boldsymbol{a}_1,\boldsymbol{a}_2,\cdots,\boldsymbol{a}_m,\boldsymbol{b}_1,\boldsymbol{b}_2,\cdots,\boldsymbol{b}_n).$$

这里记号 $R(\boldsymbol{a}_1,\boldsymbol{a}_2,\cdots,\boldsymbol{a}_m)$ 可以理解为矩阵的秩，也可理解为向量组的秩.

另外，前面建立定理 3.2.1、定理 3.2.2、定理 3.2.3 时，限定向量组只含有限个向量，现在可以去掉这一限制，把定理 3.2.1、定理 3.2.2、定理 3.2.3 推广到一般情形，推广的方法是用最大无关组作过渡，例如，定理 3.2.3 可叙述如下。

如果向量组 $\boldsymbol{B}$ 能由向量组 $\boldsymbol{A}$ 线性表示，则 $R_B \leqslant R_A$．

证明：设 $R_B = s, R_A = t$，并设向量组 $\boldsymbol{B}$ 和向量组 $\boldsymbol{A}$ 最大无关组分别为

$$\boldsymbol{A}_0 : \boldsymbol{a}_1, \boldsymbol{a}_2, \cdots, \boldsymbol{a}_s \text{ 和 } \boldsymbol{B}_0 : \boldsymbol{b}_1, \boldsymbol{b}_2, \cdots, \boldsymbol{b}_t .$$

由于组 $\boldsymbol{B}_0$ 能由组 $\boldsymbol{B}$ 表示，组 $\boldsymbol{B}$ 能由组 $\boldsymbol{A}$ 线性表示，组 $\boldsymbol{A}$ 能由 $\boldsymbol{A}_0$，因此 $\boldsymbol{B}_0$ 组能由 $\boldsymbol{A}_0$ 组表示，根据定理 3.2.3，有 $R(\boldsymbol{b}_1, \boldsymbol{b}_2, \cdots, \boldsymbol{b}_t) \leqslant R(\boldsymbol{a}_1, \boldsymbol{a}_2, \cdots, \boldsymbol{a}_s)$，即 $t \leqslant s$．

定理 3.4.2　设 $\boldsymbol{AB} = \boldsymbol{C}$，则 $R(\boldsymbol{C}) \leqslant \min\{R(\boldsymbol{A}), R(\boldsymbol{B})\}$．

证明：方法一　因 $\boldsymbol{AB} = \boldsymbol{C}$，知矩阵方程 $\boldsymbol{AX} = \boldsymbol{C}$，有解 $\boldsymbol{X} = \boldsymbol{B}$，于是由定理 3.1.4 有 $R(\boldsymbol{A}) = R(\boldsymbol{A}, \boldsymbol{C})$．而 $R(\boldsymbol{C}) \leqslant R(\boldsymbol{A}, \boldsymbol{C})$，因此 $R(\boldsymbol{C}) \leqslant R(\boldsymbol{A})$．又 $\boldsymbol{B}^{\mathrm{T}} \boldsymbol{A}^{\mathrm{T}} = \boldsymbol{C}^{\mathrm{T}}$，用以上类似分析可得 $R(\boldsymbol{C}^{\mathrm{T}}) \leqslant R(\boldsymbol{B}^{\mathrm{T}})$，即 $R(\boldsymbol{C}) \leqslant R(\boldsymbol{B})$．综合便得 $R(\boldsymbol{C}) \leqslant \min\{R(\boldsymbol{A}), R(\boldsymbol{B})\}$．

方法二　设 $\boldsymbol{A}_{m\times n} = (\boldsymbol{a}_1, \boldsymbol{a}_2, \cdots, \boldsymbol{a}_n)$，$\boldsymbol{B}_{n\times s} = \begin{bmatrix} k_{11} & k_{12} & \cdots & k_{1s} \\ k_{21} & k_{22} & \cdots & k_{2s} \\ \vdots & \vdots & \ddots & \vdots \\ k_{n1} & k_{n2} & \cdots & k_{ns} \end{bmatrix}$，则 $\boldsymbol{AB} = \boldsymbol{C}_{m\times s} = (\boldsymbol{\gamma}_1, \boldsymbol{\gamma}_2, \cdots, \boldsymbol{\gamma}_s)$，

即
$$(\boldsymbol{\gamma}_1, \boldsymbol{\gamma}_2, \cdots, \boldsymbol{\gamma}_s) = (\boldsymbol{a}_1, \boldsymbol{a}_2, \cdots, \boldsymbol{a}_n) \begin{bmatrix} k_{11} & k_{12} & \cdots & k_{1s} \\ k_{21} & k_{22} & \cdots & k_{2s} \\ \vdots & \vdots & \ddots & \vdots \\ k_{n1} & k_{n2} & \cdots & k_{ns} \end{bmatrix}$$

因此有
$$\boldsymbol{\gamma}_j = k_{1j}\boldsymbol{a}_1 + k_{2j}\boldsymbol{a}_2 + \cdots + k_{nj}\boldsymbol{a}_n \quad (j = 1, 2, \cdots, s)$$

即 AB 的列向量组 $\boldsymbol{\gamma}_1, \boldsymbol{\gamma}_2, \cdots, \boldsymbol{\gamma}_s$ 可由 A 的列向量组 $\boldsymbol{a}_1, \boldsymbol{a}_2, \cdots, \boldsymbol{a}_n$ 线性表示，故 $\boldsymbol{\gamma}_1, \boldsymbol{\gamma}_2, \cdots, \boldsymbol{\gamma}_s$ 的最大无关组可由 $\boldsymbol{a}_1, \boldsymbol{a}_2, \cdots, \boldsymbol{a}_n$ 的最大无关组线性表示，所以有 $R(\boldsymbol{AB}) \leqslant R(\boldsymbol{A})$．类似地，由 $\boldsymbol{B}^{\mathrm{T}} \boldsymbol{A}^{\mathrm{T}} = \boldsymbol{C}^{\mathrm{T}}$，可以证明 $R(\boldsymbol{AB}) \leqslant R(\boldsymbol{B})$，综合便得 $R(\boldsymbol{C}) \leqslant \min\{R(\boldsymbol{A}), R(\boldsymbol{B})\}$．

3.5　向 量 空 间

本章 3.2 节中提到 n 维向量空间的概念，下面给出向量空间的确切定义．

定义 3.5.1　设 V 为 n 维向量的集合，若集合 V 非空，且集合 V 对于加法和乘数两种运算封闭，则称集合 V 为向量空间．所谓封闭，是指在集合 V 中可以进行加法和乘数两种运算．具体地说，即是：若 $\boldsymbol{\alpha} \in V, \boldsymbol{\beta} \in V$，则 $\boldsymbol{\alpha} + \boldsymbol{\beta} \in V$；若 $\boldsymbol{\alpha} \in V, \boldsymbol{\lambda} \in R$，则 $\boldsymbol{\lambda\alpha} \in V$．

例 3.5.1　证明：集合 $V = \{\boldsymbol{x} = (\boldsymbol{x}_1, \cdots, \boldsymbol{x}_{n-1}, 0)^{\mathrm{T}} | \boldsymbol{x}_1, \cdots, \boldsymbol{x}_{n-1} \in R\}$ 是一个向量空间．

证明：设 λ 是实数，若向量 $\boldsymbol{a} = (\boldsymbol{a}_1, \cdots, \boldsymbol{a}_{n-1}, 0)^{\mathrm{T}} \in V$，$\boldsymbol{b} = (\boldsymbol{b}_1, \cdots, \boldsymbol{b}_{n-1}, 0)^{\mathrm{T}} \in V$，则 $\boldsymbol{a} + \boldsymbol{b} = (\boldsymbol{a}_1 + \boldsymbol{b}_1, \cdots, \boldsymbol{a}_{n-1} + \boldsymbol{b}_{n-1}, 0)^{\mathrm{T}} \in V$，$\lambda \boldsymbol{a} = (\lambda \boldsymbol{a}_1, \cdots, \lambda \boldsymbol{a}_{n-1}, 0)^{\mathrm{T}} \in V$，集合 V 是向量空间．

例 3.5.2　证明：集合 $V = \{\boldsymbol{x} = (\boldsymbol{x}_1, \cdots, \boldsymbol{x}_{n-1}, 1)^{\mathrm{T}} | \boldsymbol{x}_1, \cdots, \boldsymbol{x}_{n-1} \in R\}$ 不是一个向量空间．

证明：因为$\boldsymbol{a}=(\boldsymbol{a}_1,\cdots,\boldsymbol{a}_{n-1},1)^{\mathrm{T}}\in V$，则$2\boldsymbol{a}=(2\boldsymbol{a}_1,\cdots,2\boldsymbol{a}_{n-1},2)^{\mathrm{T}}\notin V$.

例 3.5.3 齐次线性方程组的解集$S=\{\boldsymbol{a}\mid \boldsymbol{A}\boldsymbol{x}=0\}$是一个向量空间，（称为齐次线性方程组的解空间）. 因为由齐次线性方程组的性质 1、性质 2，即知其解集S对向量的线性运算是封闭.

例 3.5.4 非齐次线性方程组的解集$S=\{\boldsymbol{x}\mid \boldsymbol{A}\boldsymbol{x}=\boldsymbol{b}\}$不是向量空间. 因为$S$是空集时，$S$不是向量空间；当$S$非空时，如果$\xi\in S$，则$A(3\xi)=3b\neq b$，所以$3\xi\notin S$，不满足对乘数运算封闭.

定义 3.5.2 设$\boldsymbol{a}_1,\boldsymbol{a}_2,\cdots,\boldsymbol{a}_m$为向量组，则集合$L=\{\boldsymbol{x}=\lambda_1\boldsymbol{a}_1+\lambda_2\boldsymbol{a}_2+\cdots+\lambda_m\boldsymbol{a}_m\mid \lambda_1,\lambda_2,\cdots,\lambda_m\in R\}$称为由向量组$\boldsymbol{a}_1,\boldsymbol{a}_2,\cdots,\boldsymbol{a}_m$生成的向量空间.

定义 3.5.3 设有向量空间V_1和V_2，如果$V_1\subset V_2$，就称V_1是V_2的子空间.

任何由n维向量所组成的向量空间V，总有$V\subset R^n$，故这样的向量空间V总是R^n的子空间.

定义 3.5.4 设V是向量空间，若s个向量$\boldsymbol{a}_1,\boldsymbol{a}_2,\cdots,\boldsymbol{a}_s\in V$，并且满足

（1）$\boldsymbol{a}_1,\boldsymbol{a}_2,\cdots,\boldsymbol{a}_s$线性无关；

（2）V中任何向量都可由$\boldsymbol{a}_1,\boldsymbol{a}_2,\cdots,\boldsymbol{a}_s$线性表示，则向量组$\boldsymbol{a}_1,\boldsymbol{a}_2,\cdots,\boldsymbol{a}_s$就称为向量空间$V$的一个基，$r$称为向量空间$V$的维数，记为$\dim V=r$，并称$V$为$r$维向量空间. 向量空间的维数就是向量空间作为向量组的秩. 如果向量空间V没有基，那么V的维数为 0. 0 维向量空间只含一个零向量.

如果在向量空间V中任取一个基$\boldsymbol{a}_1,\boldsymbol{a}_2,\cdots,\boldsymbol{a}_s$，那么$V$中任何向量$\boldsymbol{\xi}$可唯一地表示为

$$\boldsymbol{\xi}=k_1\boldsymbol{a}_1+k_2\boldsymbol{a}_2+\cdots+k_s\boldsymbol{a}_s$$

数组$k_1,k_2,\cdots,k_s$称为向量$\boldsymbol{\xi}$在基$\boldsymbol{a}_1,\boldsymbol{a}_2,\cdots,\boldsymbol{a}_s$中的坐标.

特别地，在n维向量空间R^n中取单位坐标向量组$\boldsymbol{e}_1,\boldsymbol{e}_2,\cdots,\boldsymbol{e}_n$为基，则向量$\boldsymbol{x}=(\boldsymbol{x}_1,\cdots,\boldsymbol{x}_{n-1},\boldsymbol{x}_n)$可以表示为$\boldsymbol{x}=\boldsymbol{x}_1\boldsymbol{e}_1+\boldsymbol{x}_2\boldsymbol{e}_2+\cdots+\boldsymbol{x}_n\boldsymbol{e}_n$，向量在基$\boldsymbol{e}_1,\boldsymbol{e}_2,\cdots,\boldsymbol{e}_n$中的坐标就是该向量的分量. 故$\boldsymbol{e}_1,\boldsymbol{e}_2,\cdots,\boldsymbol{e}_n$叫$R^n$中的自然基.

例 3.5.5 求向量$\boldsymbol{\alpha}=(a_1,a_2,\cdots,a_n)^{\mathrm{T}}$在基$\boldsymbol{\beta}_1=(1,0,0,\cdots,0)^{\mathrm{T}}$，$\boldsymbol{\beta}_2=(1,1,0,\cdots,0)^{\mathrm{T}}$，…，$\boldsymbol{\beta}_{n-1}=(1,1,\cdots,1,0)^{\mathrm{T}}$，$\boldsymbol{\beta}_n=(1,1,\cdots,1,1)^{\mathrm{T}}$下的坐标.

解：设$\boldsymbol{\alpha}=\begin{bmatrix}a_1\\a_2\\\vdots\\a_{n-1}\\a_n\end{bmatrix}=x_1\boldsymbol{\beta}_1+x_2\boldsymbol{\beta}_2+\cdots+x_n\boldsymbol{\beta}_n=\begin{bmatrix}x_1+\cdots+x_n\\x_2+\cdots+x_n\\\vdots\\x_{n-1}+x_n\\x_n\end{bmatrix}$

解得向量$\boldsymbol{\alpha}$在基$\boldsymbol{\beta}_1,\boldsymbol{\beta}_2,\cdots,\boldsymbol{\beta}_n$下的坐标为$x_n=a_n,x_{n-1}=a_{n-1}-a_n,\cdots,x_1=a_1-a_2$.

3.6　线性方程组解的结构

本节将利用向量组的相关性的理论来讨论线性方程组解的有关性质，以期得到线性方程组通解的表示，这就是线性方程组解的结构.

3.6.1　齐次线性方程组解的结构

设有齐次线性方程组

$$\begin{cases} a_{11}x_1 + a_{12}x_2 + \cdots + a_{1n}x_n = 0 \\ a_{21}x_1 + a_{22}x_2 + \cdots + a_{2n}x_n = 0 \\ \qquad\qquad \vdots \\ a_{m1}x_1 + a_{m2}x_2 + \cdots + a_{mn}x_n = 0 \end{cases} \tag{3.6.1}$$

如果记

$$\boldsymbol{A} = \begin{bmatrix} a_{11} & a_{12} \cdots & a_{1n} \\ a_{21} & a_{22} \cdots & a_{2n} \\ & \vdots & \\ a_{m1} & a_{m2} \cdots & a_{mn} \end{bmatrix}, \quad \boldsymbol{x} = \begin{bmatrix} x_1 \\ x_2 \\ \vdots \\ x_n \end{bmatrix}$$

方程组(3.6.1)可改写为矩阵方程

$$\boldsymbol{Ax} = 0 \tag{3.6.2}$$

称矩阵方程(3.6.2)的解 $\boldsymbol{x} = \begin{bmatrix} x_1 \\ x_2 \\ \vdots \\ x_n \end{bmatrix}$ 为方程组(3.6.1)的解向量.

3.6.1.1　齐次线性方程组解的性质

性质 3.6.1　若 $\boldsymbol{\eta}_1, \boldsymbol{\eta}_2$ 是矩阵方程(3.6.2)的解，则 $\boldsymbol{\eta}_1 + \boldsymbol{\eta}_2$ 也是该方程的解.

证明： 因为 $\boldsymbol{\eta}_1, \boldsymbol{\eta}_2$ 是矩阵方程(3.6.2)的解，所以 $\boldsymbol{A\eta}_1 = 0, \boldsymbol{A\eta}_2 = 0$．两式相加得

$$\boldsymbol{A}(\boldsymbol{\eta}_1 + \boldsymbol{\eta}_2) = 0$$

即 $\boldsymbol{\eta}_1 + \boldsymbol{\eta}_2$ 是方程(3.6.2)的解.

性质 3.6.2　若 $\boldsymbol{\eta}_1$ 为矩阵方程(3.6.2)的解，k 为实数，则 $k\boldsymbol{\eta}_1$ 也是矩阵方程(3.6.2)的解.

证明： $\boldsymbol{\eta}_1$ 为矩阵方程(3.6.2)的解，所以 $\boldsymbol{A\eta}_1 = 0$，则 $\boldsymbol{A}k\boldsymbol{\eta}_1 = k\boldsymbol{A\eta}_1 = k \cdot 0 = 0$，即 $k\boldsymbol{\eta}_1$ 也是矩阵方程(3.6.2)的解.

把矩阵方程(3.6.2)的全体解所组成的集合记为S，如果找到解集S的一个最大无关组$S_0:\boldsymbol{\eta}_1,\boldsymbol{\eta}_2,\cdots,\boldsymbol{\eta}_r$，那么矩阵方程(3.6.2)的任一解都可由最大无关组S_0线性表示；另一方面，由性质 3.6.1 和性质 3.6.2 可知，最大无关组S_0的任何线性组合$\boldsymbol{x}=k_1\boldsymbol{\eta}_1+k_2\boldsymbol{\eta}_2+\cdots+k_r\boldsymbol{\eta}_r$都是方程(3.6.2)的解，因此上式便是方程(3.6.2)的通解.

齐次线性方程组解集的最大无关组称为该齐次线性方程组的**基础解系**．由以上讨论可知，要求齐次线性方程组的通解，就是求出它的基础解系．当一个齐次线性方程组只有零解时该方程组没有基础解系，而当一个齐次线性方程组有非零解时，是否一定存在基础解系呢？如果存在基础解系，怎样去求基础解系？下面定理回答了这两个问题.

定理 3.6.1 对于齐次线性方程组$\boldsymbol{A}_{m\times n}\boldsymbol{x}=0$，若$R(\boldsymbol{A})=r<n$，则方程组的基础解系一定存在，且每个基础解系中所含解向量的个数均等于$n-r$，其中n是方程组所含向量的个数.

证明：因为$R(\boldsymbol{A})=r<n$，故对$\boldsymbol{A}$施以初等行变换，可化为如下形式：

$$\begin{pmatrix} 1 & 0 & \cdots & 0 & b_{11} & \cdots & b_{1,n-r} \\ 0 & 1 & \cdots & 0 & b_{21} & \cdots & b_{2,n-r} \\ \vdots & \vdots & \ddots & \vdots & \vdots & \ddots & \vdots \\ 0 & 0 & \cdots & 1 & b_{r1} & \cdots & b_{r,n-r} \\ 0 & 0 & \cdots & 0 & 0 & \cdots & 0 \\ 0 & 0 & \cdots & 0 & 0 & \cdots & 0 \\ \vdots & \vdots & \ddots & \vdots & \vdots & \ddots & \vdots \\ 0 & 0 & \cdots & 0 & 0 & \cdots & 0 \end{pmatrix}$$

即齐次线性方程组$\boldsymbol{Ax}=0$与下面的方程组通解：

$$\begin{cases} x_1=-b_{11}x_{r+1}-\cdots-b_{1,n-r}x_n \\ x_2=-b_{21}x_{r+1}-\cdots-b_{2,n-r}x_n \\ \qquad\vdots \\ x_r=-b_{r1}x_{r+1}-\cdots-b_{r,n-r}x_n \end{cases} \tag{3.6.3}$$

其中$x_{r+1},x_{r+2},\cdots,x_n$是自由未知量．分别取

$$\begin{bmatrix} x_{r+1} \\ x_{r+2} \\ \vdots \\ x_n \end{bmatrix}=\begin{bmatrix} 1 \\ 0 \\ \vdots \\ 0 \end{bmatrix},\quad \begin{bmatrix} 0 \\ 1 \\ \vdots \\ 0 \end{bmatrix},\quad \ldots,\quad \begin{bmatrix} 0 \\ 0 \\ \vdots \\ 1 \end{bmatrix}$$

代入(3.6.3)式，即可得到方程组$\boldsymbol{Ax}=0$的$n-r$个解：

$$\boldsymbol{\eta}_1=\begin{bmatrix}-b_{11}\\ \vdots\\ -b_{r1}\\ 1\\ 0\\ \vdots\\ 0\end{bmatrix},\ \boldsymbol{\eta}_2=\begin{bmatrix}-b_{12}\\ \vdots\\ -b_{r2}\\ 0\\ 1\\ \vdots\\ 0\end{bmatrix},\ \dots,\ \boldsymbol{\eta}_{n-r}=\begin{bmatrix}-b_{1,n-r}\\ \vdots\\ -b_{r,n-r}\\ 0\\ 0\\ \vdots\\ 1\end{bmatrix}.$$

$\boldsymbol{\eta}_1,\boldsymbol{\eta}_2,\cdots,\boldsymbol{\eta}_{n-r}$ 就是齐次线性方程组 $\boldsymbol{Ax}=0$ 的一个基础解系，这是因为 $n-r$ 个 $n-r$ 维向量 $\begin{bmatrix}1\\0\\ \vdots\\0\end{bmatrix},\begin{bmatrix}0\\1\\ \vdots\\0\end{bmatrix},\dots,\begin{bmatrix}0\\0\\ \vdots\\1\end{bmatrix}$ 线性无关，所以 $n-r$ 个 n 维向量组 $\boldsymbol{\eta}_1,\boldsymbol{\eta}_2,\cdots,\boldsymbol{\eta}_{n-r}$ 亦线性无关；并且方程组 $\boldsymbol{Ax}=0$ 的任一解都可表示为 $\boldsymbol{\eta}_1,\boldsymbol{\eta}_2,\cdots,\boldsymbol{\eta}_{n-r}$ 的线性组合，所以 $\boldsymbol{\eta}_1,\boldsymbol{\eta}_2,\cdots,\boldsymbol{\eta}_{n-r}$ 是 $\boldsymbol{Ax}=0$ 的一个基础解系.

3.6.1.2　解空间及其维数

由向量空间的概念以及性质 3.6.1 和性质 3.6.2 知，齐次方程组 $\boldsymbol{Ax}=0$ 的全体解向量所构成的集合 V 对于向量的加法和数乘是封闭的，因此构成一个向量空间. 称此向量空间为齐次线性方程组 $\boldsymbol{Ax}=0$ 的**解空间**. 当 $R(\boldsymbol{A})=r$ 时，解空间 V 的维数为 $n-r$. 当 $R(\boldsymbol{A})=n$ 时，方程组 $\boldsymbol{Ax}=0$ 只有零解，此时 V 只含有一个零向量，解空间 V 的维数为 0. 当 $R(\boldsymbol{A})=r<n$ 时，方程组 $\boldsymbol{Ax}=0$ 必含有 $n-r$ 个向量的基础解系 $\boldsymbol{\eta}_1,\boldsymbol{\eta}_2,\cdots,\boldsymbol{\eta}_{n-r}$. 此时方程组的任一解 $\boldsymbol{x}$ 可表示为 $\boldsymbol{x}=c_1\boldsymbol{\eta}_1+c_2\boldsymbol{\eta}_2+\cdots+c_{n-r}\boldsymbol{\eta}_{n-r}$ ，其中 $c_1,c,\cdots,c_{n-r}$ 为任意实数. 解空间可表示为

$$V=\{\boldsymbol{x}\mid\boldsymbol{x}=c_1\boldsymbol{\eta}_1+c_2\boldsymbol{\eta}_2+\cdots+c_{n-r}\boldsymbol{\eta}_{n-r},c_1,c_2,\cdots,c_{n-r}\in\mathbf{R}\}.$$

例 3.6.1　求如下齐次线性方程组的解：

$$\begin{cases}x_1+x_2+x_3+4x_4-3x_5=0\\ x_1-x_2+3x_3-2x_4-x_5=0\\ 2x_1+x_2+3x_3+5x_4-5x_5=0\\ 3x_1+x_2+5x_3+6x_4-7x_5=0\end{cases}.$$

解：$m=4,n=5,m<n$ ，方程组有无穷多个解，对系数矩阵 $\boldsymbol{A}_{m\times n}$ 施以初等行变换，化为行最简形矩阵，有

$$\boldsymbol{A}_{m\times n}=\begin{bmatrix}1&1&1&4&-3\\1&-1&3&-2&-1\\2&1&3&5&-5\\3&1&5&6&-7\end{bmatrix}\to\begin{bmatrix}1&0&2&1&-2\\0&1&-1&3&-1\\0&0&0&0&0\\0&0&0&0&0\end{bmatrix}$$

原方程组与下列方程组通解：

$\begin{cases} x_1 = -2x_3 - x_4 + 2x_5 \\ x_2 = x_3 - 3x_4 + x_5 \end{cases}$，其中 x_3, x_4, x_5 为自由未知量，令自由未知量 $\begin{bmatrix} x_3 \\ x_4 \\ x_5 \end{bmatrix}$ 取值 $\begin{bmatrix} 1 \\ 0 \\ 0 \end{bmatrix}$，$\begin{bmatrix} 0 \\ 1 \\ 0 \end{bmatrix}$，$\begin{bmatrix} 0 \\ 0 \\ 1 \end{bmatrix}$，分别得到方程组的解为

$$\boldsymbol{\eta}_1 = \begin{bmatrix} -2 \\ 1 \\ 1 \\ 0 \\ 0 \end{bmatrix}, \quad \boldsymbol{\eta}_2 = \begin{bmatrix} -1 \\ -3 \\ 0 \\ 1 \\ 0 \end{bmatrix}, \quad \boldsymbol{\eta}_3 = \begin{bmatrix} 2 \\ 1 \\ 0 \\ 0 \\ 1 \end{bmatrix}$$

$\boldsymbol{\eta}_1, \boldsymbol{\eta}_2, \boldsymbol{\eta}_3$ 就是所给方程组的一个基础解系．方程组的通解为

$$\boldsymbol{x} = c_1\boldsymbol{\eta}_1 + c_2\boldsymbol{\eta}_2 + c_3\boldsymbol{\eta}_3 \ （c_1, c_2, c_3 \text{ 为任意实数}）.$$

例 3.6.2 如果 $\boldsymbol{A}_{m\times n}\boldsymbol{B}_{n\times l} = 0$，证明 $R(\boldsymbol{A}) + R(\boldsymbol{B}) \leqslant n$.

证明：记 $\boldsymbol{B} = (\boldsymbol{b}_1, \boldsymbol{b}_2, \cdots, \boldsymbol{b}_l)$，则 $\boldsymbol{AB} = \boldsymbol{A}(\boldsymbol{b}_1, \boldsymbol{b}_2, \cdots, \boldsymbol{b}_l) = (0, 0, ..., 0)$，即 $\boldsymbol{Ab}_i = 0$，$i = 1, 2, \cdots, l$，上式表明矩阵 $\boldsymbol{B}$ 的 l 个列向量都是齐次方程 $\boldsymbol{Ax} = 0$ 的解．设方程 $\boldsymbol{Ax} = 0$ 的解集为 S，由 $\boldsymbol{b}_i \in S$ 可知有 $R(\boldsymbol{b}_1, \boldsymbol{b}_2, \cdots, \boldsymbol{b}_l) \leqslant r_S$，即 $R(\boldsymbol{B}) \leqslant r_S$，由定理 3.6.1 可知 $R(\boldsymbol{A}) + r_S = n$，故 $R(\boldsymbol{A}) + R(\boldsymbol{B}) \leqslant n$.

3.6.2 非齐次线性方程组解的结构

设有非齐次线性方程组

$$\begin{cases} a_{11}x_1 + a_{12}x_2 + \cdots + a_{1n}x_n = b_1 \\ a_{21}x_1 + a_{22}x_2 + \cdots + a_{2n}x_n = b_2 \\ \quad \vdots \\ a_{m1}x_1 + a_{m2}x_2 + \cdots + a_{mn}x_n = b_m \end{cases} \tag{3.6.4}$$

它也可写成矩阵方程

$$\boldsymbol{Ax} = \boldsymbol{b} \tag{3.6.5}$$

称 $\boldsymbol{Ax} = 0$ 为 $\boldsymbol{Ax} = \boldsymbol{b}$ 对应的齐次线性方程组（也称为导出组）.

性质 3.6.3 设 $\boldsymbol{\eta}_1, \boldsymbol{\eta}_2$ 是非齐次线性方程组 $\boldsymbol{Ax} = \boldsymbol{b}$ 的解，则 $\boldsymbol{\eta}_1 - \boldsymbol{\eta}_2$ 是对应的齐次线性方程组 $\boldsymbol{Ax} = 0$ 的解.

证明：因为 $\boldsymbol{A}(\boldsymbol{\eta}_1 - \boldsymbol{\eta}_2) = \boldsymbol{A\eta}_1 - \boldsymbol{A\eta}_2 = \boldsymbol{b} - \boldsymbol{b} = 0$，即 $\boldsymbol{\eta}_1 - \boldsymbol{\eta}_2$ 是对应的齐次线性方程组 $\boldsymbol{Ax} = 0$ 的解.

性质 3.6.4 设 $\boldsymbol{\eta}$ 是非齐次线性方程组 $\boldsymbol{Ax} = \boldsymbol{b}$ 的解，$\boldsymbol{\xi}$ 是对应的齐次线性方程组 $\boldsymbol{Ax} = 0$ 的解，则 $\boldsymbol{\xi} + \boldsymbol{\eta}$ 为非齐次线性方程组 $\boldsymbol{Ax} = \boldsymbol{b}$ 的解.

证明： $\boldsymbol{A}(\boldsymbol{\xi} + \boldsymbol{\eta}) = \boldsymbol{A\xi} + \boldsymbol{A\eta} = 0 + \boldsymbol{b} = \boldsymbol{b}$，即 $\boldsymbol{\xi} + \boldsymbol{\eta}$ 为非齐次线性方程组 $\boldsymbol{Ax} = \boldsymbol{b}$ 的解.

若方程组 $\boldsymbol{Ax}=0$ 的通解为 $\boldsymbol{x}=k_1\boldsymbol{\xi}_1+k_2\boldsymbol{\xi}_2+\cdots+k_{n-r}\boldsymbol{\xi}_{n-r}$，则方程组 $\boldsymbol{Ax}=\boldsymbol{b}$ 任一解总可表示为 $\boldsymbol{x}=k_1\boldsymbol{\xi}_1+k_2\boldsymbol{\xi}_2+\cdots+k_{n-r}\boldsymbol{\xi}_{n-r}+\boldsymbol{\eta}^*$. 而由性质 3.6.4 可知，对任意实数 $k_1,k_2,\cdots,k_{n-r}$，上式总是方程组(3.6.5)的解，于是方程组(3.6.5)的通解为

$$\boldsymbol{x}=k_1\boldsymbol{\xi}_1+k_2\boldsymbol{\xi}_2+\cdots+k_{n-r}\boldsymbol{\xi}_{n-r}+\boldsymbol{\eta}^*\ (k_1,k_2,\cdots,k_{n-r}\text{为任意实数}).$$

其中 $\boldsymbol{\xi}_1,\boldsymbol{\xi}_2,\cdots,\boldsymbol{\xi}_{n-r}$ 是方程组 $\boldsymbol{Ax}=0$ 的基础解系.

例 3.6.3　求下列非齐次线性方程组的通解

$$\begin{cases}x_1+x_2-3x_3-x_4=1\\3x_1-x_2-3x_3+4x_4=4\\x_1+5x_2-9x_3-8x_4=0\end{cases}.$$

解：对方程组的增广矩阵 $(\boldsymbol{A},\boldsymbol{b})$ 施以初等行变换，化为行最简形

$$(\boldsymbol{A},\boldsymbol{b})\to\begin{bmatrix}1&0&-\frac{3}{2}&\frac{3}{4}&\frac{5}{4}\\0&1&-\frac{3}{2}&-\frac{7}{4}&-\frac{1}{4}\\0&0&0&0&0\end{bmatrix}$$

$R(\boldsymbol{A})=R(\boldsymbol{A},\boldsymbol{b})=2<4$，可知方程组有无穷多解，原方程组的等价方程组是

$$\begin{cases}x_1=\frac{3}{2}x_3-\frac{3}{4}x_4+\frac{5}{4}\\x_2=\frac{3}{2}x_3+\frac{7}{4}x_4-\frac{1}{4}\end{cases}$$

令 $\begin{bmatrix}x_3\\x_4\end{bmatrix}=\begin{bmatrix}1\\0\end{bmatrix},\begin{bmatrix}0\\1\end{bmatrix}$ 分别代入 $\begin{cases}x_1=\frac{3}{2}x_3-\frac{3}{4}x_4\\x_2=\frac{3}{2}x_3+\frac{7}{4}x_4\end{cases}$，求得基础解系 $\boldsymbol{\xi}_1=\begin{bmatrix}3/2\\3/2\\1\\0\end{bmatrix}$，$\boldsymbol{\xi}_2=\begin{bmatrix}-3/4\\7/4\\0\\1\end{bmatrix}$，令 $\begin{bmatrix}x_3\\x_4\end{bmatrix}=\begin{bmatrix}0\\0\end{bmatrix}$，得方程组的一个特解 $\boldsymbol{\eta}=\begin{bmatrix}5/4\\-1/4\\0\\0\end{bmatrix}$，所求方程组的通解为

$$\boldsymbol{x}=k_1\boldsymbol{\xi}_1+k_2\boldsymbol{\xi}_2+\boldsymbol{\eta}\ （k_1,k_2\text{为任意实数}).$$

例 3.6.4　设四元的非齐次线性方程组 $\boldsymbol{Ax}=\boldsymbol{b}$ 的系数矩阵 $\boldsymbol{A}$ 的秩为 3，已知它的三个解向量为 $\boldsymbol{\eta}_1,\boldsymbol{\eta}_2,\boldsymbol{\eta}_3$，其中

$$\boldsymbol{\eta}_1=\begin{bmatrix}1\\2\\3\\4\end{bmatrix},\quad \boldsymbol{\eta}_2+\boldsymbol{\eta}_3=\begin{bmatrix}4\\2\\6\\-2\end{bmatrix}$$

求方程组的通解.

解：依题意方程组的导出组 $\boldsymbol{Ax}=0$ 的基础解系含有 $4-3=1$ 个向量，于是导出组的任何一非零的解都可作为其基础解系．

$$\boldsymbol{\eta}_1-\frac{1}{2}(\boldsymbol{\eta}_2+\boldsymbol{\eta}_3)=\begin{bmatrix}-1\\1\\0\\5\end{bmatrix}$$

是导出组的非零的解，可作为基础解系．故方程组 $\boldsymbol{Ax}=\boldsymbol{b}$ 的通解为

$$\boldsymbol{x}=\boldsymbol{\eta}_1+c\left(\boldsymbol{\eta}_1-\frac{1}{2}(\boldsymbol{\eta}_2+\boldsymbol{\eta}_3)\right)=\begin{bmatrix}1\\2\\3\\4\end{bmatrix}+c\begin{bmatrix}-1\\1\\0\\5\end{bmatrix}\quad\text{（其中 } c \text{ 为任意常数）．}$$

习 题 3

3.1 求解下列齐次线性方程组

（1）$\begin{cases}x_1+x_2+2x_3-x_4=0\\2x_1+x_2+x_3-x_4=0\\2x_1+2x_2+x_3+2x_4=0\end{cases}$

（2）$\begin{cases}x_1+2x_2+x_3-x_4=0\\3x_1+6x_2-x_3-3x_4=0\\5x_1+10x_2+x_3-5x_4=0\end{cases}$

（3）$\begin{cases}x_1+2x_2-3x_3=0\\2x_1+5x_2+2x_3=0\\3x_1-x_2-4x_3=0\end{cases}$

（4）$\begin{cases}3x_1+x_2-6x_3-4x_4+2x_5=0\\2x_1+2x_2-3x_3-5x_4+3x_5=0\\x_1-5x_2-6x_3+8x_4-6x_5=0\end{cases}$

3.2 求解下列非齐次线性方程组

（1）$\begin{cases}4x_1+2x_2-x_3=2\\3x_1-x_2+2x_3=10\\11x_1+3x_2=8\end{cases}$

（2）$\begin{cases}x_1+x_2-x_3+x_4=1\\4x_1+2x_2-2x_3+x_4=2\\2x_1+x_2-x_3-x_4=1\end{cases}$

（3）$\begin{cases} 2x_1 + x_2 - x_3 + x_4 = 1 \\ 3x_1 - 2x_2 + x_3 - 3x_4 = 4 \\ x_1 + 4x_2 - 3x_3 + 5x_4 = -2 \end{cases}$

（4）$\begin{cases} x_1 + 3x_2 + 3x_3 - 2x_4 + x_5 = 3 \\ 2x_1 + 6x_2 + x_3 - 3x_4 = 2 \\ x_1 + 3x_2 - 2x_3 - x_4 - x_5 = -1 \\ 3x_1 + 9x_2 + x_3 - 5x_4 + x_5 = 5 \end{cases}$

3.3 λ为何值时，下列非齐次线性方程组有唯一解、无解和无限多解？在有无限多解时，求出通解.

（1）$\begin{cases} \lambda x_1 + x_2 + x_3 = 1 \\ x_1 + \lambda x_2 + x_3 = \lambda \\ x_1 + x_2 + \lambda x_3 = \lambda^2 \end{cases}$

（2）$\begin{cases} (2-\lambda)x_1 + 2x_2 - 2x_3 = 1 \\ 2x_1 + (5-\lambda)x_2 - 4x_3 = 2 \\ -2x_1 - 4x_2 + (5-\lambda)x_3 = -\lambda - 1 \end{cases}$

3.4 确定a,b的值使下列非齐次线性方程组有解，并求其解

$$\begin{cases} x_1 + 2x_2 - 2x_3 + 2x_4 = 2 \\ x_2 - x_3 - x_4 = 1 \\ x_1 + x_2 - x_3 + 3x_4 = a \\ x_1 - x_2 + x_3 + 5x_4 = b \end{cases}.$$

3.5 已知$R(\boldsymbol{a}_1,\boldsymbol{a}_2,\boldsymbol{a}_3,\boldsymbol{a}_4)=3$，$R(\boldsymbol{a}_2,\boldsymbol{a}_3,\boldsymbol{a}_4,\boldsymbol{a}_5)=4$，证明

（1）$\boldsymbol{a}_1$能由$\boldsymbol{a}_2,\boldsymbol{a}_3,\boldsymbol{a}_4$线性表示；

（2）$\boldsymbol{a}_5$不能由$\boldsymbol{a}_1,\boldsymbol{a}_2,\boldsymbol{a}_3,\boldsymbol{a}_4$.

3.6 已知向量组$\boldsymbol{a}_1=\begin{bmatrix}1\\2\\2\\-2\end{bmatrix}$，$\boldsymbol{a}_2=\begin{bmatrix}-1\\3\\0\\-11\end{bmatrix}$，$\boldsymbol{a}_3=\begin{bmatrix}2\\-1\\-2\\5\end{bmatrix}$和向量组$\boldsymbol{b}_1=\begin{bmatrix}3\\1\\0\\3\end{bmatrix}$，$\boldsymbol{b}_2=\begin{bmatrix}3\\-4\\-2\\16\end{bmatrix}$，$\boldsymbol{b}_3=\begin{bmatrix}1\\7\\4\\-15\end{bmatrix}$，证明向量组$\boldsymbol{a}_1,\boldsymbol{a}_2,\boldsymbol{a}_3$和$\boldsymbol{b}_1,\boldsymbol{b}_2,\boldsymbol{b}_3$等价.

3.7 已知向量组$\boldsymbol{B}:\boldsymbol{b}_1,\boldsymbol{b}_2,\boldsymbol{b}_3$由向量组$\boldsymbol{A}:\boldsymbol{a}_1,\boldsymbol{a}_2,\boldsymbol{a}_3$线性表示的表示式为

$$\boldsymbol{b}_1=\boldsymbol{a}_1-\boldsymbol{a}_2+\boldsymbol{a}_3，\quad \boldsymbol{b}_2=\boldsymbol{a}_1+\boldsymbol{a}_2-\boldsymbol{a}_3，\quad \boldsymbol{b}_3=-\boldsymbol{a}_1+\boldsymbol{a}_2+\boldsymbol{a}_3$$

试将向量组 $\boldsymbol{A}$ 的向量用向量组 $\boldsymbol{B}$ 的向量线性表示.

3.8 已知 $\boldsymbol{a}_1=\begin{bmatrix}1\\2\\3\end{bmatrix}$，$\boldsymbol{a}_2=\begin{bmatrix}3\\-1\\2\end{bmatrix}$，$\boldsymbol{a}_3=\begin{bmatrix}2\\3\\c\end{bmatrix}$，问

（1）c 为何值时，$\boldsymbol{a}_1,\boldsymbol{a}_2,\boldsymbol{a}_3$ 的线性无关;

（2）c 为何值时，$\boldsymbol{a}_1,\boldsymbol{a}_2,\boldsymbol{a}_3$ 的线性相关，并将 $\boldsymbol{a}_3$ 表示成 $\boldsymbol{a}_1,\boldsymbol{a}_2$ 的线性组合.

3.9 判断下列向量组是线性相关还是线性无关

（1）$\begin{bmatrix}4\\1\\6\\-1\end{bmatrix},\begin{bmatrix}-1\\2\\3\\1\end{bmatrix},\begin{bmatrix}-2\\1\\0\\1\end{bmatrix}$；（2）$\begin{bmatrix}1\\1\\1\\1\end{bmatrix},\begin{bmatrix}-1\\-1\\1\\1\end{bmatrix},\begin{bmatrix}1\\-1\\1\\-1\end{bmatrix},\begin{bmatrix}1\\-1\\-1\\1\end{bmatrix}$；（3）$\begin{bmatrix}1\\-2\\1\\0\end{bmatrix},\begin{bmatrix}5\\-6\\9\\1\end{bmatrix},\begin{bmatrix}0\\8\\-7\\-1\end{bmatrix},\begin{bmatrix}-3\\10\\-14\\-2\end{bmatrix}$.

3.10 设 $\boldsymbol{a}_1,\boldsymbol{a}_2,\boldsymbol{a}_3$ 线性无关，问 k 为何值时，向量组 $\boldsymbol{a}_2-\boldsymbol{a}_1,k\boldsymbol{a}_3-\boldsymbol{a}_2,\boldsymbol{a}_1-\boldsymbol{a}_3$ 线性无关.

3.11 设 $\boldsymbol{b}_1=\boldsymbol{a}_1+\boldsymbol{a}_2,\boldsymbol{b}_2=\boldsymbol{a}_2+\boldsymbol{a}_3,\boldsymbol{b}_3=\boldsymbol{a}_3+\boldsymbol{a}_4,\boldsymbol{b}_4=\boldsymbol{a}_4+\boldsymbol{a}_1$，证明向量组 $\boldsymbol{b}_1,\boldsymbol{b}_2,\boldsymbol{b}_3,\boldsymbol{b}_4$ 线性相关.

3.12 设 $\boldsymbol{b}_1=\boldsymbol{a}_1,\boldsymbol{b}_2=\boldsymbol{a}_1+\boldsymbol{a}_2,\cdots,\boldsymbol{b}_t=\boldsymbol{a}_1+\boldsymbol{a}_2+\cdots+\boldsymbol{a}_t$，且向量组 $\boldsymbol{a}_1,\boldsymbol{a}_2,\cdots,\boldsymbol{a}_t$ 线性无关，证明向量组 $\boldsymbol{b}_1,\boldsymbol{b}_2,\cdots,\boldsymbol{b}_t$ 也线性无关.

3.13 求下列向量组的秩，并求一个最大无关组

（1）$\boldsymbol{\alpha}_1=\begin{bmatrix}1\\2\\-1\\4\end{bmatrix},\boldsymbol{\alpha}_2=\begin{bmatrix}9\\100\\10\\4\end{bmatrix},\boldsymbol{\alpha}_3=\begin{bmatrix}-2\\-4\\2\\-8\end{bmatrix}$;

（2）$\boldsymbol{\alpha}_1^{\mathrm{T}}=(1,\ 2,\ 1,\ 3)^{\mathrm{T}}$，$\boldsymbol{\alpha}_2^{\mathrm{T}}=(4,\ -1,\ -5,\ -6)^{\mathrm{T}}$，$\boldsymbol{\alpha}_3^{\mathrm{T}}=(1,\ -3,\ -4,\ -7)^{\mathrm{T}}$.

3.14 利用初等行变换求下列矩阵列向量组的一个最大无关组，并把其余向量用最大无关组线性表示：

（1）$\begin{bmatrix}1&1&0\\2&0&4\\2&3&-2\end{bmatrix}$;

（2）$\begin{bmatrix}1&1&2&2&1\\0&2&1&5&-1\\2&0&3&-1&3\\1&1&0&4&-1\end{bmatrix}$.

3.15 设矩阵 $\boldsymbol{A}=\begin{bmatrix}\boldsymbol{a}&2&1&2\\3&\boldsymbol{b}&2&3\\1&3&1&1\end{bmatrix}$，$R(\boldsymbol{A})=2$，求 $\boldsymbol{a},\boldsymbol{b}$ 的秩.

3.16 求齐次线性方程组的基础解系

（1）$\begin{cases} 2x_1+3x_3+2x_4=0 \\ x_1+x_2-2x_3+3x_4=0 \\ 3x_1-x_2+8x_3+x_4=0 \\ x_1+3x_2-9x_3+7x_4=0 \end{cases}$

（2）$\begin{cases} x_1-8x_2+10x_3+2x_4=0 \\ 2x_1+4x_2+5x_3-x_4=0 \\ 3x_1+8x_2+6x_3-2x_4=0 \end{cases}$

3.17 求非齐次线性方程组的一个特解和其所对应齐次线性方程组的基础解系：

（1）$\begin{cases} x_1+x_2=5 \\ 2x_1+x_2+x_3+2x_4=1 \\ 5x_1+3x_2+2x_3+2x_4=3 \end{cases}$

（2）$\begin{cases} x_1-5x_2+2x_3-3x_4=11 \\ 5x_1+3x_2+6x_3-x_4=-1 \\ 2x_1+4x_2+2x_3+x_4=-6 \end{cases}$

3.18 已知 3 阶矩阵 $\boldsymbol{A}$ 和 3 维的列向量满足 $\boldsymbol{A}^3\boldsymbol{x}=3\boldsymbol{A}\boldsymbol{x}-\boldsymbol{A}^2\boldsymbol{x}$，且向量组 $\boldsymbol{x},\boldsymbol{A}\boldsymbol{x},\boldsymbol{A}^2\boldsymbol{x}$ 线性无关

（1）记 $\boldsymbol{P}=(\boldsymbol{x},\boldsymbol{A}\boldsymbol{x},\boldsymbol{A}^2\boldsymbol{x})$，求 3 阶的矩阵 $\boldsymbol{B}$，使 $\boldsymbol{AP}=\boldsymbol{PB}$；（2）求 $|\boldsymbol{A}|$.

3.19 n 阶的矩阵 $\boldsymbol{A}$ 满足 $\boldsymbol{A}=\boldsymbol{A}^2$，$\boldsymbol{E}$ 为单位阵，证明 $R(\boldsymbol{A})+R(\boldsymbol{A}-\boldsymbol{E})=n$.

3.20 求一个齐次的方程组，使它的基础解系由下列向量组成

$$\boldsymbol{\xi}_1=\begin{bmatrix}1\\-2\\0\\3\\-1\end{bmatrix},\quad \boldsymbol{\xi}_2=\begin{bmatrix}2\\-3\\2\\5\\-3\end{bmatrix},\quad \boldsymbol{\xi}_3=\begin{bmatrix}1\\-2\\1\\2\\-2\end{bmatrix}.$$

3.21 设矩阵 $\boldsymbol{A}$ 的秩为 r，$\boldsymbol{\eta}_0$ 为 $\boldsymbol{AX}=\boldsymbol{b}$ 的特解，$\boldsymbol{A}\boldsymbol{x}=0$ 的一个基础解系为 $\boldsymbol{a}_1,\boldsymbol{a}_2,\cdots,\boldsymbol{a}_{n-r}$，$\boldsymbol{X}$ 的维数为 n，证明 $\boldsymbol{\eta}_0,\boldsymbol{\eta}_0+\boldsymbol{a}_1,\cdots,\boldsymbol{\eta}_0+\boldsymbol{a}_{n-r}$ 与 $\boldsymbol{\eta}_0,\boldsymbol{\eta}_0-\boldsymbol{a}_1,\cdots,\boldsymbol{\eta}_0-\boldsymbol{a}_{n-r}$ 均为 $\boldsymbol{AX}=\boldsymbol{b}$ 的 $n-r+1$ 个线性无关的解.

3.22 设 $\boldsymbol{a}_1,\boldsymbol{a}_2,\cdots,\boldsymbol{a}_t$ 是齐次线性方程组 $\boldsymbol{A}\boldsymbol{x}=0$ 的基础解系 $\boldsymbol{b}_1=\boldsymbol{a}_2+\boldsymbol{a}_3+\cdots+\boldsymbol{a}_t$，$\boldsymbol{b}_2=\boldsymbol{a}_1+\boldsymbol{a}_3+\cdots+\boldsymbol{a}_t$，$\cdots$，$\boldsymbol{b}_t=\boldsymbol{a}_1+\boldsymbol{a}_2+\cdots+\boldsymbol{a}_{t-1}$，证明向量组 $\boldsymbol{b}_1,\boldsymbol{b}_2,\cdots,\boldsymbol{b}_t$ 也是齐次线性方程组 $\boldsymbol{A}\boldsymbol{x}=0$ 的基础解系.

3.23 苏打含有碳酸氢钠（$NaHCO_3$）和柠檬酸（$H_3C_6H_5O_7$）. 它在水中溶解时，按照如下反应生成柠檬酸钠、水和二氧化碳：

$$NaHCO_3+H_3C_6H_5O_7 \rightarrow Na_3C_6H_5O_7+H_2O+CO_2$$

试用线性方程组的方法配平该化学方程式.

第 4 章　矩阵的特征值与特征向量

本章主要讨论方阵的特征值与特征向量、矩阵的相似及对角化等问题，这里涉及向量的内积、正交等知识.

4.1　向量的内积与正交向量组

4.1.1　向量的内积

定义 4.1.1　设 $\boldsymbol{\alpha}=(a_1,a_2,\cdots,a_n)^{\mathrm{T}}$，$\boldsymbol{\beta}=(b_1,b_2,\cdots,b_n)^{\mathrm{T}}\in\mathbf{R}^n$．记

$$[\boldsymbol{\alpha},\boldsymbol{\beta}]=a_1b_1+a_2b_2+\cdots+a_nb_n=\sum_{k=1}^{n}a_kb_k$$

称 $[\boldsymbol{\alpha},\boldsymbol{\beta}]$ 为向量 $\boldsymbol{\alpha}$ 与 $\boldsymbol{\beta}$ 的内积.

内积是两个向量之间的一种运算，其结果是一个实数，它也可以视为矩阵的乘积，即有

$$[\boldsymbol{\alpha},\boldsymbol{\beta}]=\boldsymbol{\alpha}^{\mathrm{T}}\boldsymbol{\beta}\,.$$

要注意 $\boldsymbol{\alpha}^{\mathrm{T}}\boldsymbol{\beta}$ 和 $\boldsymbol{\alpha}\boldsymbol{\beta}^{\mathrm{T}}$ 的区别，如

$$\boldsymbol{\alpha}=\begin{bmatrix}1\\2\\3\end{bmatrix},\boldsymbol{\beta}=\begin{bmatrix}4\\5\\6\end{bmatrix}，则\boldsymbol{\alpha}^{\mathrm{T}}\boldsymbol{\beta}=[1\quad 2\quad 3]\begin{bmatrix}4\\5\\6\end{bmatrix}=32，\boldsymbol{\alpha}\boldsymbol{\beta}^{\mathrm{T}}=\begin{bmatrix}4&5&6\\8&10&12\\12&15&18\end{bmatrix}.$$

容易证明内积具有下列性质（其中 $\boldsymbol{\alpha},\boldsymbol{\beta},\boldsymbol{\gamma}\in\mathbf{R}^n,k,l\in\mathbf{R}$）：

① $[\boldsymbol{\alpha},\boldsymbol{\beta}]=[\boldsymbol{\beta},\boldsymbol{\alpha}]$；② $[k\boldsymbol{\alpha},\boldsymbol{\beta}]=k[\boldsymbol{\alpha},\boldsymbol{\beta}]$；③ $[\boldsymbol{\alpha}+\boldsymbol{\beta},\boldsymbol{\gamma}]=[\boldsymbol{\alpha},\boldsymbol{\gamma}]+[\boldsymbol{\beta},\boldsymbol{\gamma}]$；

④ $[\boldsymbol{\alpha},\boldsymbol{\alpha}]\geqslant 0$，且 $[\boldsymbol{\alpha},\boldsymbol{\alpha}]=0\Leftrightarrow\boldsymbol{\alpha}=0$；⑤ $[\boldsymbol{\alpha},k\boldsymbol{\beta}+l\boldsymbol{\gamma}]=k[\boldsymbol{\alpha},\boldsymbol{\beta}]+l[\boldsymbol{\alpha},\boldsymbol{\gamma}]$.

4.1.2　向量的长度

定义 4.1.2　设 $\boldsymbol{\alpha}=(a_1,a_2,\cdots,a_n)^{\mathrm{T}}\in\mathbf{R}^n$，令 $\|\boldsymbol{\alpha}\|=\sqrt{[\boldsymbol{\alpha},\boldsymbol{\alpha}]}=\sqrt{a_1^2+a_2^2+\cdots+a_n^2}$，称 $\|\boldsymbol{\alpha}\|$ 为向量 $\boldsymbol{\alpha}$ 的长度.

例如，$\boldsymbol{\alpha}=\begin{bmatrix}1\\2\\3\end{bmatrix}$，$\|\boldsymbol{\alpha}\|=\sqrt{1^2+2^2+3^2}=\sqrt{14}$.

向量长度的性质（设 $\boldsymbol{\alpha},\boldsymbol{\beta}\in\mathbf{R}^n$，$k\in\mathbf{R}$）：

① $\|\boldsymbol{\alpha}\| \geqslant 0$，且$\|\boldsymbol{\alpha}\|=0 \Leftrightarrow \boldsymbol{\alpha}=0$（非负性）；

② $\|k\boldsymbol{\alpha}\|=|k|\|\boldsymbol{\alpha}\|$（正齐次性）；

③ $\|\boldsymbol{\alpha}+\boldsymbol{\beta}\| \leqslant \|\boldsymbol{\alpha}\|+\|\boldsymbol{\beta}\|$（三角不等式）.

长度为1的向量称为单位向量．例如，$\boldsymbol{\varepsilon}_1,\boldsymbol{\varepsilon}_2,\cdots,\boldsymbol{\varepsilon}_n$的长度都是1.

将向量单位化的方法：由$\|k\boldsymbol{\alpha}\|=|k|\cdot\|\boldsymbol{\alpha}\|$，有$\left\|\dfrac{1}{\|\boldsymbol{\alpha}\|}\boldsymbol{\alpha}\right\|=\dfrac{1}{\|\boldsymbol{\alpha}\|}\cdot\|\boldsymbol{\alpha}\|=1$，故$\dfrac{1}{\|\boldsymbol{\alpha}\|}\cdot\boldsymbol{\alpha}$为单位向量．如$\boldsymbol{\alpha}=\begin{bmatrix}1\\2\\3\end{bmatrix}$，单位化得$\overline{\boldsymbol{\alpha}}=\dfrac{1}{\sqrt{14}}\begin{bmatrix}1\\2\\3\end{bmatrix}$.

4.1.3　正交向量组

定义 4.1.3　向量的夹角：设$\boldsymbol{\alpha},\boldsymbol{\beta}\in\mathbf{R}^n,\boldsymbol{\alpha}\neq 0,\boldsymbol{\beta}\neq 0$，称$\varphi=\arccos\dfrac{[\boldsymbol{\alpha},\boldsymbol{\beta}]}{\|\boldsymbol{\alpha}\|\|\boldsymbol{\beta}\|}$，$0\leqslant\varphi\leqslant\pi$，为$\boldsymbol{\alpha}$与$\boldsymbol{\beta}$的夹角．当$[\boldsymbol{\alpha},\boldsymbol{\beta}]=0$时，称$\boldsymbol{\alpha}$与$\boldsymbol{\beta}$正交，记为$\boldsymbol{\alpha}\perp\boldsymbol{\beta}$.

显然$\boldsymbol{\alpha}=0$，则$\boldsymbol{\alpha}$与$\mathbf{R}^n$中任何向量都正交．例如，

$\boldsymbol{\alpha}=\begin{bmatrix}1\\2\\3\end{bmatrix},\boldsymbol{\beta}=\begin{bmatrix}1\\1\\-1\end{bmatrix}$，则$\boldsymbol{\alpha}^{\mathrm{T}}\boldsymbol{\beta}=[1\quad 2\quad 3]\begin{bmatrix}1\\1\\-1\end{bmatrix}=0$，则$\boldsymbol{\alpha}$与$\boldsymbol{\beta}$正交.

定义 4.1.4　两两正交的非零向量构成的向量组为正交向量组.

正交向量组具有如下性质.

定理 4.1.1　若n维向量$\boldsymbol{\alpha}_1,\boldsymbol{\alpha}_2,\cdots,\boldsymbol{\alpha}_r$是一组两两正交的非零向量，则$\boldsymbol{\alpha}_1,\boldsymbol{\alpha}_2,\cdots,\boldsymbol{\alpha}_r$线性无关.

证　设有$\lambda_1,\lambda_2,\cdots,\lambda_r$使

$$\lambda_1\boldsymbol{\alpha}_1+\lambda_2\boldsymbol{\alpha}_2+\cdots+\lambda_r\boldsymbol{\alpha}_r=0$$

以$\boldsymbol{\alpha}_1^{\mathrm{T}}$左乘上式两端，得

$$\lambda_1\boldsymbol{\alpha}_1^{\mathrm{T}}\boldsymbol{\alpha}_1=0.$$

因为$\boldsymbol{\alpha}_1^{\mathrm{T}}\neq 0$，所以$\boldsymbol{\alpha}_1^{\mathrm{T}}\boldsymbol{\alpha}_1=\|\boldsymbol{\alpha}_1\|^2\neq 0$，从而必有$\lambda_1=0$．同理可证$\lambda_2=0,\lambda_3=0,\cdots,\lambda_r=0$，于是$\boldsymbol{\alpha}_1,\boldsymbol{\alpha}_2,\cdots,\boldsymbol{\alpha}_r$线性无关.

定义 4.1.5　设$\boldsymbol{\alpha}_1,\boldsymbol{\alpha}_2,\cdots,\boldsymbol{\alpha}_m$是向量空间$V$的一个基，如果$\boldsymbol{\alpha}_1,\boldsymbol{\alpha}_2,\cdots,\boldsymbol{\alpha}_m$两两正交，且每个向量$\boldsymbol{\alpha}_i$又都是单位向量，则称$\boldsymbol{\alpha}_1,\boldsymbol{\alpha}_2,\cdots,\boldsymbol{\alpha}_m$是$V$的一个规范正交基.

例如，$\boldsymbol{e}_1=\left(\dfrac{1}{\sqrt{2}},\dfrac{1}{\sqrt{2}},0,0\right)^{\mathrm{T}}$，$\boldsymbol{e}_2=\left(\dfrac{1}{\sqrt{2}},-\dfrac{1}{\sqrt{2}},0,0\right)^{\mathrm{T}}$，$\boldsymbol{e}_3=\left(0,0\dfrac{1}{\sqrt{2}},\dfrac{1}{\sqrt{2}}\right)^{\mathrm{T}}$，$\boldsymbol{e}_4=\left(0,0,\dfrac{1}{\sqrt{2}},-\dfrac{1}{\sqrt{2}}\right)^{\mathrm{T}}$是$\mathbf{R}^4$的一个规范正交基.

下面介绍向量组的正交化即施密特正交化法.

设$\boldsymbol{\alpha}_1,\boldsymbol{\alpha}_2,\cdots,\boldsymbol{\alpha}_S$为线性无关的向量组．若令

$$\boldsymbol{\beta}_1=\boldsymbol{\alpha}_1,\ \boldsymbol{\beta}_2=\boldsymbol{\alpha}_2-\frac{\boldsymbol{\alpha}_2^{\mathrm{T}}\boldsymbol{\beta}_1}{\boldsymbol{\beta}_1^{\mathrm{T}}\boldsymbol{\beta}_1}\boldsymbol{\beta}_1,\quad \boldsymbol{\beta}_3=\boldsymbol{\alpha}_3-\frac{\boldsymbol{\alpha}_3^{\mathrm{T}}\boldsymbol{\beta}_1}{\boldsymbol{\beta}_1^{\mathrm{T}}\boldsymbol{\beta}_1}\boldsymbol{\beta}_1-\frac{\boldsymbol{\alpha}_3^{\mathrm{T}}\boldsymbol{\beta}_2}{\boldsymbol{\beta}_2^{\mathrm{T}}\boldsymbol{\beta}_2}\boldsymbol{\beta}_2,\cdots,$$

$$\boldsymbol{\beta}_s=\boldsymbol{\alpha}_s-\frac{\boldsymbol{\alpha}_s^{\mathrm{T}}\boldsymbol{\beta}_1}{\boldsymbol{\beta}_1^{\mathrm{T}}\boldsymbol{\beta}_1}\boldsymbol{\beta}_1-\frac{\boldsymbol{\alpha}_2^{\mathrm{T}}\boldsymbol{\beta}_2}{\boldsymbol{\beta}_2^{\mathrm{T}}\boldsymbol{\beta}_2}\boldsymbol{\beta}_2-\cdots-\frac{\boldsymbol{\alpha}_S^{\mathrm{T}}\boldsymbol{\beta}_{S-1}}{\boldsymbol{\beta}_{S-1}^{\mathrm{T}}\boldsymbol{\beta}_{S-1}}\boldsymbol{\beta}_{S-1},$$

可以验证$\boldsymbol{\beta}_1,\boldsymbol{\beta}_2,\cdots,\boldsymbol{\beta}_s$是正交向量组，且与$\boldsymbol{\alpha}_1,\boldsymbol{\alpha}_2,\cdots,\boldsymbol{\alpha}_S$可以相互线性表示，也就是说向量组$\boldsymbol{\alpha}_1,\boldsymbol{\alpha}_2,\cdots,\boldsymbol{\alpha}_S$与向量组$\boldsymbol{\beta}_1,\boldsymbol{\beta}_2,\cdots,\boldsymbol{\beta}_s$等价.

上述从线性无关向量组$\boldsymbol{\alpha}_1,\boldsymbol{\alpha}_2,\cdots,\boldsymbol{\alpha}_S$导出正交向量组$\boldsymbol{\beta}_1,\boldsymbol{\beta}_2,\cdots,\boldsymbol{\beta}_s$的过程称为施密特（Schimidt）正交化过程.

例 4.1.1 试用施密特（Schimidt）正交化过程把向量组$\boldsymbol{\alpha}_1=\begin{bmatrix}1\\2\\2\\-1\end{bmatrix},\boldsymbol{\alpha}_2=\begin{bmatrix}1\\1\\-5\\3\end{bmatrix},\boldsymbol{\alpha}_3=\begin{bmatrix}3\\2\\8\\-7\end{bmatrix}$规范正交化.

解：取

$$\boldsymbol{\beta}_1=\boldsymbol{\alpha}_1=\begin{bmatrix}1\\2\\2\\-1\end{bmatrix},\ \boldsymbol{\beta}_2=\boldsymbol{\alpha}_2-\frac{\boldsymbol{\alpha}_2^{\mathrm{T}}\boldsymbol{\beta}_1}{\boldsymbol{\beta}_1^{\mathrm{T}}\boldsymbol{\beta}_1}\boldsymbol{\beta}_1=\begin{bmatrix}1\\1\\-5\\3\end{bmatrix}-\frac{-10}{10}\begin{bmatrix}1\\2\\2\\-1\end{bmatrix}=\begin{bmatrix}2\\3\\-3\\2\end{bmatrix},$$

$$\boldsymbol{\beta}_3=\boldsymbol{\alpha}_3-\frac{\boldsymbol{\alpha}_3^{\mathrm{T}}\boldsymbol{\beta}_1}{\boldsymbol{\beta}_1^{\mathrm{T}}\boldsymbol{\beta}_1}\boldsymbol{\beta}_1-\frac{\boldsymbol{\alpha}_3^{\mathrm{T}}\boldsymbol{\beta}_2}{\boldsymbol{\beta}_2^{\mathrm{T}}\boldsymbol{\beta}_2}\boldsymbol{\beta}_2=\begin{bmatrix}3\\2\\8\\-7\end{bmatrix}-\frac{30}{10}\begin{bmatrix}1\\2\\2\\-1\end{bmatrix}-\frac{-26}{26}\begin{bmatrix}2\\3\\-3\\2\end{bmatrix}=\begin{bmatrix}2\\-1\\-1\\-2\end{bmatrix},$$

再把它们单位化：

$$\boldsymbol{e}_1=\frac{\boldsymbol{\beta}_1}{\|\boldsymbol{\beta}_1\|}=\frac{1}{\sqrt{10}}\begin{bmatrix}1\\2\\2\\-1\end{bmatrix},\ \boldsymbol{e}_2=\frac{\boldsymbol{\beta}_2}{\|\boldsymbol{\beta}_2\|}=\frac{1}{\sqrt{26}}\begin{bmatrix}2\\3\\-3\\2\end{bmatrix},\ \boldsymbol{e}_3=\frac{\boldsymbol{\beta}_3}{\|\boldsymbol{\beta}_3\|}=\frac{1}{\sqrt{10}}\begin{bmatrix}2\\-1\\-1\\-2\end{bmatrix}.$$

$\boldsymbol{e}_1,\boldsymbol{e}_2,\boldsymbol{e}_3$即为所求的规范正交向量.

4.1.4　正交矩阵

定义 4.1.6　如果 n 阶矩阵 $\boldsymbol{A}$ 满足 $\boldsymbol{A}^{\mathrm{T}}\boldsymbol{A}=\boldsymbol{E}$，则称 $\boldsymbol{A}$ 为正交（矩）阵.

例如，$\boldsymbol{A}=\begin{bmatrix}\frac{\sqrt{2}}{2} & -\frac{\sqrt{2}}{2}\\ \frac{\sqrt{2}}{2} & \frac{\sqrt{2}}{2}\end{bmatrix}$，$\boldsymbol{A}^{\mathrm{T}}=\begin{bmatrix}\frac{\sqrt{2}}{2} & \frac{\sqrt{2}}{2}\\ -\frac{\sqrt{2}}{2} & \frac{\sqrt{2}}{2}\end{bmatrix}$，$\boldsymbol{A}^{\mathrm{T}}\boldsymbol{A}=\boldsymbol{E}$，所以 $\boldsymbol{A}$ 为正交阵.

正交矩阵 $\boldsymbol{A}$ 具有下列性质.

定理 4.1.2

（1）若 $\boldsymbol{A}$ 为正交矩阵，则 $|\boldsymbol{A}|=\pm 1$.

证　因为 $\boldsymbol{A}^{\mathrm{T}}\boldsymbol{A}=\boldsymbol{E}\Rightarrow|\boldsymbol{A}^{\mathrm{T}}\boldsymbol{A}|=|\boldsymbol{E}|=1\Rightarrow|\boldsymbol{A}^{\mathrm{T}}|\cdot|\boldsymbol{A}|=1$，又 $|\boldsymbol{A}^{\mathrm{T}}|=|\boldsymbol{A}|\Rightarrow|\boldsymbol{A}|^2=1\Rightarrow|\boldsymbol{A}|=\pm 1$.

（2）若 $\boldsymbol{A}$ 为正交阵，则 $\boldsymbol{A}$ 可逆，且 $\boldsymbol{A}^{-1}=\boldsymbol{A}^{\mathrm{T}}$.

证　因为为正交阵，则 $|\boldsymbol{A}|=\pm 1\neq 0$，所以 $\boldsymbol{A}$ 可逆，又因为 $\boldsymbol{A}^{\mathrm{T}}\boldsymbol{A}=\boldsymbol{E}$，所以 $\boldsymbol{A}^{\mathrm{T}}=\boldsymbol{A}^{-1}$.

（3）若 $\boldsymbol{A},\boldsymbol{B}$ 均为正交矩阵，则 $\boldsymbol{AB}$ 也为正交矩阵.

证　$\boldsymbol{A}^{\mathrm{T}}\boldsymbol{A}=\boldsymbol{E},\boldsymbol{B}^{\mathrm{T}}\boldsymbol{B}=\boldsymbol{E},(\boldsymbol{AB})^{\mathrm{T}}\boldsymbol{AB}=\boldsymbol{B}^{\mathrm{T}}\boldsymbol{A}^{\mathrm{T}}\boldsymbol{AB}=\boldsymbol{A}^{\mathrm{T}}\boldsymbol{ABB}^{\mathrm{T}}=\boldsymbol{E}$. 所以 $\boldsymbol{AB}$ 也为正交矩阵.

（4）对任意 n 维列向量 $\boldsymbol{\alpha}$ 和 $\boldsymbol{\beta}$，$\boldsymbol{A\alpha}$ 和 $\boldsymbol{A\beta}$ 保持 $\boldsymbol{\alpha}$ 和 $\boldsymbol{\beta}$ 的内积，即 $[\boldsymbol{A\alpha},\boldsymbol{A\beta}]=[\boldsymbol{\alpha},\boldsymbol{\beta}]$.

证　$[\boldsymbol{A\alpha},\boldsymbol{A\beta}]=(\boldsymbol{A\alpha})^{\mathrm{T}}(\boldsymbol{A\beta})=\boldsymbol{\alpha}^{\mathrm{T}}(\boldsymbol{A}^{\mathrm{T}}\boldsymbol{A})\boldsymbol{\beta}=\boldsymbol{\alpha}^{\mathrm{T}}\boldsymbol{\beta}=[\boldsymbol{\alpha},\boldsymbol{\beta}]$.

正交矩阵的充要条件如下.

定理 4.1.3　$\boldsymbol{A}$ 为正交矩阵 $\Leftrightarrow$ $\boldsymbol{A}$ 的行（列）向量组是单位正交向量组.

证　设有 $n\times n$ 实矩阵 $\boldsymbol{A}=(\boldsymbol{\alpha}_1\boldsymbol{\alpha}_2\cdots\boldsymbol{\alpha}_n)$，$\boldsymbol{\alpha}_i$ 为 $\boldsymbol{A}$ 的第 i 列（$i=1,2,\cdots,n$）.

$$\begin{bmatrix}\boldsymbol{\alpha}_1^{\mathrm{T}}\\ \boldsymbol{\alpha}_2^{\mathrm{T}}\\ \vdots\\ \boldsymbol{\alpha}_3^{\mathrm{T}}\end{bmatrix}(\boldsymbol{\alpha}_1\boldsymbol{\alpha}_2\cdots\boldsymbol{\alpha}_n)=\boldsymbol{E}，\quad \boldsymbol{\alpha}_i^{\mathrm{T}}\boldsymbol{\alpha}_j=(\delta_{ij})，\ \delta_{ij}=\begin{cases}1, & i=j\\ 0, & i\neq j\end{cases}\quad (i,\ j=1,2,\cdots,n).$$

同理可证上述结论对行向量也成立.

定义 4.1.7　若 $\boldsymbol{P}$ 为正交阵. 则线性变换 $\boldsymbol{\beta}=\boldsymbol{P\alpha}$ 称为正交变换. 设 $\boldsymbol{\beta}=\boldsymbol{P\alpha}$ 为正交变换，由定理 4.1.2（4）易得正交变换保持向量长度不变.

4.2　方阵的特征值与特征向量

4.2.1　矩阵的特征值

定义 4.2.1　设 $\boldsymbol{A}$ 为 n 阶方阵，$\boldsymbol{\alpha}$ 为 n 维非零向量，λ 为一个数，若 $\boldsymbol{A\alpha}=\lambda\boldsymbol{\alpha}$，则称 λ 为矩阵 $\boldsymbol{A}$ 的一个特征值，所对应的向量 $\boldsymbol{\alpha}$ 称为对应于特征值 λ 的特征向量.

例如，$\begin{bmatrix}2&&\\&2&\\&&2\end{bmatrix}\begin{bmatrix}1\\2\\3\end{bmatrix}=2\begin{bmatrix}1\\2\\3\end{bmatrix}$，此时2称为$A$的特征值，而$\begin{bmatrix}1\\2\\3\end{bmatrix}$称为对应于2的特征向量.

一般来说，特征值和特征向量是成对出现的，但它们之间不是一一对应关系，一个特征值可能对应多个特征向量．设$\boldsymbol{\alpha}$都是方阵$\boldsymbol{A}$对应于特征根λ的特征向量，对于任意非零常数k，则$k\boldsymbol{\alpha}$也是方阵$\boldsymbol{A}$的对应于特征根λ的特征向量，那么特征值和特征向量究竟如何求呢？我们来分析一下．

由$\boldsymbol{A\alpha}=\lambda\boldsymbol{\alpha}\Rightarrow\lambda\boldsymbol{\alpha}-\boldsymbol{A\alpha}=0\Rightarrow(\lambda\boldsymbol{E}-\boldsymbol{A})\boldsymbol{\alpha}=0$，若设

$$\boldsymbol{A}=\begin{bmatrix}a_{11}&a_{12}&\cdots&a_{1n}\\a_{21}&a_{22}&\cdots&a_{2n}\\\vdots&\vdots&\ddots&\vdots\\a_{n1}&a_{n2}&\cdots&a_{nn}\end{bmatrix},\quad\boldsymbol{\alpha}=\begin{bmatrix}x_1\\x_2\\\vdots\\x_n\end{bmatrix}$$

则有$\begin{bmatrix}\lambda-a_{11}&-a_{12}&\cdots&-a_{1n}\\-a_{21}&\lambda-a_{22}&\cdots&-a_{2n}\\\vdots&\vdots&\ddots&\vdots\\-a_{n1}&-a_{n2}&\cdots&\lambda-a_{nn}\end{bmatrix}\begin{bmatrix}x_1\\x_2\\\vdots\\x_n\end{bmatrix}=\begin{bmatrix}0\\0\\\vdots\\0\end{bmatrix}$，此时为一个齐次线性方程组

$$\begin{cases}(\lambda-a_{11})x_1&-a_{12}x_2&\cdots&-a_{1n}x_n&=0\\-a_{21}x_1&+(\lambda-a_{22})x_2&\cdots&-a_{2n}x_n&=0\\&&\vdots&&\\-a_{n1}x_1&-a_{n2}x_2&\cdots&+(\lambda-a_{nn})x_n&=0\end{cases}$$

于是，要使特征值λ与特征向量$\boldsymbol{\alpha}$存在，则上述方程组必有非零解$(\boldsymbol{\alpha}\neq 0)$，而齐次线性方程组有非零解的条件为$r(\boldsymbol{A})<n$．由于此处的$\boldsymbol{A}$为方阵，也可以用克莱默法则，也就是系数行列式等于零，即$|\lambda\boldsymbol{E}-\boldsymbol{A}|=0$时，方程组有非零解.

以后，我们将$\lambda\boldsymbol{E}-\boldsymbol{A}$称为矩阵$\boldsymbol{A}$的特征矩阵，其对应的行列式$|\lambda\boldsymbol{E}-\boldsymbol{A}|$称为特征多项式，记为$f(\lambda)$，$|\lambda\boldsymbol{E}-\boldsymbol{A}|=0$称为特征方程.

由此可见，求矩阵特征值和特征向量的步骤如下：

（1）求特征方程$f(\lambda)=|\lambda\boldsymbol{E}-\boldsymbol{A}|=0$的所有相异实根$\lambda_1,\lambda_2,\cdots,\lambda_m$，这些相异实根就是矩阵$\boldsymbol{A}$的特征值；

（2）求方程组$(\lambda_i\boldsymbol{E}-\boldsymbol{A})\boldsymbol{\alpha}=0$的所有非零解向量，这些向量就是对应于特征值$\lambda_i$的特征向量.

例 4.2.1　求下列矩阵的特征值和特征向量.

（1）$\begin{bmatrix}1&2\\6&2\end{bmatrix}$.

解　特征方程为$|\lambda\boldsymbol{E}-\boldsymbol{A}|=\begin{vmatrix}\lambda-1&-2\\-6&\lambda-2\end{vmatrix}=\lambda^2-3\lambda-10=0\Rightarrow\lambda_1=-2,\lambda_2=5$为特征值.

$\lambda_1=-2$ 时，对应的方程组为 $\begin{cases}-3x_1-2x_2=0\\-6x_1-4x_2=0\end{cases}$，$\begin{bmatrix}-3&-2\\-6&-4\end{bmatrix}\to\begin{bmatrix}1&\frac{2}{3}\\0&0\end{bmatrix}$，所以方程组的基础解系为 $\boldsymbol{\alpha}=\begin{bmatrix}-\frac{2}{3}\\1\end{bmatrix}$，从而 $\lambda_1=-2$ 所对应的特征向量为 $k\begin{bmatrix}-\frac{2}{3}\\1\end{bmatrix},k\neq0$.

$\lambda_2=5$ 时，对应的方程组为 $\begin{cases}4x_1-2x_2=0\\-6x_1+3x_2=0\end{cases}$，$\begin{bmatrix}4&-2\\-6&3\end{bmatrix}\to\begin{bmatrix}1&-\frac{1}{2}\\0&0\end{bmatrix}$，所以方程组的基础解系为 $\boldsymbol{\alpha}=\begin{bmatrix}\frac{1}{2}\\1\end{bmatrix}$，从而 $\lambda_2=5$ 所对应的特征向量为 $k\begin{bmatrix}\frac{1}{2}\\1\end{bmatrix},k\neq0$.

（2）$\boldsymbol{A}=\begin{bmatrix}5&6&-3\\-1&0&1\\1&2&1\end{bmatrix}$.

解　特征方程为 $(\lambda-2)^3=0\Rightarrow\lambda_1=\lambda_2=\lambda_3=2$，特征向量为 $k_1\begin{bmatrix}-2\\1\\0\end{bmatrix}+k_2\begin{bmatrix}1\\0\\1\end{bmatrix}$，$k_1$、$k_2$ 不全为 0.

（3）$\boldsymbol{A}=\begin{bmatrix}-1&2&2\\2&-1&-2\\2&-2&-1\end{bmatrix}$.

解　特征方程为 $(\lambda-1)^2(\lambda+5)=0$，$\lambda_1=-5$ 时，特征向量为 $c\begin{bmatrix}-1\\1\\1\end{bmatrix}$，$\lambda_2=\lambda_3=1$ 时，特征向量为 $k_1\begin{bmatrix}1\\1\\0\end{bmatrix}+k_2\begin{bmatrix}1\\0\\1\end{bmatrix}$，$k_1$、$k_2$ 不全为 0.

（4）$\boldsymbol{A}=\begin{bmatrix}0&0&1\\0&1&0\\1&0&0\end{bmatrix}$.

解　特征方程为 $(\lambda+1)(\lambda-1)^2=0$，$\lambda_1=-1$ 时，特征向量为 $k\begin{bmatrix}-1\\0\\1\end{bmatrix}$，$\lambda_2=\lambda_3=1$ 时，特征向量为 $k_1\begin{bmatrix}0\\1\\0\end{bmatrix}+k_2\begin{bmatrix}1\\0\\1\end{bmatrix}$，$k_1$、$k_2$ 不全为 0.

（5）$\boldsymbol{A}=\begin{bmatrix}1&1&1&1\\1&1&-1&-1\\1&-1&1&-1\\1&-1&-1&1\end{bmatrix}$.

解 特征方程为$(\lambda+2)(\lambda-2)^3=0$．$\lambda_1=-2$时，特征向量为$k\begin{bmatrix}-1\\1\\1\\1\end{bmatrix}$，$\lambda_2=\lambda_3=\lambda_4=2$，特征向量为$k_1\begin{bmatrix}1\\1\\0\\0\end{bmatrix}+k_2\begin{bmatrix}1\\0\\1\\0\end{bmatrix}+k_3\begin{bmatrix}1\\0\\0\\1\end{bmatrix}$.

例 4.2.2 若λ是$\boldsymbol{A}$的特征值，试证明λ^2为$\boldsymbol{A}^2$的特征值.

证 设$\boldsymbol{\beta}$是矩阵$\boldsymbol{A}$对应于λ的特征向量，由题意有

$$\boldsymbol{A}^2\boldsymbol{\beta}=\boldsymbol{A}(\boldsymbol{A}\boldsymbol{\beta})=\boldsymbol{A}(\lambda\boldsymbol{\beta})=\lambda^2\boldsymbol{\beta}$$

所以λ^2为$\boldsymbol{A}^2$的特征值.

例 4.2.3 证明$\boldsymbol{A}$为n阶奇异方阵$\Leftrightarrow$ $\boldsymbol{A}$有一个特征值为0.

证 $\Rightarrow$因为$\boldsymbol{A}$为奇异阵，则$|\boldsymbol{A}|=0$，故$|0\boldsymbol{E}-\boldsymbol{A}|=|-\boldsymbol{A}|=(-1)^n|\boldsymbol{A}|=0$，故0为特征值.

$\Leftarrow$设0为$\boldsymbol{A}$的特征值，对应的特征向量为$\boldsymbol{x}_1$，$\boldsymbol{A}\boldsymbol{x}_1=0\boldsymbol{x}_1=0$，所以$\boldsymbol{x}_1$为$\boldsymbol{A}\boldsymbol{x}_1=0$的非零解，故$|\boldsymbol{A}|=0$，即$\boldsymbol{A}$为$n$阶奇异方阵.

例 4.2.4 已知λ与$\boldsymbol{\alpha}$分别为可逆矩阵$\boldsymbol{A}$的特征值和特征向量，求$\boldsymbol{A}^{-1}$与$\boldsymbol{A}^*$的特征值与特征向量.

解 因为$\boldsymbol{A}\boldsymbol{\alpha}=\lambda\boldsymbol{\alpha}\neq 0$，所以有$\lambda\neq 0$，又因为$\boldsymbol{A}$可逆，即$\boldsymbol{A}^{-1}$存在，所以$\boldsymbol{A}^{-1}(\boldsymbol{A}\boldsymbol{\alpha})=\boldsymbol{A}^{-1}(\lambda\boldsymbol{\alpha})\Rightarrow\boldsymbol{\alpha}=\lambda\boldsymbol{A}^{-1}\boldsymbol{\alpha}$，得$\boldsymbol{A}^{-1}\boldsymbol{\alpha}=\frac{1}{\lambda}\boldsymbol{\alpha}$，故$\frac{1}{\lambda}$是$\boldsymbol{A}^{-1}$的特征值，$\boldsymbol{\alpha}$是$\boldsymbol{A}^{-1}$对应于$\frac{1}{\lambda}$的特征向量.

因为$\boldsymbol{A}^{-1}=\frac{1}{|\boldsymbol{A}|}\boldsymbol{A}^*\Rightarrow\boldsymbol{A}^*=|\boldsymbol{A}|\boldsymbol{A}^{-1}$，所以$\boldsymbol{A}^*\boldsymbol{\alpha}=|\boldsymbol{A}|\boldsymbol{A}^{-1}\boldsymbol{\alpha}=\frac{1}{\lambda}|\boldsymbol{A}|\boldsymbol{\alpha}$，所以$\frac{|\boldsymbol{A}|}{\lambda}$是$\boldsymbol{A}^*$的特征值，$\boldsymbol{\alpha}$是$\boldsymbol{A}^*$对应于$\frac{|\boldsymbol{A}|}{\lambda}$的特征向量.

类似地，可以证明，若λ是$\boldsymbol{A}$的特征值，则λ^k是$\boldsymbol{A}^k$的特征值；$f(\lambda)$是$f(\boldsymbol{A})$的特征值，其中$f(\lambda)=a_0+a_1\lambda+\cdots+a_m\lambda^m$是$\lambda$的多项式，$f(\boldsymbol{A})=a_0\boldsymbol{E}+a_1\boldsymbol{A}+\cdots+a_m\boldsymbol{A}^m$是矩阵$\boldsymbol{A}$的多项式.

例 4.2.5 已知3阶矩阵$\boldsymbol{A}$的特征值为$1,2,3$，求$\boldsymbol{A}^3-5\boldsymbol{A}^2+7\boldsymbol{A}$全部特征值.

解　设 $f(x)=7x-5x^2+x^3$ 是关于 x 的多项式，$\boldsymbol{A}$ 是 n 阶方阵，$f(\boldsymbol{A})=7\boldsymbol{A}-5\boldsymbol{A}^2+\boldsymbol{A}^3$．根据上述结论，若 λ 是 $\boldsymbol{A}$ 的特征值，则 $f(\lambda)$ 是 $f(\boldsymbol{A})$ 的特征值，得 $\boldsymbol{A}^3-5\boldsymbol{A}^2+7\boldsymbol{A}$ 的三个特征值为3，2，3．

4.2.2　矩阵特征值与特征向量的性质

定理 4.2.1　$\boldsymbol{A}$ 为 n 阶方阵，则下列结论成立．

（1）矩阵 $\boldsymbol{A}$ 的 n 个特征值之和等于 $\boldsymbol{A}$ 的 n 个对角线元素之和，即

$$\lambda_1+\lambda_2+\cdots+\lambda_n=a_{11}+a_{22}+\cdots+a_{nn}\text{（}\lambda_1,\lambda_2,\cdots,\lambda_n\text{为}\boldsymbol{A}\text{的}n\text{个特征值）}.$$

（2）矩阵 $\boldsymbol{A}$ 的 n 个特征值的乘积等于 $\boldsymbol{A}$ 的行列式的值，即 $\lambda_1\cdot\lambda_2\cdots\lambda_n=|\boldsymbol{A}|$．

（3）设 $\lambda_1,\lambda_2,\cdots,\lambda_m$ 是 n 阶方阵 $\boldsymbol{A}$ 的 m 个特征值，$\boldsymbol{\alpha}_1,\boldsymbol{\alpha}_2,\cdots,\boldsymbol{\alpha}_m$ 依次是与之对应的特征向量，若 $\lambda_1,\lambda_2,\cdots,\lambda_m$ 互不相等，则 $\boldsymbol{\alpha}_1,\boldsymbol{\alpha}_2,\cdots,\boldsymbol{\alpha}_m$ 线性无关．

证　设

$$\begin{aligned}f(\lambda)=|\lambda\boldsymbol{E}-\boldsymbol{A}|&=(\lambda-\lambda_1)\cdot(\lambda-\lambda_2)\cdot\cdots\cdot(\lambda-\lambda_n)\\&=\lambda^n-(\lambda_1+\lambda_2+\cdots+\lambda_n)\lambda^{n-1}+\cdots+(-1)^n\lambda_1\lambda_2\cdots\lambda_n\end{aligned}$$

而 $|\lambda\boldsymbol{E}-\boldsymbol{A}|$ 的常数项和 $(n-1)$ 次项前系数分别为 $(-1)^n|\boldsymbol{A}|$ 和 $-(a_{11}+a_{22}+\cdots+a_{nn})$，所以易得结论（1）和结论（2），下面证结论（3）．

设有常数 $x_1,x_2,\cdots,x_m$ 使得 $x_1\boldsymbol{\alpha}_1+x_2\boldsymbol{\alpha}_2+\cdots+x_m\boldsymbol{\alpha}_m=0$，

$$\lambda_1^k x_1\boldsymbol{\alpha}_1+\lambda_2^k x_2\boldsymbol{\alpha}_2+\cdots+\lambda_m^k x_m\boldsymbol{\alpha}_m=0\quad(k=1,2,\cdots,m-1).$$

上式可化为

$$(x_1\boldsymbol{\alpha}_1,x_2\boldsymbol{\alpha}_2,\cdots,x_m\boldsymbol{\alpha}_m)\begin{vmatrix}1&\lambda_1&\cdots&\lambda_1^{m-1}\\1&\lambda_2&\cdots&\lambda_2^{m-1}\\\vdots&\vdots&\ddots&\vdots\\1&\lambda_m&\cdots&\lambda_m^{m-1}\end{vmatrix}=(0,0,\cdots,0)$$

上式等号左端第二个矩阵的行列式为范德蒙德行列式，当各不相等时该行列式不等于零，从而矩阵可逆，于是有

$$(x_1\boldsymbol{\alpha}_1,x_2\boldsymbol{\alpha}_2,\cdots,x_m\boldsymbol{\alpha}_m)=(0,0,\cdots,0)\qquad x_i\boldsymbol{\alpha}_i=0\quad(j=1,2,\cdots,m),$$

但 $\boldsymbol{\alpha}_i\neq0\ (j=1,2,\cdots,m)$，故 $x_i=0\ (j=1,2,\cdots,m)$，所以 $\boldsymbol{\alpha}_1,\boldsymbol{\alpha}_2,\cdots,\boldsymbol{\alpha}_m$ 线性无关．

4.3　相似矩阵与矩阵的对角化

4.3.1　相似矩阵

定义 4.3.1　对于 n 阶矩阵 $\boldsymbol{A},\boldsymbol{B}$，若存在可逆矩阵 $\boldsymbol{P}$，使 $\boldsymbol{P}^{-1}\boldsymbol{A}\boldsymbol{P}=\boldsymbol{B}$，则称 $\boldsymbol{A}$ 与 $\boldsymbol{B}$ 相似，记为 $\boldsymbol{A}\sim\boldsymbol{B}$．

例如，$\boldsymbol{A}=\begin{bmatrix}3 & 1\\5 & -1\end{bmatrix}$，$\boldsymbol{B}=\begin{bmatrix}4 & 0\\0 & -2\end{bmatrix}$，$\boldsymbol{P}=\begin{bmatrix}1 & 1\\1 & -5\end{bmatrix}$，$\boldsymbol{P}^{-1}=\begin{bmatrix}5/6 & 1/6\\1/6 & -1/6\end{bmatrix}$，有 $\boldsymbol{P}^{-1}\boldsymbol{AP}=\boldsymbol{B}$，则 $\boldsymbol{A}\sim\boldsymbol{B}$.

4.3.2 相似矩阵性质

从定义出发易证明相似矩阵满足以下性质.

（1）$\boldsymbol{A}\sim\boldsymbol{A}$（自反性）.

（2）若 $\boldsymbol{A}\sim\boldsymbol{B}\Rightarrow\boldsymbol{B}\sim\boldsymbol{A}$（对称性）.

（3）若 $\boldsymbol{A}\sim\boldsymbol{B},\boldsymbol{B}\sim\boldsymbol{C}\Rightarrow\boldsymbol{A}\sim\boldsymbol{C}$（传递性）.

以上性质表明矩阵的相似关系是 n 阶方阵集合上的等价关系.

定理 4.3.1 若 n 阶矩阵 $\boldsymbol{A}$ 与 $\boldsymbol{B}$ 相似，则矩阵 $\boldsymbol{A}$ 与 $\boldsymbol{B}$ 有相同的特征多项式. 从而 $\boldsymbol{A}$ 与 $\boldsymbol{B}$ 的特征值也相同.

证 因 $\boldsymbol{A}$ 与 $\boldsymbol{B}$ 相似，故存在可逆矩阵 $\boldsymbol{P}$，使得 $\boldsymbol{B}=\boldsymbol{P}^{-1}\boldsymbol{AP}$，故

$$\begin{aligned}|\boldsymbol{B}-\lambda\boldsymbol{E}|&=|\boldsymbol{P}^{-1}\boldsymbol{AP}-\lambda\boldsymbol{E}|=|\boldsymbol{P}^{-1}\boldsymbol{AP}-\lambda\boldsymbol{P}^{-1}\boldsymbol{EP}|=|\boldsymbol{P}^{-1}(\boldsymbol{A}-\lambda\boldsymbol{E})\boldsymbol{P}|\\&=|\boldsymbol{P}^{-1}||\boldsymbol{A}-\lambda\boldsymbol{E}||\boldsymbol{P}|=|\boldsymbol{A}-\lambda\boldsymbol{E}|\end{aligned}$$

推论 若 n 阶矩阵 $\boldsymbol{A}$ 与对角矩阵

$$\boldsymbol{\Lambda}=\mathrm{diag}(\lambda_1,\lambda_1,\cdots,\lambda_n)=\begin{bmatrix}\lambda_1 & & & \\ & \lambda_2 & & \\ & & \ddots & \\ & & & \lambda_n\end{bmatrix}$$

相似，则 $\lambda_1,\lambda_2,\cdots,\lambda_n$ 就是 $\boldsymbol{A}$ 的 n 个特征值.

证 因 $\lambda_1,\lambda_2,\cdots,\lambda_n$ 是 $\boldsymbol{\Lambda}$ 的 n 个特征值，由定理 4.3.1 知 $\lambda_1,\lambda_2,\cdots,\lambda_n$ 就是 $\boldsymbol{A}$ 的 n 个特征值.

注意定理 4.3.1 的逆不成立，即具有相同特征多项式或具有相同特征值的两个同阶方阵不一定相似，例如

$$\boldsymbol{A}=\begin{bmatrix}1 & 0\\3 & 1\end{bmatrix},\quad \boldsymbol{B}=\begin{bmatrix}1 & 0\\0 & 1\end{bmatrix}$$

它们的特征多项式的两个相同，但一定不存在可逆阵 $\boldsymbol{P}$，使 $\boldsymbol{P}^{-1}\boldsymbol{AP}=\boldsymbol{B}$.

4.3.3 矩阵的对角化

定义 4.3.2 若一个矩阵与对角阵相似，则称该矩阵可对角化.

下面讨论对于 n 阶方阵 $\boldsymbol{A}$，寻求相似变换矩阵 $\boldsymbol{P}$，使 $\boldsymbol{P}^{-1}\boldsymbol{AP}=\boldsymbol{B}$.

定理 4.3.2　n 阶矩阵 $\boldsymbol{A}$ 与对角化矩阵相似的充要条件是 $\boldsymbol{A}$ 有 n 个线性无关的特征向量.

证　（必要性）设可逆矩阵 $\boldsymbol{P}=(\boldsymbol{p}_1,\boldsymbol{p}_2,\cdots,\boldsymbol{p}_n)$，$\boldsymbol{p}_1,\boldsymbol{p}_2,\cdots,\boldsymbol{p}_n$ 是 $\boldsymbol{P}$ 的列向量，则由 $\boldsymbol{P}^{-1}\boldsymbol{AP}=\boldsymbol{\Lambda}$，$\boldsymbol{AP}=\boldsymbol{P\Lambda}$，即

$$\boldsymbol{A}(\boldsymbol{p}_1,\boldsymbol{p}_2,\cdots,\boldsymbol{p}_n)=(\boldsymbol{p}_1,\boldsymbol{p}_2,\cdots,\boldsymbol{p}_n)\begin{bmatrix}\lambda_1 & & & \\ & \lambda_2 & & \\ & & \ddots & \\ & & & \lambda_n\end{bmatrix}=(\lambda_1\boldsymbol{p}_1,\lambda_2\boldsymbol{p}_2,\cdots,\lambda_n\boldsymbol{p}_n)$$

$\boldsymbol{Ap}_i=\lambda_i\boldsymbol{p}_i(i=1,2,\cdots,n)$，因为 $\boldsymbol{P}$ 为可逆阵，故 $\boldsymbol{p}_i\neq 0(i=1,2,\cdots,n)$.

$\boldsymbol{p}_1,\boldsymbol{p}_2,\cdots,\boldsymbol{p}_n$ 是 $\boldsymbol{A}$ 的 n 个线性无关的特征向量.

（充分性）反之 $\boldsymbol{A}$ 有 n 个线性无关的特征向量 $\boldsymbol{p}_1,\boldsymbol{p}_2,\cdots,\boldsymbol{p}_n$，设 $\boldsymbol{P}=(\boldsymbol{p}_1,\boldsymbol{p}_2,\cdots,\boldsymbol{p}_n)$，则 $\boldsymbol{P}$ 可逆，且

$$\begin{aligned}\boldsymbol{AP}&=\boldsymbol{A}(\boldsymbol{p}_1,\boldsymbol{p}_2,\cdots,\boldsymbol{p}_n)=(\lambda_1\boldsymbol{p}_1,\lambda_2\boldsymbol{p}_2,\cdots,\lambda_n\boldsymbol{p}_n)\\&=(\boldsymbol{p}_1,\boldsymbol{p}_2,\cdots,\boldsymbol{p}_n)\begin{bmatrix}\lambda_1 & & & \\ & \lambda_2 & & \\ & & \ddots & \\ & & & \lambda_n\end{bmatrix}=\boldsymbol{P\Lambda}\end{aligned}$$

所以 $\boldsymbol{P}^{-1}\boldsymbol{AP}=\boldsymbol{\Lambda}$，即 $\boldsymbol{A}$ 与对角化矩阵相似.

结合定理 4.3.1，属于不同的特征值的特征向量是线性无关的，可得如下推论.

推论　若 $\boldsymbol{A}$ 有 n 个不同的特征值，则矩阵 $\boldsymbol{A}$ 可对角化.

值得注意的是，$\boldsymbol{P}$ 中列向量 $\boldsymbol{p}_1,\boldsymbol{p}_2,\cdots,\boldsymbol{p}_n$ 的排列顺序要与 $\lambda_1,\lambda_2,\cdots,\lambda_n$ 的排列顺序一致，由于 $\boldsymbol{p}_i$ 是 $(\boldsymbol{A}-\lambda_i\boldsymbol{E})\boldsymbol{x}=0$ 基础解系中的解向量，故 $\boldsymbol{p}_i$ 取法不唯一，故 $\boldsymbol{P}$ 也不唯一．而 $(\boldsymbol{A}-\lambda\boldsymbol{E})=0$ 的根只有 n 个（重根按重数计算），所以如果不计特征值的排列顺序，则 $\boldsymbol{\Lambda}$ 是唯一确定的，如果方阵 $\boldsymbol{A}$ 的特征方程有重根时，就不一定有 n 个线性无关的特征向量，则矩阵 $\boldsymbol{A}$ 就不一定能对角化.

例 4.3.1　判断矩阵 $\boldsymbol{A}=\begin{bmatrix}2 & 1 & 0\\ 2 & 3 & 0\\ -1 & 0 & 4\end{bmatrix}$ 可否对角化.

解　由 $\boldsymbol{A}$ 的特征多项式 $|\lambda\boldsymbol{E}-\boldsymbol{A}|=\begin{vmatrix}\lambda-2 & -1 & 0\\ -2 & \lambda-3 & 0\\ 1 & 0 & \lambda-4\end{vmatrix}=(\lambda-1)(\lambda-4)^2$ 得其特征根为 $\lambda_1=1,\lambda_2=\lambda_3=4$.

当$\lambda_1=1$时，$\lambda \boldsymbol{E}-\boldsymbol{A}=\boldsymbol{E}-\boldsymbol{A}=\begin{bmatrix}-1 & -1 & 0\\ -2 & -2 & 0\\ -1 & 0 & -3\end{bmatrix}\to\begin{bmatrix}1 & 0 & 3\\ 0 & 1 & -3\\ 0 & 0 & 0\end{bmatrix}$，对应的方程组为$\begin{cases}x_1=-3x_3\\ x_2=3x_3\\ x_3=x_3\end{cases}$，

它的基础解系$\boldsymbol{\xi}_1=\begin{bmatrix}-3\\ 3\\ 1\end{bmatrix}$是方阵$\boldsymbol{A}$的对应于特征根$\lambda_1=1$的特征向量.

当$\lambda_2=\lambda_3=4$时，$\lambda \boldsymbol{E}-\boldsymbol{A}=4\boldsymbol{E}-\boldsymbol{A}=\begin{bmatrix}2 & -1 & 0\\ -2 & 1 & 0\\ -1 & 0 & 0\end{bmatrix}\to\begin{bmatrix}1 & 0 & 0\\ 0 & 1 & 0\\ 0 & 0 & 0\end{bmatrix}$，对应的方程组为

$\begin{cases}x_1=0\\ x_2=0\\ x_3=x_3\end{cases}$，它的基础解系$\boldsymbol{\xi}_1=\begin{bmatrix}0\\ 0\\ 1\end{bmatrix}$是方阵$\boldsymbol{A}$的对应于特征根$\lambda_2=\lambda_3=4$的特征向量.

因此，3阶方阵只有2个线性无关的特征向量，故不能对角化.

例 4.3.2 已知$\boldsymbol{A}=\begin{bmatrix}4 & 6 & 0\\ -3 & -5 & 0\\ -3 & -6 & 1\end{bmatrix}$.

（1）证明$\boldsymbol{A}$可对角化；

（2）求相似变换$\boldsymbol{P}$矩阵，使$\boldsymbol{P}^{-1}\boldsymbol{AP}$为对角阵.

解 （1）由$\boldsymbol{A}$的特征多项式$|\lambda \boldsymbol{E}-\boldsymbol{A}|=\begin{vmatrix}\lambda-4 & -6 & 0\\ 3 & \lambda+5 & 0\\ 3 & 6 & \lambda-1\end{vmatrix}=(\lambda-1)^2(\lambda+2)$，得其特征根为$\lambda_1=-2,\lambda_2=\lambda_3=1$.

当$\lambda_1=-2$时，$\lambda \boldsymbol{E}-\boldsymbol{A}=-2\boldsymbol{E}-\boldsymbol{A}=\begin{bmatrix}-6 & -6 & 0\\ 3 & 3 & 0\\ 3 & 6 & -3\end{bmatrix}\to\begin{bmatrix}1 & 0 & 1\\ 0 & 1 & -1\\ 0 & 0 & 0\end{bmatrix}$，对应的方程组为

$\begin{cases}x_1=-x_3\\ x_2=x_3\\ x_3=x_3\end{cases}$，它的基础解系$\boldsymbol{\xi}_1=\begin{bmatrix}-1\\ 1\\ 1\end{bmatrix}$是方阵$\boldsymbol{A}$的对应于特征根$\lambda_1=-2$的特征向量.

当$\lambda_2=\lambda_3=1$时，$\lambda \boldsymbol{E}-\boldsymbol{A}=\boldsymbol{E}-\boldsymbol{A}=\begin{bmatrix}-3 & -6 & 0\\ 3 & 6 & 0\\ 3 & 6 & 0\end{bmatrix}\to\begin{bmatrix}1 & 2 & 0\\ 0 & 0 & 0\\ 0 & 0 & 0\end{bmatrix}$，对应的方程组为

$\begin{cases}x_1=-2x_2\\ x_2=x_2\\ x_3=x_3\end{cases}$，它的基础解系$\boldsymbol{\xi}_2=\begin{bmatrix}-2\\ 1\\ 0\end{bmatrix}$，$\boldsymbol{\xi}_3=\begin{bmatrix}0\\ 0\\ 1\end{bmatrix}$是方阵$\boldsymbol{A}$的对应于特征根$\lambda_2=\lambda_3=1$的特征向量.

显然，$\boldsymbol{\xi}_1=\begin{bmatrix}-1\\1\\1\end{bmatrix}$，$\boldsymbol{\xi}_2=\begin{bmatrix}-2\\1\\0\end{bmatrix}$，$\boldsymbol{\xi}_3=\begin{bmatrix}0\\0\\1\end{bmatrix}$是线性无关的，所以 $\boldsymbol{A}$ 可对角化.

（2）设 $\boldsymbol{P}=(\boldsymbol{\xi}_1,\boldsymbol{\xi}_2,\boldsymbol{\xi}_3)=\begin{bmatrix}-1&-2&0\\1&1&0\\1&0&1\end{bmatrix}$，$\boldsymbol{P}^{-1}=\begin{bmatrix}1&2&0\\-1&-1&0\\-1&-2&1\end{bmatrix}$，所以 $\boldsymbol{P}^{-1}\boldsymbol{AP}=\begin{bmatrix}-2&&\\&1&\\&&1\end{bmatrix}$.

通过以上的例子，可以得到将矩阵对角化的步骤：

（1）求矩阵 $\boldsymbol{A}$ 的全部特征根 $\lambda_1,\lambda_1,\cdots,\lambda_n$（重根写重数）；

（2）对不同的 λ_i，求 $(\lambda_i\boldsymbol{E}-\boldsymbol{A})\boldsymbol{x}=0$ 的基础解系（基础解系的每个特征向量都可作为相应的 λ_i 所对应的特征向量）；

（3）若能求出 n 个线性无关的特征向量，则以这些特征向量为列向量，构成可逆矩阵

$$\boldsymbol{P}=(\boldsymbol{\alpha}_1,\boldsymbol{\alpha}_2,\cdots,\boldsymbol{\alpha}_n)$$

则有 $\boldsymbol{P}^{-1}\boldsymbol{AP}=\begin{bmatrix}\lambda_1&&&\\&\lambda_2&&\\&&\ddots&\\&&&\lambda_n\end{bmatrix}$，其中 $\lambda_1,\lambda_1,\cdots,\lambda_n$ 要和 $\boldsymbol{\alpha}_1,\boldsymbol{\alpha}_1,\cdots,\boldsymbol{\alpha}_n$ 对应.

4.3.4　相似矩阵的应用

我们可以利用相似矩阵求矩阵的高次幂．求一般矩阵的高次幂比较困难，而求对角矩阵的高次幂却很简单：

$$\boldsymbol{\Lambda}^n=\begin{bmatrix}\lambda_1&&&\\&\lambda_2&&\\&&\ddots&\\&&&\lambda_n\end{bmatrix}^n=\begin{bmatrix}\lambda_1^n&&&\\&\lambda_2^n&&\\&&\ddots&\\&&&\lambda_n^n\end{bmatrix}$$

以后利用矩阵 $\boldsymbol{A}$ 的对角化，可以比较方便地计算矩阵 $\boldsymbol{A}$ 的高次幂：

$$\boldsymbol{P}^{-1}\boldsymbol{AP}=\boldsymbol{\Lambda}\Rightarrow\boldsymbol{A}=\boldsymbol{P\Lambda P}^{-1}\Rightarrow\boldsymbol{A}^n=\underbrace{\boldsymbol{P\Lambda P}^{-1}\boldsymbol{P\Lambda P}^{-1}\boldsymbol{P\Lambda P}^{-1}\cdots\boldsymbol{P\Lambda P}^{-1}}_{n}=\boldsymbol{P\Lambda}^n\boldsymbol{P}^{-1}.$$

例 4.3.3　设 $\boldsymbol{A}=\begin{bmatrix}1&1\\1&1\end{bmatrix}$，求 $\boldsymbol{A}^n$.

解：$\lambda_1=0,\lambda_2=2$，$\boldsymbol{P}=\begin{bmatrix}-1&1\\1&1\end{bmatrix}$,$\boldsymbol{\Lambda}=\begin{bmatrix}0&\\&2\end{bmatrix}$,$\boldsymbol{P}^{-1}=\dfrac{1}{2}\begin{bmatrix}-1&1\\1&1\end{bmatrix}$

$$A^n = P\Lambda^n P^{-1} = \begin{bmatrix} -1 & 1 \\ 1 & 1 \end{bmatrix} \begin{bmatrix} 0 & \\ & 2 \end{bmatrix}^n \frac{1}{2} \begin{bmatrix} -1 & 1 \\ 1 & 1 \end{bmatrix} = \begin{bmatrix} 2^{n-1} & 2^{n-1} \\ 2^{n-1} & 2^{n-1} \end{bmatrix}.$$

一个 n 阶矩阵具备什么条件才能对角化，或者说什么样的矩阵具有 n 个线性无关的特征向量是一个复杂的数学问题，对此这里不准备进行一般讨论，而仅讨论当 A 是实对称矩阵的情形.

4.4 实对称矩阵的对角化

4.4.1 实对称矩阵的性质

实对称矩阵是一类很重要的可对角化的矩阵，其特征值与特征向量具有下列性质.

定理 4.4.1 实对称矩阵 A 的特征值都是实的.

证 设 λ 是 A 的特征值，即存在非零向量 p 使 $Ap=\lambda p, p\neq 0$，要证 λ 为实数，只须证明 $\bar{\lambda}=\lambda$ 即可. 由 $Ap=\lambda p$，$A^{\mathrm{T}}=A$，得

$$\lambda(\bar{p})^{\mathrm{T}} p=(\bar{p})^{\mathrm{T}}(\lambda p)=(\bar{p})^{\mathrm{T}} A p=(\bar{p})^{\mathrm{T}}(\bar{A})^{\mathrm{T}} p=(\overline{A p})^{\mathrm{T}} p=(\overline{\lambda p})^{\mathrm{T}}=\bar{\lambda}(\bar{p})^{\mathrm{T}} p$$

因向量 $p\neq 0$，所以 $\bar{p}^{\mathrm{T}} p=\sum_{i=1}^{n} \bar{p}_i p_i=\sum_{i=1}^{n}\left|p_i\right|^2>0$，故 $\bar{\lambda}=\lambda$，这就说明 λ 是实数.

当特征值为实数时，齐次线性方程组 $(A-\lambda_i E)x=0$ 是实系数线性方程组，由 $|A-\lambda_i E|=0$ 知必有实的基础解系，所以对应的特征向量可以取实向量.

定理 4.4.2 实对称矩阵 A 的属于不同特征值的特征向量是正交的.

证 设 λ_1,λ_2 是 A 的两个不同的特征值，p_1,p_2 分别是属于 λ_1,λ_2 的特征向量（均为实向量），即有 $Ap_1=\lambda_1 p_1, Ap_2=\lambda_2 p_2$，则

$$\begin{aligned}\lambda_1[p_1,p_2]&=[\lambda_1 p_1,p_2]=[Ap_1,p_2]=(Ap_1)^{\mathrm{T}} p=p_1^{\mathrm{T}} A^{\mathrm{T}} p_2\\&=p_1^{\mathrm{T}}(Ap_2)=[p_1,\lambda_2 p_2]=\lambda_2[p_1,p_2]\end{aligned}$$

因此，$(\lambda_1-\lambda_2)[p_1,p_2]=0$，而 $\lambda_1\neq\lambda_2$，故有 $[p_1,p_2]=0$，即 p_1 与 p_2 正交.

定理 4.4.3 设 A 为 n 阶实对称阵，设 λ 是 A 的特征方程的 r 重根，则方阵 $A-\lambda E$ 的秩 $R(A-\lambda E)=n-r$，从而对应特征值 λ 恰有 r 个线性无关的特征向量.

该定理不予证明.

4.4.2 实对称矩阵的对角化

定理 4.4.4 设 A 为 n 阶实对称阵，则必存在正交矩阵 P，使得

$$P^{-1}AP=\mathrm{diag}(\lambda_1,\lambda_2,\cdots,\lambda_n)$$

其中，$\lambda_1,\lambda_2,\cdots,\lambda_n$ 为 A 的 n 个特征值.

证　若 n 阶实对称阵有 m 个不同的特征值 $\lambda_1,\lambda_2,\cdots,\lambda_m$，其重数分别为 $k_1,k_2,\cdots,k_m$，则有 $k_1+k_2+\cdots+k_m=n$，由定理 4.4.3 得，每一个 k_i 重特征值对应着 k_i 个线性无关的特征向量.

对于这 k_i 个对应于 λ_i 线性无关的特征向量，可利用施密特正交化将该向量组正交化，所得的 k_i 个正交向量组也一定是对应于 λ_i 的特征向量，由此，对于实对称阵每一个不同的特征值，利用定理 4.4.2，可得 $k_1+k_2+\cdots+k_m=n$ 个正交向量构成的向量组，单位化后它们仍是正交向量组，并且是单位向量组，按照将矩阵对角化的方法，一定有正交阵 $\boldsymbol{P}$，使得 $\boldsymbol{P}^{-1}\boldsymbol{AP}=\boldsymbol{\Lambda}$.

例 4.4.1　设实对称阵 $\boldsymbol{A}=\begin{bmatrix}2&0&0\\0&3&2\\0&2&3\end{bmatrix}$，求正交矩阵 $\boldsymbol{P}$，使 $\boldsymbol{P}^{-1}\boldsymbol{AP}=\boldsymbol{\Lambda}$.

解：令 $|\lambda\boldsymbol{E}-\boldsymbol{A}|=\begin{vmatrix}\lambda-2&&\\&\lambda-3&-2\\&-2&\lambda-3\end{vmatrix}=(\lambda-1)(\lambda-2)(\lambda-5)=0$，得 $\lambda_1=1,\lambda_2=2,\lambda_3=5$.

$\lambda_1=1$ 时，$\boldsymbol{\alpha}_1=\begin{bmatrix}0\\1\\-1\end{bmatrix}$；$\lambda_2=2$ 时，$\boldsymbol{\alpha}_2=\begin{bmatrix}1\\0\\0\end{bmatrix}$；$\lambda_3=5$ 时，$\boldsymbol{\alpha}_3=\begin{bmatrix}0\\1\\1\end{bmatrix}$.

将所得向量正交化、单位化得

$$\boldsymbol{\beta}_1=\begin{bmatrix}0\\\frac{1}{\sqrt{2}}\\-\frac{1}{\sqrt{2}}\end{bmatrix},\boldsymbol{\beta}_2=\begin{bmatrix}1\\0\\0\end{bmatrix},\boldsymbol{\beta}_3=\begin{bmatrix}0\\\frac{1}{\sqrt{2}}\\\frac{1}{\sqrt{2}}\end{bmatrix}.$$

令 $\boldsymbol{P}=\begin{bmatrix}0&1&0\\\frac{1}{\sqrt{2}}&0&\frac{1}{\sqrt{2}}\\-\frac{1}{\sqrt{2}}&0&\frac{1}{\sqrt{2}}\end{bmatrix}$，则有 $\boldsymbol{P}^{-1}\boldsymbol{AP}=\boldsymbol{P}^{\mathrm{T}}\boldsymbol{AP}=\begin{bmatrix}1&&\\&2&\\&&5\end{bmatrix}$.

例 4.4.2　$\boldsymbol{A}=\begin{bmatrix}1&-2&2\\-2&4&-4\\2&-4&4\end{bmatrix}$，求正交阵 $\boldsymbol{P}$，使得 $\boldsymbol{P}^{\mathrm{T}}\boldsymbol{AP}=\boldsymbol{\Lambda}$.

解　$|\lambda\boldsymbol{E}-\boldsymbol{A}|=\begin{vmatrix}\lambda-1&2&-2\\2&\lambda-4&4\\-2&4&\lambda-4\end{vmatrix}=\lambda^2(\lambda-9)=0\Rightarrow\lambda_1=\lambda_2=0,\lambda_3=9$.

$\lambda_1=\lambda_2=0$ 时，对应矩阵的基础解系为 $\boldsymbol{\alpha}_1=[2\quad1\quad0]^{\mathrm{T}},\boldsymbol{\alpha}_2=[-2\quad0\quad1]^{\mathrm{T}}$.

正交化：$\boldsymbol{\beta}_1=[2\ \ 1\ \ 0]^{\mathrm{T}},\boldsymbol{\beta}_2=\left[-\frac{2}{5}\ \ \frac{4}{5}\ \ 1\right]^{\mathrm{T}}$.

单位化：$\overline{\boldsymbol{\beta}}_1=\left[\frac{2}{\sqrt{5}}\ \ \frac{1}{\sqrt{5}}\ \ 0\right],\overline{\boldsymbol{\beta}}_2=\left[-\frac{2}{3\sqrt{5}}\ \ \frac{4}{3\sqrt{5}}\ \ \frac{5}{3\sqrt{5}}\right]$.

$\lambda_3=9$时，对应方程组的基础解系为$\boldsymbol{\alpha}_3=[1\ \ -2\ \ 2]^{\mathrm{T}},\overline{\boldsymbol{\beta}}_3=\left[\frac{1}{3}\ \ -\frac{2}{3}\ \ \frac{2}{3}\right]^{\mathrm{T}}$.

令$\boldsymbol{P}=\begin{bmatrix}\frac{2}{\sqrt{5}} & -\frac{2}{3\sqrt{5}} & \frac{1}{3}\\ \frac{1}{\sqrt{5}} & \frac{4}{3\sqrt{5}} & -\frac{2}{3}\\ 0 & \frac{5}{3\sqrt{5}} & \frac{2}{3}\end{bmatrix}$，则有$\boldsymbol{P}^{\mathrm{T}}\boldsymbol{AP}=\begin{bmatrix}0 & & \\ & 0 & \\ & & 9\end{bmatrix}$.

习　题　4

4.1 已知$\boldsymbol{a}_1=\begin{bmatrix}1\\-1\\1\end{bmatrix}$，$\boldsymbol{a}_2=\begin{bmatrix}1\\0\\2\end{bmatrix}$，求一非零向量$\boldsymbol{a}_3$，使其与$\boldsymbol{a}_1,\boldsymbol{a}_2$都正交.

4.2 试用施密特法把下列向量组正交化.

（1）$(\boldsymbol{a}_1,\boldsymbol{a}_2,\boldsymbol{a}_3)=\begin{bmatrix}1 & 0 & 1\\0 & 1 & 1\\1 & 1 & 0\end{bmatrix}$；（2）$(\boldsymbol{a}_1,\boldsymbol{a}_2,\boldsymbol{a}_3)=\begin{bmatrix}1 & 1 & -1\\0 & -1 & 1\\-1 & 0 & 1\\1 & 1 & 0\end{bmatrix}$.

4.3 下列矩阵是不是正交阵？

（1）$\begin{bmatrix}\frac{2}{\sqrt{3}} & -\frac{1}{2}\\ \frac{1}{2} & \frac{\sqrt{3}}{2}\end{bmatrix}$；（2）$\begin{bmatrix}1 & -\frac{1}{2} & \frac{1}{3}\\ -\frac{1}{2} & 1 & \frac{1}{2}\\ \frac{1}{3} & \frac{1}{2} & 1\end{bmatrix}$.

4.4 设$\boldsymbol{A}$与$\boldsymbol{B}$都是n阶正交阵，证明$\boldsymbol{AB}$也是正交阵.

4.5 若矩阵$\boldsymbol{A}$满足$\boldsymbol{A}^2+6\boldsymbol{A}+8\boldsymbol{E}=0$，且$\boldsymbol{A}^{\mathrm{T}}=\boldsymbol{A}$，证明$\boldsymbol{A}+3\boldsymbol{E}$是正交矩阵.

4.6 求下列矩阵的特征值和特征向量.

（1）$\begin{bmatrix}1 & -1\\2 & 4\end{bmatrix}$；（2）$\begin{bmatrix}1 & 2 & 3\\2 & 1 & 3\\3 & 3 & 6\end{bmatrix}$；（3）$\begin{bmatrix}2 & 1 & 0\\2 & 3 & 0\\-1 & 0 & 4\end{bmatrix}$.

4.7 设 $\boldsymbol{A}$ 为 n 阶方阵，证明 $\boldsymbol{A}^{\mathrm{T}}$ 与 $\boldsymbol{A}$ 的特征值相同.

4.8 设 n 阶矩阵 $\boldsymbol{A}$ 满足 $\boldsymbol{A}^2+\boldsymbol{A}-6\boldsymbol{E}=0$，证明 $\boldsymbol{A}$ 的特征值只能取 $2,-3$.

4.9 设 $\boldsymbol{A},\boldsymbol{B}$ 都是 n 阶方阵，$\boldsymbol{A}$ 与 $\boldsymbol{B}$ 相似，$\boldsymbol{A}^2=\boldsymbol{A}$，证明 $\boldsymbol{B}^2=\boldsymbol{B}$.

4.10 若设 $\boldsymbol{A}=\begin{bmatrix}2&0&0\\0&0&1\\0&1&x\end{bmatrix}$ 与 $\boldsymbol{B}=\begin{bmatrix}2&0&0\\0&y&1\\0&0&1\end{bmatrix}$ 相似，求 x 与 y.

4.11 若四阶矩阵 $\boldsymbol{A}$ 与 $\boldsymbol{B}$ 相似，矩阵 $\boldsymbol{A}$ 的特征值为 $\frac{1}{2},\frac{1}{3},\frac{1}{4},\frac{1}{5}$，求行列式 $\left|\boldsymbol{B}^{-1}-\boldsymbol{E}\right|$.

4.12 已知 3 阶行列式 $\boldsymbol{A}$ 的特征值为 1，2，3，求 $\left|\boldsymbol{A}^3-5\boldsymbol{A}^2+7\boldsymbol{A}\right|$.

4.13 已知 3 阶行列式 $\boldsymbol{A}$ 的特征值为 1，2，-3，求 $\left|\boldsymbol{A}^*+3\boldsymbol{A}+2\boldsymbol{E}\right|$.

4.14 设矩阵 $\boldsymbol{A}=\begin{bmatrix}-2&1&1\\0&2&0\\-4&1&3\end{bmatrix}$.（1）求矩阵 $\boldsymbol{A}$ 的特征值与特征向量；（2）判别矩阵 $\boldsymbol{A}$ 能否对角化.

4.15 试求一个正交的相似变换矩阵，将下列对称矩阵化为对角阵.

（1）$\begin{bmatrix}2&0&0\\0&3&2\\0&2&3\end{bmatrix}$；（2）$\begin{bmatrix}1&-2&2\\2&4&-4\\2&-4&4\end{bmatrix}$.

4.16 设 $\boldsymbol{P}^{-1}\boldsymbol{A}\boldsymbol{P}=\boldsymbol{\Lambda}$，其中 $\boldsymbol{P}=\begin{bmatrix}1&2&1\\0&1&-2\\0&2&1\end{bmatrix}$，$\boldsymbol{\Lambda}=\begin{bmatrix}1&0&0\\0&5&0\\0&0&5\end{bmatrix}$，求 $\boldsymbol{A}^{10}$.

4.17 设 3 阶实对称矩阵 $\boldsymbol{A}$ 的各行元素之和均为 3，向量 $\boldsymbol{\alpha}_1=(-1,2,-1)^{\mathrm{T}}$，$\boldsymbol{\alpha}_2=(0,-1,1)^{\mathrm{T}}$ 是线性方程组 $\boldsymbol{A}\boldsymbol{x}=0$ 的两个解.

（1）求 $\boldsymbol{A}$ 的特征值与特征向量；

（2）求正交矩阵 $\boldsymbol{P}$ 和对角矩阵 $\boldsymbol{\Lambda}$，使 $\boldsymbol{P}^{-1}\boldsymbol{A}\boldsymbol{P}=\boldsymbol{\Lambda}$；

（3）求 $\boldsymbol{A}$.

4.18 试证实对称矩阵相似的充要条件是它们有相同的特征值.

第5章　二　次　型

本章主要介绍二次型及其矩阵表示，二次型的标准形、规范形的概念，并介绍用配方法、正交变换法化二次型为标准形，二次型的正定性及其判别法.

5.1　二次型及其矩阵表示

5.1.1　二次型

定义 5.1.1　含有 n 个变量 $x_1,x_2,\cdots,x_n$ 的二次齐次函数

$$\begin{aligned} f(x_1,x_2,\cdots,x_n) = & a_{11}x_1^2 + 2a_{12}x_1x_2 + 2a_{13}x_1x_3 + \cdots + 2a_{1n}x_1x_n + \\ & a_{22}x_2^2 + 2a_{23}x_2x_3 + \cdots + 2a_{2n}x_2x_n + \\ & \cdots\cdots \\ & a_{nn}x_n^2 \end{aligned} \tag{5.1.1}$$

称为二次型.

当 a_{ij} 为实数时，f 称为实二次型；当 a_{ij} 为复数时，f 称为复二次型. 这里，我们仅讨论实二次型.

取 $a_{ij}=a_{ji}$，于是上式可写成

$$\begin{aligned} f(x_1,x_2,\cdots,x_n) = & a_{11}x_1^2 + a_{12}x_1x_2 + \cdots + a_{1n}x_1x_n + \\ & a_{21}x_2x_1 + a_{22}x_2^2 + \cdots + a_{2n}x_2x_n + \\ & \cdots\cdots \\ & a_{n1}x_nx_1 + a_{n2}x_nx_2 + \cdots + a_{nn}x_n^2 \\ = & \sum_{i=1}^{n}\sum_{j=1}^{n} a_{ij}x_ix_j. \end{aligned} \tag{5.1.2}$$

5.1.2　矩阵表示

利用矩阵，二次型可表示为

$$\begin{aligned}f(x_1,x_2,\cdots,x_n)&=x_1(a_{11}x_1+a_{12}x_2+\cdots+a_{1n}x_n)+\\&\quad x_2(a_{21}x_1+a_{22}x_2+\cdots+a_{2n}x_n)+\\&\quad\cdots\cdots\\&\quad x_n(a_{n1}x_1+a_{n2}x_2+\cdots+a_{nn}x_n)\\&=(x_1,x_2,\cdots,x_n)\begin{pmatrix}a_{11}x_1+a_{12}x_2+\cdots+a_{1n}x_n\\a_{21}x_1+a_{22}x_2+\cdots+a_{2n}x_n\\\vdots\\a_{n1}x_1+a_{n2}x_2+\cdots+a_{nn}x_n\end{pmatrix}\\&=(x_1,x_2,\cdots,x_n)\begin{bmatrix}a_{11}&a_{12}&\cdots&a_{1n}\\a_{21}&a_{22}&\cdots&a_{2n}\\\vdots&\vdots&\ddots&\vdots\\a_{n1}&a_{n2}&\cdots&a_{nn}\end{bmatrix}\begin{bmatrix}x_1\\x_2\\\vdots\\x_n\end{bmatrix}\end{aligned}$$

记

$$\boldsymbol{A}=\begin{bmatrix}a_{11}&a_{12}&\cdots&a_{1n}\\a_{21}&a_{22}&\cdots&a_{2n}\\\vdots&\vdots&\ddots&\vdots\\a_{n1}&a_{n2}&\cdots&a_{nn}\end{bmatrix},\quad \boldsymbol{x}=\begin{bmatrix}x_1\\x_2\\\vdots\\x_n\end{bmatrix}$$

则二次型可记为

$$f=\boldsymbol{x}^{\mathrm{T}}\boldsymbol{A}\boldsymbol{x} \tag{5.1.3}$$

其中 $\boldsymbol{A}$ 为对称矩阵.

例 5.1.1 把二次型 $f=x_1x_2-x_1x_3+2x_2x_3+x_4^2$ 用矩阵记号表示出来.

解: $$f=(x_1,x_2,x_3,x_4)\begin{bmatrix}0&\frac{1}{2}&-\frac{1}{2}&0\\\frac{1}{2}&0&1&0\\-\frac{1}{2}&1&0&0\\0&0&0&1\end{bmatrix}\begin{bmatrix}x_1\\x_2\\x_3\\x_4\end{bmatrix}.$$

例 5.1.2 写出矩阵 $\boldsymbol{A}=\begin{bmatrix}0&1&\frac{1}{2}&-\frac{3}{2}\\1&0&-1&-1\\\frac{1}{2}&-1&0&3\\-\frac{3}{2}&-1&3&0\end{bmatrix}$ 所对应的二次型.

解： $f(x_1,x_2,x_3,x_4)=2x_1x_2+x_1x_3-3x_1x_4-2x_2x_3-2x_2x_4+6x_3x_4$.

任给一个二次型，就唯一地确定一个对称矩阵；反之，任给一个对称矩阵，也可唯一地确定一个二次型．这样，二次型与对称矩阵之间存在一一对应的关系．因此，我们把对称矩阵 $\boldsymbol{A}$ 称为二次型 f 的矩阵，也把 f 称为对称矩阵 $\boldsymbol{A}$ 的二次型．对称矩阵 $\boldsymbol{A}$ 的秩就称为二次型 f 的秩．

例 5.1.3 已知二次型 $f=5x^2-2xy+6xz+5y^2-6yz+cz^2$ 的秩为 2，求参数 c .

解： 二次型的矩阵为

$$\boldsymbol{A}=\begin{bmatrix}5 & -1 & 3\\ -1 & 5 & -3\\ 3 & -3 & c\end{bmatrix}$$

对 $\boldsymbol{A}$ 做初等变换：

$$\boldsymbol{A}\to\begin{bmatrix}-1 & 5 & -3\\ 5 & -1 & 3\\ 3 & -3 & c\end{bmatrix}\to\begin{bmatrix}-1 & 5 & -3\\ 0 & 24 & -12\\ 0 & 12 & c-9\end{bmatrix}$$

因为 $R(\boldsymbol{A})=2$ ，得到 $c-9=-6$ ，即 $c=3$.

5.2　二次型的标准形与规范形

5.2.1　标准形

定义 5.2.1 如果二次型中只含有变量的平方项，所有混合项 $y_iy_j(i\neq j)$ 的系数全是零，即

$$f=k_1y_1^2+k_2y_2^2+\cdots+k_ny_n^2 \tag{5.1.4}$$

其中 $k_i(i=1,2,\cdots,n)$ 为实数，则称其为二次型的标准形.

标准形的矩阵为对角矩阵，即

$$\begin{bmatrix}k_1 & & & \\ & k_2 & & \\ & & \ddots & \\ & & & k_n\end{bmatrix}$$

对二次型 $f\left(x_1,x_2,\cdots,x_n\right)$ 引进新的变量 $y_1,y_2,\cdots,y_n$ ，并且把 $x_1,x_2,\cdots,x_n$ 表示为它们的一次线性函数

$$\begin{cases}x_1=c_{11}y_1+c_{12}y_2+\cdots+c_{1n}y_n\\ x_2=c_{21}y_1+c_{22}y_2+\cdots+c_{2n}y_n\\ \qquad\vdots\\ x_n=c_{n1}y_1+c_{n2}y_2+\cdots+c_{nn}y_n\end{cases} \tag{5.1.5}$$

代入 $f(x_1,x_2,\cdots,x_n)$，得到 $y_1,y_2,\cdots,y_n$ 的二次型 $g(y_1,y_2,\cdots,y_n)$，把上述过程称为对二次型 $f(x_1,x_2,\cdots,x_n)$ 做了线性变换，如果其中的系数矩阵

$$\boldsymbol{c}=\begin{bmatrix} c_{11} & c_{12} & \cdots & c_{1n} \\ c_{21} & c_{22} & \cdots & c_{2n} \\ \vdots & \vdots & \ddots & \vdots \\ c_{n1} & c_{n2} & \cdots & c_{nn} \end{bmatrix}$$

是可逆矩阵，则称为可逆线性变换.

上述可逆线性变换式(5.1.5)可记为

$$\boldsymbol{x}=\boldsymbol{C}\boldsymbol{y}$$

其中 $\boldsymbol{y}=(y_1,y_2,\cdots,y_n)^{\mathrm{T}}$，有

$$g(y_1,y_2,\cdots,y_n)=f(x_1,x_2,\cdots,x_n)=\boldsymbol{x}^{\mathrm{T}}\boldsymbol{A}\boldsymbol{x}=\boldsymbol{y}^{\mathrm{T}}\boldsymbol{C}^{\mathrm{T}}\boldsymbol{A}\boldsymbol{C}\boldsymbol{y}$$

于是 $\boldsymbol{C}^{\mathrm{T}}\boldsymbol{A}\boldsymbol{C}$ 就是 $g(y_1,y_2,\cdots,y_n)$ 对应的矩阵.

定义 5.2.2 两个 n 阶实对称矩阵 $\boldsymbol{A}$ 和 $\boldsymbol{B}$，如果存在可逆实矩阵 $\boldsymbol{C}$，使得 $\boldsymbol{B}=\boldsymbol{C}^{\mathrm{T}}\boldsymbol{A}\boldsymbol{C}$，则称 $\boldsymbol{A}$ 与 $\boldsymbol{B}$ 合同，记为 $\boldsymbol{A}\simeq\boldsymbol{B}$.

显然，若 $\boldsymbol{A}$ 为对称矩阵，则 $\boldsymbol{B}=\boldsymbol{C}^{\mathrm{T}}\boldsymbol{A}\boldsymbol{C}$ 也是对称矩阵，且 $R(\boldsymbol{A})=R(\boldsymbol{B})$. 事实上，

$$\boldsymbol{B}^{\mathrm{T}}=(\boldsymbol{C}^{\mathrm{T}}\boldsymbol{A}\boldsymbol{C})^{\mathrm{T}}=\boldsymbol{C}^{\mathrm{T}}\boldsymbol{A}^{\mathrm{T}}\boldsymbol{C}=\boldsymbol{C}^{\mathrm{T}}\boldsymbol{A}\boldsymbol{C}=\boldsymbol{B}$$

即 $\boldsymbol{B}$ 为对称矩阵. 又因 $\boldsymbol{B}=\boldsymbol{C}^{\mathrm{T}}\boldsymbol{A}\boldsymbol{C}$，而 $\boldsymbol{C}$ 可逆，从而 $\boldsymbol{C}^{\mathrm{T}}$ 也可逆，由矩阵秩的性质即知 $R(\boldsymbol{A})=R(\boldsymbol{B})$.

由此可知，经可逆变换 $\boldsymbol{x}=\boldsymbol{C}\boldsymbol{y}$ 后，二次型 f 的矩阵由 $\boldsymbol{A}$ 变为与 $\boldsymbol{A}$ 合同的矩阵 $\boldsymbol{C}^{\mathrm{T}}\boldsymbol{A}\boldsymbol{C}$，且二次型的秩不变.

矩阵的合同关系具有：(i)反身性；(ii)对称性；(iii)传递性. 证明如下.

(i) 反身性. 因为 $\boldsymbol{A}=\boldsymbol{E}^{\mathrm{T}}\boldsymbol{A}\boldsymbol{E}$，所以 $\boldsymbol{A}\simeq\boldsymbol{A}$.

(ii) 对称性. 如果 $\boldsymbol{A}\simeq\boldsymbol{B}$，即存在可逆矩阵 $\boldsymbol{P}$，使 $\boldsymbol{P}^{\mathrm{T}}\boldsymbol{A}\boldsymbol{P}=\boldsymbol{B}$，则 $(\boldsymbol{P}^{\mathrm{T}})^{-1}\boldsymbol{B}\boldsymbol{P}^{-1}=\boldsymbol{A}$，而 $(\boldsymbol{P}^{\mathrm{T}})^{-1}=(\boldsymbol{P}^{-1})^{\mathrm{T}}$，所以 $(\boldsymbol{P}^{\mathrm{T}})^{-1}\boldsymbol{B}\boldsymbol{P}^{-1}=\boldsymbol{A}$，即 $\boldsymbol{B}\simeq\boldsymbol{A}$.

(iii) 传递性. 如果 $\boldsymbol{A}\simeq\boldsymbol{B}$，$\boldsymbol{B}\simeq\boldsymbol{C}$，即存在可逆矩阵 $\boldsymbol{P},\boldsymbol{Q}$，使 $\boldsymbol{P}^{\mathrm{T}}\boldsymbol{A}\boldsymbol{P}=\boldsymbol{B},\ \boldsymbol{Q}^{\mathrm{T}}\boldsymbol{B}\boldsymbol{Q}=\boldsymbol{C}$. 所以 $\boldsymbol{Q}^{\mathrm{T}}\boldsymbol{P}^{\mathrm{T}}\boldsymbol{A}\boldsymbol{P}\boldsymbol{Q}=\boldsymbol{C}$，即 $(\boldsymbol{P}\boldsymbol{Q})^{\mathrm{T}}\boldsymbol{A}\boldsymbol{P}\boldsymbol{Q}=\boldsymbol{C}$，所以 $\boldsymbol{A}\simeq\boldsymbol{C}$.

要使二次型 f 经可逆变换 $\boldsymbol{x}=\boldsymbol{C}\boldsymbol{y}$ 变成标准形，就是要使

$$\begin{aligned}\boldsymbol{y}^{\mathrm{T}}\boldsymbol{C}^{\mathrm{T}}\boldsymbol{A}\boldsymbol{C}\boldsymbol{y}&=k_1\boldsymbol{y}_1^2+k_2\boldsymbol{y}_2^2+\cdots+k_n\boldsymbol{y}_n^2\\&=(y_1,y_2,\cdots,y_n)\begin{bmatrix} k_1 & & & \\ & k_2 & & \\ & & \ddots & \\ & & & k_n \end{bmatrix}\begin{bmatrix} y_1 \\ y_1 \\ \vdots \\ y_1 \end{bmatrix}\end{aligned}$$

也就是要使 $\boldsymbol{C}^{\mathrm{T}}\boldsymbol{A}\boldsymbol{C}$ 成为对角矩阵. 因此，我们的主要问题就是对于对角矩阵 $\boldsymbol{A}$，寻求可逆矩阵 $\boldsymbol{C}$，使得 $\boldsymbol{C}^{\mathrm{T}}\boldsymbol{A}\boldsymbol{C}$ 为对角矩阵.

由上一章内容可知，对于任给的对角矩阵 $\boldsymbol{A}$，总有正交矩阵 $\boldsymbol{P}$，使得 $\boldsymbol{P}^{-1}\boldsymbol{A}\boldsymbol{P}=\boldsymbol{\Lambda}$，即 $\boldsymbol{P}^{\mathrm{T}}\boldsymbol{A}\boldsymbol{P}=\boldsymbol{\Lambda}$. 把此结论应用于二次型，即有如下定理.

定理 5.2.1 对任意 n 元实二次型 $f=\sum_{i=1}^{n}\sum_{j=1}^{n}a_{ij}x_ix_j=\boldsymbol{x}^{\mathrm{T}}\boldsymbol{A}\boldsymbol{x}\ (a_{ij}=a_{ji})$，存在正交线性变换 $\boldsymbol{x}=\boldsymbol{P}\boldsymbol{y}$，使二次型 f 化为标准形

$$f=\lambda_1y_1^2+\lambda_2y_2^2+\cdots+\lambda_ny_n^2$$

其中 $\lambda_1,\lambda_2,\cdots,\lambda_n$ 是 $\boldsymbol{A}$ 的 n 个特征值.

我们把这种标准形称为二次型 $f=\boldsymbol{x}^{\mathrm{T}}\boldsymbol{A}\boldsymbol{x}$ 的相似标准形，它的 n 个系数就是对称矩阵 $\boldsymbol{A}$ 的 n 个特征值.

例 5.2.1 用正交变换把 $f=3x_1^2+3x_3^2+4x_1x_2+8x_1x_3+4x_2x_3$ 化为标准形.

解：二次型的矩阵为

$$\boldsymbol{A}=\begin{bmatrix}3&2&4\\2&0&2\\4&2&3\end{bmatrix}$$

它对应的特征多项式为

$$\begin{aligned}|\boldsymbol{A}-\lambda\boldsymbol{E}|&=\begin{vmatrix}\lambda-3&-2&-4\\-2&\lambda&-2\\-4&-2&\lambda-3\end{vmatrix}=\begin{vmatrix}\lambda+1&-2&-4\\0&\lambda&-2\\-\lambda-1&-2&\lambda-3\end{vmatrix}\\&=\begin{vmatrix}\lambda+1&-2&-4\\0&\lambda&-2\\0&-4&\lambda-7\end{vmatrix}=(\lambda+1)\begin{vmatrix}\lambda&-2\\-4&\lambda-7\end{vmatrix}\\&=(\lambda+1)^2(\lambda-8).\end{aligned}$$

于是 $\boldsymbol{A}$ 的特征值为 $\lambda_1=8,\ \lambda_2=\lambda_3=-1$.

当 $\lambda_1=8$ 时，由

$$8\boldsymbol{E}-\boldsymbol{A}=\begin{bmatrix}5&-2&-4\\-2&8&-2\\-4&-2&5\end{bmatrix}\to\begin{bmatrix}1&0&-1\\0&1&-\frac{1}{2}\\0&0&0\end{bmatrix}$$

得基础解系 $\boldsymbol{x}_1=\begin{bmatrix}2\\1\\2\end{bmatrix}$，单位化即得 $\boldsymbol{p}_1=\begin{bmatrix}\frac{2}{3}\\\frac{1}{3}\\\frac{2}{3}\end{bmatrix}$.

当$\lambda_2=\lambda_3=-1$时，由

$$-\boldsymbol{E}-\boldsymbol{A}=\begin{bmatrix}-4&-2&-4\\-2&-1&-2\\-4&-2&-4\end{bmatrix}\to\begin{bmatrix}2&1&2\\0&0&0\\0&0&0\end{bmatrix}$$

可得正交的基础解系$\boldsymbol{x}_2=\begin{bmatrix}1\\0\\-1\end{bmatrix}$，$\boldsymbol{x}_3=\begin{bmatrix}1\\-4\\1\end{bmatrix}$，单位化即得

$$\boldsymbol{p}_2=\begin{bmatrix}\frac{\sqrt{2}}{2}\\0\\-\frac{\sqrt{2}}{2}\end{bmatrix},\quad \boldsymbol{p}_3=\begin{bmatrix}\frac{\sqrt{2}}{6}\\-\frac{2\sqrt{2}}{3}\\\frac{\sqrt{2}}{6}\end{bmatrix}.$$

于是正交变换矩阵为

$$\boldsymbol{P}=\begin{bmatrix}\frac{2}{3}&\frac{\sqrt{2}}{2}&\frac{\sqrt{2}}{6}\\\frac{1}{3}&0&-\frac{2\sqrt{2}}{3}\\\frac{2}{3}&-\frac{\sqrt{2}}{2}&\frac{\sqrt{2}}{6}\end{bmatrix}.$$

经正交变换$\boldsymbol{x}=\boldsymbol{P}\boldsymbol{y}$后，二次型化为标准形

$$f=8y_1^2-y_2^2-y_3^2.$$

以上所介绍的求二次型$f=\boldsymbol{x}^{\mathrm{T}}\boldsymbol{A}\boldsymbol{x}$的标准形的方法是：先求出对称矩阵$\boldsymbol{A}$的所有特征值$\lambda_1,\lambda_2,\cdots,\lambda_n$，再求出$n$个两两正交的单位特征向量组$\boldsymbol{p}_1,\boldsymbol{p}_2,\cdots,\boldsymbol{p}_n$，把它们拼成正交矩阵$\boldsymbol{P}$，就有$\boldsymbol{P}^{-1}\boldsymbol{A}\boldsymbol{P}=\boldsymbol{P}^{\mathrm{T}}\boldsymbol{A}\boldsymbol{P}=\boldsymbol{\Lambda}$，其中$\boldsymbol{\Lambda}$是对角元为实数$\lambda_1,\lambda_2,\cdots,\lambda_n$的对角矩阵．实际上，这就是找正交变换$\boldsymbol{x}=\boldsymbol{P}\boldsymbol{y}$，把原二次型化为标准形．我们把这种方法称为正交变换法．

实际上，对于给定的二次型$f=\boldsymbol{x}^{\mathrm{T}}\boldsymbol{A}\boldsymbol{x}$，未必要通过上述正交变换，而可用可逆线性变换$\boldsymbol{x}=\boldsymbol{Q}\boldsymbol{y}$，$\boldsymbol{Q}$为可逆矩阵，使得

$$\boldsymbol{Q}^{\mathrm{T}}\boldsymbol{A}\boldsymbol{Q}=\begin{bmatrix}k_1&&&\\&k_2&&\\&&\ddots&\\&&&k_n\end{bmatrix}=\boldsymbol{\Lambda}$$

来得到标准形$f=\boldsymbol{x}^{\mathrm{T}}\boldsymbol{A}\boldsymbol{x}$.

我们把这种标准形称为二次型$f=\boldsymbol{x}^{\mathrm{T}}\boldsymbol{A}\boldsymbol{x}$的合同标准形，它的$n$个系数不一定是对称矩阵$\boldsymbol{A}$的特征值.

常用的方法之一是用配方法求出它的合同标准形．下面举例来说明这种方法．

例 5.2.2 用配方法化二次型 $f = x_1x_2 - x_2x_3$ 为标准形，并求所用的变换矩阵．

解： 令

$$\begin{cases} x_1 = y_1 + y_2 \\ x_2 = y_1 - y_2 \\ x_3 = \qquad 2y_3 \end{cases}$$

记 $\boldsymbol{x} = \boldsymbol{C}_1\boldsymbol{y}$， $\boldsymbol{C}_1 = \begin{bmatrix} 1 & 1 & 0 \\ 1 & -1 & 0 \\ 0 & 0 & 2 \end{bmatrix}$，得到

$$\begin{aligned} f &= (y_1 + y_2)(y_1 - y_2) - 2(y_1 - y_2)y_3 \\ &= {y_1}^2 - {y_2}^2 - 2y_1y_3 + 2y_2y_3 \\ &= {y_1}^2 - 2y_1y_3 + {y_3}^2 + 2y_2y_3 - {y_2}^2 - {y_3}^2 \\ &= (y_1 - y_3)^2 - (y_2^2 - 2y_2y_3 + y_3^2) \\ &= (y_1 - y_3)^2 - (y_2 - y_3)^2 \end{aligned}$$

令

$$\begin{cases} z_1 = y_1 \quad -y_3 \\ z_2 = \quad y_2 - y_3 \\ z_3 = \qquad y_3 \end{cases}$$

即得标准形为

$$f = {z_1}^2 - {z_2}^2 .$$

记 $\boldsymbol{y} = \boldsymbol{C}_2\boldsymbol{z}, \boldsymbol{z} = \boldsymbol{C}_2^{-1}\boldsymbol{y}$

$$\boldsymbol{C}_2^{-1} = \begin{bmatrix} 1 & 0 & -1 \\ 0 & 1 & -1 \\ 0 & 0 & 1 \end{bmatrix}$$

即

$$\boldsymbol{C}_2 = \begin{bmatrix} 1 & 0 & 1 \\ 0 & 1 & 1 \\ 0 & 0 & 1 \end{bmatrix}$$

$$\boldsymbol{x} = \boldsymbol{C}_1\boldsymbol{C}_2\boldsymbol{z} .$$

记 $\boldsymbol{x} = \boldsymbol{C}\boldsymbol{z}$，可逆变换矩阵

$$\boldsymbol{C} = \boldsymbol{C}_1\boldsymbol{C}_2 = \begin{bmatrix} 1 & 1 & 0 \\ 1 & -1 & 0 \\ 0 & 0 & 2 \end{bmatrix}\begin{bmatrix} 1 & 0 & 1 \\ 0 & 1 & 1 \\ 0 & 0 & 1 \end{bmatrix} = \begin{bmatrix} 1 & 1 & 2 \\ 1 & -1 & 0 \\ 0 & 0 & 2 \end{bmatrix}.$$

5.2.2　规范形

我们要指出一个重要事实：不管是通过哪一种方法得到的标准形，都可以进一步化简．先看一个实例．

对于三元标准二次型 $f = 2_1 y_1^2 - 3y_2^2 + 0{y_3}^2$，经过可逆线性变换 $z_1 = \sqrt{2} y_1$，$z_2 = \sqrt{3} y_2$，$z_3 = y_3$，必可变为 $f = {z_1}^2 - {z_2}^2$．换成矩阵的说法，它就是

$$\begin{bmatrix} \frac{2}{\sqrt{2}} & 0 & 0 \\ 0 & \frac{2}{\sqrt{3}} & 0 \\ 0 & 0 & 1 \end{bmatrix} \begin{bmatrix} 2 & 0 & 0 \\ 0 & -3 & 0 \\ 0 & 0 & 0 \end{bmatrix} \begin{bmatrix} \frac{1}{\sqrt{2}} & 0 & 0 \\ 0 & \frac{1}{\sqrt{3}} & 0 \\ 0 & 0 & 1 \end{bmatrix} = \begin{bmatrix} 1 & 0 & 0 \\ 0 & -1 & 0 \\ 0 & 0 & 0 \end{bmatrix}.$$

这是一种最简单的标准形，它只含变量的平方项，而且其系数只可能是 $1,-1,0$．

定义 5.2.3　如果标准形的系数 $k_i (i = 1,2,\cdots,n)$ 只在 $1,-1,0$ 三个数中取值，即

$$f(x_1, x_2, \cdots, x_n) = x_1^2 + \cdots + x_p^2 - x_{p+1}^2 - \cdots - x_r^2 \tag{5.1.6}$$

则称这样的二次型为规范形．

规范形的矩阵为规范对角矩阵，即

$$\begin{bmatrix} E_p & 0 & 0 \\ 0 & -E_q & 0 \\ 0 & 0 & 0 \end{bmatrix}$$

其中 $q = r - p$．

推论　对任意 n 元实二次型 $f = \boldsymbol{x}^{\mathrm{T}} \boldsymbol{A} \boldsymbol{x}$，存在可逆线性变换 $\boldsymbol{x} = \boldsymbol{C} \boldsymbol{z}$，使二次型 f 化为规范形．

证：按定理 5.2.1，有

$$f(\boldsymbol{P}\boldsymbol{y}) = \boldsymbol{y}^{\mathrm{T}} \boldsymbol{\Lambda} \boldsymbol{y} = \lambda_1 y_1^2 + \lambda_2 y_2^2 + \cdots + \lambda_n y_n^2 .$$

设二次型 f 的秩为 r，则特征值 λ_i 中恰有 r 个不为 0，不妨设 $\lambda_1, \cdots, \lambda_r \neq 0$，$\lambda_{r+1}, \cdots, \lambda_n = 0$，令

$$\boldsymbol{K} = \begin{bmatrix} k_1 & & & \\ & k_2 & & \\ & & \ddots & \\ & & & k_n \end{bmatrix}, \qquad 其中 k_i = \begin{cases} \frac{1}{\sqrt{|\lambda_i|}}, & i \leqslant r \\ 1, & i > r \end{cases}$$

则 $\boldsymbol{K}$ 可逆，变换 $\boldsymbol{y} = \boldsymbol{K} \boldsymbol{z}$，把 $f(\boldsymbol{P}\boldsymbol{y})$ 化为

$$f(\boldsymbol{P}\boldsymbol{K}\boldsymbol{z}) = \boldsymbol{z}^{\mathrm{T}} \boldsymbol{K}^{\mathrm{T}} \boldsymbol{P}^{\mathrm{T}} \boldsymbol{A} \boldsymbol{P} \boldsymbol{K} \boldsymbol{z} = \boldsymbol{z}^{\mathrm{T}} \boldsymbol{K}^{\mathrm{T}} \boldsymbol{\Lambda} \boldsymbol{K} \boldsymbol{z}$$

而 $\boldsymbol{K}^{\mathrm{T}} \boldsymbol{\Lambda} \boldsymbol{K} = \mathrm{diag}\left(\frac{\lambda_1}{|\lambda_1|}, \cdots, \frac{\lambda_r}{|\lambda_r|}, 0, \cdots, 0 \right)$．

记 $\boldsymbol{C}=\boldsymbol{PK}$，即知可逆变换 $\boldsymbol{x}=\boldsymbol{Cz}$，使二次型 f 化为规范形

$$f(\boldsymbol{Cz})=\frac{\lambda_1}{|\lambda_1|}z_1{}^2+\cdots+\frac{\lambda_r}{|\lambda_r|}z_r{}^2$$

用实例所述方法，不难理解，对于给定的二次型 $f=\boldsymbol{x}^{\mathrm{T}}\boldsymbol{Ax}$，不论是用什么方法得到一个标准形

$$f=k_1x_1^2+\cdots+k_px_p^2+k_{p+1}x_{p+1}^2\cdots+k_rx_r^2+k_{r+1}x_{r+1}^2+\cdots+k_nx_n^2$$

如果其中的系数 $k_1,\cdots,k_p$ 都是正数，$k_{p+1},\cdots,k_r$ 都是负数，$k_{r+1}=\cdots=k_n=0$，那么，经过可逆变换

$$z_i=\sqrt{k_i}y_i,i=1,\cdots,p\,,\quad z_j=\sqrt{-k_j}y_j,j=p+1,\cdots,r\,,\quad z_l=y_l,l=r+1,\cdots,n$$

就可把上述标准形化为规范形 $f=z_1^2+\cdots+z_p^2-z_{p+1}^2-\cdots-z_r^2$.

5.3 正定二次型

5.3.1 惯性定理

规范形可以根据标准形中系数的正、负性和零，不需要任何计算，就可直接写出来. 对于给定的 n 元二次型 $f=\boldsymbol{x}^{\mathrm{T}}\boldsymbol{Ax}$，它的标准形不是由 $\boldsymbol{A}$ 唯一确定的. 那么自然要问：它的规范形是否由 $\boldsymbol{A}$ 唯一确定呢？

定理 5.3.1（**惯性定理**）实二次型 $f=\boldsymbol{x}^{\mathrm{T}}\boldsymbol{Ax}$ 的秩为 r，$\boldsymbol{x}=\boldsymbol{Cy}$ 及 $\boldsymbol{x}=\boldsymbol{Pz}$ 是两个可逆变换，使二次型 $f=\boldsymbol{x}^{\mathrm{T}}\boldsymbol{Ax}$ 化为标准形

$$f=k_1y_1^2+k_2y_2^2+\cdots+k_ry_r^2\ \ (k_i\neq 0)$$

及

$$f=\lambda_1z_1^2+\lambda_2z_2^2+\cdots+\lambda_rz_r^2\ \ (\lambda_i\neq 0)$$

则 $k_1,k_2,\cdots,k_r$ 中正数的个数与 $\lambda_1,\lambda_2,\cdots,\lambda_r$ 中正数的个数相等.

定义 5.3.1　二次型 $f=\boldsymbol{x}^{\mathrm{T}}\boldsymbol{Ax}$ 的标准形中正系数个数称为 f 的正惯性指数，负系数个数称为负惯性指数. 正惯性指数与负惯性指数之差称为符号差.

若二次型 $f=\boldsymbol{x}^{\mathrm{T}}\boldsymbol{Ax}$ 的正惯性指数为 p，秩为 r，则 $f=\boldsymbol{x}^{\mathrm{T}}\boldsymbol{Ax}$ 的规范形便可确定为

$$f=z_1^2+\cdots+z_p^2-z_{p+1}^2-\cdots-z_r^2\,.$$

对于给定的 n 元二次型 $f=\boldsymbol{x}^{\mathrm{T}}\boldsymbol{Ax}$，它的规范形由 $\boldsymbol{A}$ 唯一确定.

定理 5.3.2　对称矩阵 $\boldsymbol{A}$ 与 $\boldsymbol{B}$ 合同当且仅当它们有相同的秩和相同的正惯性指数.

例 5.3.1　以下4个矩阵中，哪些是合同矩阵？

$$A=\begin{bmatrix}-1&0&0\\0&3&0\\0&0&-2\end{bmatrix},\quad B=\begin{bmatrix}-1&0&0\\0&1&0\\0&0&1\end{bmatrix},\quad C=\begin{bmatrix}1&0&0\\0&-2&0\\0&0&-3\end{bmatrix},\quad D=\begin{bmatrix}3&0&0\\0&2&0\\0&0&-5\end{bmatrix}.$$

解: 这4个方阵的秩都同为3，因为 $\boldsymbol{A}$ 与 $\boldsymbol{C}$ 的正惯性指数同为1，所以 $\boldsymbol{A}$ 与 $\boldsymbol{C}$ 合同. 因为 $\boldsymbol{B}$ 与 $\boldsymbol{D}$ 的正惯性指数同为2，所以 $\boldsymbol{B}$ 与 $\boldsymbol{D}$ 合同.

5.3.2　正定二次型与正定矩阵

定义 5.3.2　n 元实二次型 $f=\boldsymbol{x}^{\mathrm{T}}\boldsymbol{A}\boldsymbol{x}$ 和对应的 n 阶实对称矩阵 $\boldsymbol{A}$，可分成以下五类:

（1）如果对于任何非零实列向量 $\boldsymbol{x}$，都有 $\boldsymbol{x}^{\mathrm{T}}\boldsymbol{A}\boldsymbol{x}>0$，则称 f 为正定二次型，称 $\boldsymbol{A}$ 为正定矩阵.

（2）如果对于任何实列向量 $\boldsymbol{x}$，都有 $\boldsymbol{x}^{\mathrm{T}}\boldsymbol{A}\boldsymbol{x}\geqslant 0$，则称 f 为半正定二次型，称 $\boldsymbol{A}$ 为半正定矩阵.

（3）如果对于任何非零实列向量 $\boldsymbol{x}$，都有 $\boldsymbol{x}^{\mathrm{T}}\boldsymbol{A}\boldsymbol{x}<0$，则称 f 为负定二次型，称 $\boldsymbol{A}$ 为负定矩阵.

（4）如果对于任何实列向量 $\boldsymbol{x}$，都有 $\boldsymbol{x}^{\mathrm{T}}\boldsymbol{A}\boldsymbol{x}\leqslant 0$，则称 f 为半负定二次型，称 $\boldsymbol{A}$ 为半负定矩阵.

（5）其他的实二次型称为不定二次型，其他的实对称矩阵称为不定矩阵.

定理 5.3.3　二次型 $f=\boldsymbol{x}^{\mathrm{T}}\boldsymbol{A}\boldsymbol{x}$ 为正定的充分必要条件是：它的标准形的 n 个系数全为正，即它的正惯性指数等于 n.

证： 设可逆变换 $\boldsymbol{x}=\boldsymbol{C}\boldsymbol{y}$，使

$$f(\boldsymbol{x})=f(\boldsymbol{C}\boldsymbol{y})=k_1y_1^2+k_2y_2^2+\cdots+k_ny_n^2\ .$$

先证充分性. 设 $k_i>0(i=1,2,\cdots,n)$. 任给 $\boldsymbol{x}\neq 0$，则 $\boldsymbol{y}=\boldsymbol{C}^{-1}\boldsymbol{x}\neq 0$，故

$$f(\boldsymbol{x})=k_1y_1^2+k_2y_2^2+\cdots+k_ny_n^2>0\ .$$

再证必要性. 用反证法，假设有 $k_s\leqslant 0$，则当 $\boldsymbol{y}=\boldsymbol{e}_s$（单位坐标向量）时，$f(\boldsymbol{C}\boldsymbol{e}_s)k_s\leqslant 0$. 显然 $\boldsymbol{C}\boldsymbol{e}_s\neq 0$，这与 f 为正定相矛盾. 这就证明了 $k_i>0(i=1,2,\cdots,n)$.

推论　实对称矩阵 $\boldsymbol{A}$ 正定的充分必要条件是 $\boldsymbol{A}$ 的特征值都是正数.

定理 5.3.4　对称矩阵 $\boldsymbol{A}$ 正定的充分必要条件是 $\boldsymbol{A}$ 的顺序主子式都为正，即

$$a_{11}>0,\begin{vmatrix}a_{11}&a_{12}\\a_{21}&a_{22}\end{vmatrix}>0,\cdots,\begin{vmatrix}a_{11}&a_{12}&\cdots&a_{1n}\\a_{21}&a_{22}&\cdots&a_{2n}\\\vdots&\vdots&\ddots&\vdots\\a_{n1}&a_{n2}&\cdots&a_{nn}\end{vmatrix}>0$$

对称矩阵 $\boldsymbol{A}$ 负定的充分必要条件是 $\boldsymbol{A}$ 的奇数阶顺序主子式都为负，偶数阶顺序主子式都为正，即

$$(-1)^r\begin{vmatrix} a_{11} & a_{12} & \cdots & a_{1r} \\ a_{21} & a_{22} & \cdots & a_{2r} \\ \vdots & \vdots & \ddots & \vdots \\ a_{n1} & a_{n2} & \cdots & a_{rr} \end{vmatrix} > 0, (r=1,2,\cdots,n) .$$

这个定理称为赫尔维茨定理，这里不予证明.

例 5.3.2 判定 $\boldsymbol{A}=\begin{bmatrix} 5 & 2 & -2 \\ 2 & 5 & -1 \\ -2 & -1 & 5 \end{bmatrix}$ 是否为正定矩阵.

解：因为 $\boldsymbol{A}$ 的三个顺序主子式

$$D_1=5>0，D_2=\begin{vmatrix} 5 & 2 \\ 2 & 5 \end{vmatrix}=21>0，$$

$$D_3=\begin{vmatrix} 5 & 2 & -2 \\ 2 & 5 & -1 \\ -2 & -1 & 5 \end{vmatrix}=\begin{vmatrix} 5 & 2 & -2 \\ 2 & 5 & -1 \\ 0 & 4 & 4 \end{vmatrix}=\begin{vmatrix} 5 & 4 & -2 \\ 2 & 6 & -1 \\ 0 & 0 & 4 \end{vmatrix}=88>0，$$

所以 $\boldsymbol{A}$ 是正定矩阵.

例 5.3.3 t 满足什么条件时，二次型 $2x_1^2+x_2^2+x_3^2+2x_1x_2+2tx_2x_3$ 为正定二次型？

解：此二次型的矩阵

$$\boldsymbol{A}=\begin{bmatrix} 2 & 1 & 0 \\ 1 & 1 & t \\ 0 & t & 1 \end{bmatrix}.$$

显然，

$$D_1=2>0，D_2=\begin{vmatrix} 2 & 1 \\ 1 & 1 \end{vmatrix}=1>0$$

$$D_3=|\boldsymbol{A}|=\begin{vmatrix} 2 & 1 & 0 \\ 1 & 1 & t \\ 0 & t & 1 \end{vmatrix}=2(1-t^2)-1=1-2t^2 .$$

$\boldsymbol{A}$ 正定，则 $D_3>0 \Leftrightarrow -\frac{\sqrt{2}}{2}<t<\frac{\sqrt{2}}{2}$.

习　题　5

5.1 写出下列二次型的矩阵.

（1） $f(x,y,z)=x^2+2xy+4xz+3y^2+yz+7z^2$；

（2） $f(x_1,x_2,x_3,x_4)=x_1^2+2x_2^2+3x_3^2+4x_1x_2+2x_2x_3$.

5.2 写出下列各矩阵的二次型.

（1）$\boldsymbol{A}=\begin{bmatrix}1&-1&0\\-1&2&1\\0&1&3\end{bmatrix}$；（2）$\boldsymbol{A}=\begin{bmatrix}1&2&4\\2&2&-1\\4&-1&3\end{bmatrix}$.

5.3 将下列二次型写成矩阵形式.

（1） $f(x,y)=x^2+xy+y^2$；

（2） $f(x_1,x_2,x_3,x_4)=-x_1x_2+2x_2x_3+{x_3}^2$.

5.4 已知二次型 $f(x_1,x_2,x_3)=2x_1^2+2x_2^2+ax_3^2-2x_1x_2+6x_1x_3-6x_2x_3$ 的秩为 2，求参数 a 的值.

5.5 用正交变换化法下列实二次型为标准形.

（1） $f(x_1,x_2,x_3)=11x_1^2+5x_2^2+2x_3^2+16x_1x_2+4x_1x_3-20x_2x_3$；

（2） $f(x_1,x_2,x_3)=x_1^2+x_2^2+x_3^2+4x_1x_2+4x_1x_3+4x_2x_3$.

5.6 用配方法化下列二次型为标准形.

（1） $f=2x_1^2+4x_1x_2+5x_2^2$；

（2） $f(x_1,x_2,\cdots,x_{2n})=x_1x_{2n}+x_2x_{2n-1}+\cdots+x_nx_{n+1}$.

5.7 已知二次型 $f(x_1,x_2,x_3)=2x_1^2+3x_2^2+3x_3^2+2ax_2x_3(a>0)$，通过正交变换化为标准形 $f(y_1,y_2,y_3)=y_1^2+2y_2^2+5y_3^2$，求 a 的值及所作的正交变换矩阵.

5.8 设 $\boldsymbol{A}=\begin{bmatrix}2&-1&-1\\-1&2&-1\\-1&-1&2\end{bmatrix}$，$\boldsymbol{B}=\begin{bmatrix}1&0&0\\0&1&0\\0&0&0\end{bmatrix}$，证明 $\boldsymbol{A}\simeq\boldsymbol{B}$.

5.9 判别下列二次型的正定性.

（1） $f=2x_1^2+3x_2^2+4x_3^2-2x_1x_2+4x_1x_3-3x_2x_3$；

（2） $f=3x_1^2-2x_2^2+2x_3^2+4x_1x_2-3x_1x_3-x_2x_3$.

5.10 已知二次型矩阵的特征多项式，判断它们的正定性.

（1）$(\lambda-1)^3$；（2）$(2\lambda+1)(\lambda-7)(\lambda-1)$；（3）$(\lambda+2)^3$；

（4）$(6\lambda-5)(\lambda^2-\lambda)$；（5）$\lambda^3+2\lambda^2+\lambda$.

5.11 已知二次型 $f(x_1,x_2,x_3)=x_1^2+4x_2^2+4x_3^2+2cx_1x_2-2x_1x_3+4x_2x_3$，当 c 满足什么条件时，二次型 $f(x_1,x_2,x_3)$ 正定？

5.12 判别下列二次型的正定性.

（1）$f(x_1,x_2,x_3)=5x_1^2+x_2^2+5x_3^2+4x_1x_2-8x_1x_3-4x_2x_3$；

（2）$f(x_1,x_2,x_3)=2x_1^2+4x_2^2+5x_3^2-4x_1x_3$.

5.13 设 $\boldsymbol{A}$ 是正定矩阵，$\boldsymbol{B}$ 是实对称矩阵，证明 $\boldsymbol{AB}$ 可对角化.

5.14 证明如果 $\boldsymbol{A}$ 正定，则 $\boldsymbol{A}^k,\boldsymbol{A}^{-1},\boldsymbol{A}^*$ 也都正定.

5.15 二次型 $f(x_1,x_2,x_3)=\boldsymbol{x}^{\mathrm{T}}\boldsymbol{Ax}$ 在正交变换 $\boldsymbol{x}=\boldsymbol{Py}$ 下化为 $y_1^2+y_2^2$，$\boldsymbol{P}$ 的第 3 列为 $\left(\frac{\sqrt{2}}{2},0,\frac{\sqrt{2}}{2}\right)^{\mathrm{T}}$.（1）求 $\boldsymbol{A}$；（2）证明 $\boldsymbol{A}+\boldsymbol{E}$ 是正定矩阵.

第 6 章　MATLAB 在线性代数中的应用

MATLAB 是 Maths 公司开发的综合性数学软件包，在科学计算与工程领域获得了广泛的应用．该软件为线性代数的计算提供了强有力的支持．本章仅简单介绍 MATLAB 在线性代数中的应用，详细的内容请参阅有关书籍．

6.1　矩阵与行列式的运算

6.1.1　实验目的

（1）熟悉 MATLAB 软件在矩阵运算方面的命令函数：求逆阵的函数 inv；求方阵 $\boldsymbol{A}$ 的行列式的函数 det($\boldsymbol{A}$)；求矩阵 $\boldsymbol{A}$ 的秩的函数 rank($\boldsymbol{A}$)；求矩阵 $\boldsymbol{A}$ 的行阶梯形矩阵的函数 rref($\boldsymbol{A}$).

（2）借助计算机完成矩阵的初等运算，逆矩阵、矩阵方程、矩阵秩的计算．

6.1.2　实验内容

在 MATLAB 中，矩阵用中括号括起来，同一行的数据用空格或逗号隔开，不同行用分号隔开．矩阵是 MATLAB 的基本数据形式，数和向量可视为它的特殊形式，不必对矩阵的行、列数做专门的说明．

1．矩阵的直接输入

矩阵有多种输入方式，这里介绍一种逐一输入矩阵元素的方法．具体做法是，在方括号内逐行键入矩阵各元素，同一行各元素之间用逗号或空格分隔，两行元素之间用分号分隔．

例 6.1.1　在 MATLAB 的提示符下输入

```
A=[1,2,3;4,5,6;7,8,9]↙
```

得到一个 3 行 3 列的矩阵，结果为

```
A=1   2   3
  4   5   6
  7   8   9
```

2．矩阵元素

矩阵元素用矩阵名及其下标表示．在做了例 1 的输入后，若输入命令

A(2,3)↙

则结果为

ans=6

即矩阵 A 第 2 行第 3 列的元素为 6.

也可通过改变矩阵的元素来改变矩阵．在例 1 输入矩阵 A 后，输入命令

A(3,3)=10↙

即得一新的矩阵，结果为

```
A=1    2    3
  4    5    6
  7    8    10
```

甚至可以通过给定一个元素的值，得到一个扩大的新矩阵．如再输入命令

A(5,3)=2*0.15↙

则结果为

```
A=1.0000  2.0000  3.0000
  4.0000  5.0000  6.0000
  7.0000  8.0000  10.0000
  0       0       0
  0       0       0.3000
```

3．矩阵的运算

矩阵运算的运算符为+、–、*、/、\、'和^．其中+、–、*是通常矩阵加法、减法和乘法的运算符.

例 6.1.2 在 MATLAB 的提示符下分别输入矩阵 M、N 和 V：

```
M=[1, 0.5,2;2,3,3;4.5,1,6]↙
M=1.0000   0.5000  2.0000
  2.0000   3.0000  3.0000
  4.5000   1.0000  6.0000
N=[2,2,3;3,1,4;1,1,2]↙
N=2  2  3
  3  1  4
  1  1  2
V=[1,2;2,1;3,1]↙
V=1  2
  2  1
  3  1
```

输入命令

```
R1=M+N↙
R1=1.0000    2.5000    5.0000
   5.0000    4.0000    7.0000
   5.5000    2.0000    8.0000
```

输入命令

```
R2=M–N↙
R2=–1.0000    –1.5000   –1.0000
   –1.0000    2.0000    –1.0000
   3.5000     0.0000    4.0000
```

输入命令

```
R3=M*N↙
R3= 5.5000     4.5000     9.0000
    16.0000    10.0000    24.0000
    18.0000    16.0000    29.5000
```

输入命令

```
R4=M*V↙
R4= 8.0000     4.5000
    17.0000    10.0000
    24.5000    16.0000
```

输入命令

```
R5=N^4↙
```

结果为

```
R5=426    316    669
   459    343    722
   233    173    366
```

“′” 是矩阵转置运算符，如输入命令

```
R6=V′↙
```

结果为

```
R6=1   2   3
   2   1   1
```

4. 逆矩阵的求法

对于 n 阶方阵 $\boldsymbol{A}$，如果存在 n 阶方阵 $\boldsymbol{B}$，使得 $\boldsymbol{AB}=\boldsymbol{BA}=\boldsymbol{E}$，则称 n 阶方阵 $\boldsymbol{A}$ 是可逆的，而 $\boldsymbol{B}$ 称为 $\boldsymbol{A}$ 的**逆矩阵**，记为 $\boldsymbol{A}^{-1}$．在 MATLAB 中求逆阵的函数为 inv( ).

例 6.1.3　在 MATLAB 的提示符下键入

```
A=[1,0,1;2,1,0;-3,2,-5]↙
A= 1    0    1
   2    1    0
  -3    2   -5
```

输入命令

```
X=inv(A)↙
X=-2.5000    1     -0.5000
   5        -1      1
   3.5000   -1      0.5000
```

5. 方阵行列式

如果 $\boldsymbol{A}$ 是一个已知方阵，以 $\boldsymbol{A}$ 的元素按原次序所构成的行列式，称为 $\boldsymbol{A}$ 的行列式.

在 MATLAB 中求方阵 $\boldsymbol{A}$ 的行列式的命令为 det(A).

例 6.1.4　在 MATLAB 的提示符下键入

```
A=[1,1,1;1,2,3;1,3,6];↙
D=det(A)↙
D=1
```

6. 矩阵的初等变换

对矩阵施行以下三种变换：

（1）互换变换：矩阵的两行（列）互换位置；

（2）倍法变换：用一个不等于零的数乘矩阵某一行（列）的所有元素；

（3）消去变换：把矩阵某一行（列）所有元素的倍加到另一行（列）的对应元素上去.

这三种变换为矩阵的**初等行（列）变换**，简称矩阵的**初等变换**．利用矩阵的一系列初等变换可以将一个矩阵化为与之等价的行阶梯形矩阵.

在 MATLAB 中，命令 rref(A)将返回 A 的行阶梯形矩阵.

例 6.1.5　化魔方矩阵 a=magic(6)为行阶梯形矩阵.

在 MATLAB 的提示符下键入

```
a=magic(6)↙
a= 35    1    6   26   19   24
    3   32    7   21   23   25
```

```
  31     9     2    22    27    20
   8    28    33    17    10    15
  30     5    34    12    14    16
   4    36    29    13    18    11
b=rref(a)↙
b= 1     0     0     0     0    –2
   0     1     0     0     0    –2
   0     0     1     0     0     1
   0     0     0     1     0     2
   0     0     0     0     1     2
   0     0     0     0     0     0
```

7. 矩阵的秩

从矩阵 $\boldsymbol{A}$ 中任选 r 行 r 列，在这 r 行 r 列中的 r^2 个数按原次序作成一个行列式，称为矩阵 $\boldsymbol{A}$ 的一个 **r 阶子行列式**（或称 r 阶子式）. 若矩阵 $\boldsymbol{A}$ 至少有一个不为零的 r 阶子式，而所有高于 r 阶的子式都为零，则称矩阵 $\boldsymbol{A}$ 的**秩**为 r，记为 $r(\boldsymbol{A})=r$.

在 MATLAB 中，求矩阵秩的命令为 rank(A).

例 6.1.6　在 MATLAB 的提示符下键入

```
A=[2,2,1;–3,12,3;8,–2,1;2,12,4];
r=rank(A)
r=2
```

例 6.1.7　在 MATLAB 的提示符下键入

```
A=magic(6);
c=rank(A)
c=5
```

矩阵的基本运算、功能及其 MATLAB 命令形式见表 6.1.1.

表 6.1.1　矩阵的基本运算

运　算	功　能	命令形式
矩阵的加减法	将两个同型矩阵相加（减）	A±B
数乘	将数与矩阵做乘法	k*A（其中 k 是一个数，A 是一个矩阵）
矩阵乘法	将两个矩阵做乘法	A*B（A 的列数必须等于 B 的行数）
矩阵的左除	计算 $\boldsymbol{A}^{-1}\boldsymbol{B}$	A\B（A 必须为方阵）
矩阵的右除	计算 $\boldsymbol{A}\boldsymbol{B}^{-1}$	A/B（B 必须为方阵）
求矩阵行列式	计算方阵的行列式	det(A)（A 必须为方阵）
求矩阵的逆	求方阵的逆	inv(A)或 A^(–1)（A 必须为方阵）
矩阵乘幂	计算 $\boldsymbol{A}^n$	A^n（A 必须为方阵，n 是正整数）
矩阵的转置	求矩阵的转置	transpose(A)或 A′
矩阵的秩	求矩阵的秩	rank(A)
矩阵行变换化简	求矩阵的行阶梯形矩阵	rref(A)

注意：它们都符合矩阵运算的规律，如果矩阵的行列数不符合运算符的要求，将产生错误信息.

6.2 线性方程组求解

6.2.1 实验目的

（1）理解线性方程组的概念和解的概念，理解一般线性方程组解的结构及基础解系概念.

（2）熟悉 MATLAB 数学软件求解线性方程组的命令.

6.2.2 实验内容

线性方程组是线性代数研究的主要问题，而且很多实际问题的解决也归结为线性方程组的求解. 在 MATLAB 中求解线性方程组主要有三种方法：求逆法、左除与右除和初等变换法. 下面对各个方法做详细介绍.

1. 求逆法

对于线性方程组 $\boldsymbol{AX}=\boldsymbol{b}$，如果系数矩阵 $\boldsymbol{A}$ 是可逆方阵，则解由 X=inv(A)*b 获得.

例 6.2.1 求方程组 $\begin{cases}2x+3y=4\\x-y=1\end{cases}$ 的解.

解： 输入命令

```
A=[2,3;1,–1];b=[4,1];↙
X=inv(A)*b'↙                    %因为 b 是行向量，故要用转置运算以满足矩阵相乘的要求
X=1.4000
0.4000
```

结果：方程组的解为 $x=1.4, y=0.4$.

例 6.2.2 求方程组 $\begin{cases}x_1+x_2+x_3+x_4=5\\x_1+2x_2-x_3+4x_4=-2\\2x_1-3x_2-x_3-5x_4=-2\\3x_1+x_2+2x_3+11x_4=0\end{cases}$ 的解.

解： 输入命令

```
A=[1,1,1,1;1,2,–1,4;2,–3,–1,–5;3,1,2,11]; ↙
b=[5;–2;–2;0]; ↙
X=inv(A)*b↙
X=1.0000
```

```
2.0000
3.0000
-1.0000
```

结果：方程组的解为 $x_1 = 1, x_2 = 2, x_3 = 3, x_4 = -1$.

2．左除与右除法

运算符 / 和 \ 分别称为左除和右除.

当 $\boldsymbol{X}$ 与 $\boldsymbol{B}$ 都是矩阵而不是向量时，线性方程组 $\boldsymbol{AX}=\boldsymbol{B}$ 的解为 $\boldsymbol{X}=\boldsymbol{A}^{-1}\boldsymbol{B}$ ，同理，线性方程组 $\boldsymbol{XA}=\boldsymbol{B}$ 的解为 $\boldsymbol{X}=\boldsymbol{BA}^{-1}$ ，因此由 MATLAB 的左除和右除运算可以方便地求出解.

线性方程组 $\boldsymbol{AX}=\boldsymbol{B}$ 的求解命令为

$$\boldsymbol{X}=\boldsymbol{A}\backslash\boldsymbol{B}$$

线性方程组 $\boldsymbol{XA}=\boldsymbol{B}$ 的求解命令为

$$\boldsymbol{X}=\boldsymbol{B}/\boldsymbol{A}$$

左除和右除法比求逆法用的时间少，且精度比求逆法高.

例 6.2.3　在 MATLAB 的提示符下键入

```
A=[2,1;1,2]; ↙
B=[1,2;-1,4]; ↙
X=A/B↙
X=1.5      -0.5
  1        0
```

输入命令

```
Y=A\B↙
Y=1      0
  -1     2
```

例 6.2.4　设 $\boldsymbol{A}=\begin{bmatrix} 4 & 3 & 2 \\ 1 & 1 & 0 \\ -1 & 2 & 3 \end{bmatrix}$ ，$\boldsymbol{AB}=\boldsymbol{A}+2\boldsymbol{B}$，求 $\boldsymbol{B}$.

解：把上矩阵式变形为 $(\boldsymbol{A}-2\boldsymbol{E})\boldsymbol{B}=\boldsymbol{A}$ ，则求 $\boldsymbol{B}$ 即解此矩阵方程.

在 MATLAB 的提示符下输入

```
A=[4,3,2;1,1,0;-1,2,3]; ↙
E=[1,0,0;0,1,0;0,0,1]; ↙
X=A-2*E; ↙
B=X\A↙
```

结果为

```
B=1.6667   -0.6667   -1.3333
  0.6667   -1.6667   -1.3333
 -0.6667    4.6667    4.3333
```

3．初等变换法

在线性代数中，用消元法求非齐次线性方程组的通解的具体过程为：首先用初等变换化线性方程组为阶梯形方程组，把最后的恒等式“0=0”（如果出现的话）去掉．如果剩下的方程中最后的一个等式是零等于一个非零的数，那么方程组无解，否则有解．在有解的情况下，如果阶梯形方程组中方程的个数 r 小于未知量的个数 n，那么方程组就有无穷多个解．

在 MATLAB 中，对于线性方程组 $\boldsymbol{AX}=\boldsymbol{b}$，利用指令 rref($\boldsymbol{A}$)可以方便地求得线性方程组的通解．

例 6.2.5 求齐次线性方程组 $\begin{cases} x_1-8x_2+10x_3+2x_4=0 \\ 2x_1+4x_2+5x_3-x_4=0 \\ 3x_1+8x_2+6x_3-2x_4=0 \end{cases}$ 的通解．

解： 输入命令

```
A=[1,-8,10,2;2,4,5,-1;3,8,6,-2];↙
rref(A)↙
ans=1  0  4     0
    0  1  -3/4  -1/4
    0  0  0     0
```

结果分析：

即有 $\boldsymbol{A}=\begin{bmatrix} 1 & -8 & 10 & 2 \\ 2 & 4 & 5 & -1 \\ 3 & 8 & 6 & -2 \end{bmatrix} \xrightarrow{\text{初等行变换}} \begin{bmatrix} 1 & 0 & 4 & 0 \\ 0 & 1 & -\frac{3}{4} & -\frac{1}{4} \\ 0 & 0 & 0 & 0 \end{bmatrix}$，所以原方程组等价于 $\begin{cases} x_1=-4x_3 \\ x_2=\frac{3}{4}x_3+\frac{1}{4}x_4 \end{cases}$．取 $x_3=1,x_4=-3$ 得 $x_1=-4,x_2=0$；取 $x_3=0,x_4=4$ 得 $x_1=0,x_2=1$．因此基础解系为 $\boldsymbol{\zeta}_1=\begin{bmatrix} -4 \\ 0 \\ 1 \\ -3 \end{bmatrix},\boldsymbol{\zeta}_2=\begin{bmatrix} 0 \\ 1 \\ 0 \\ 4 \end{bmatrix}$．所以方程组的通解为

$$\begin{bmatrix} x_1 \\ x_2 \\ x_3 \\ x_4 \end{bmatrix}=k_1\begin{bmatrix} -4 \\ 0 \\ 1 \\ -3 \end{bmatrix}+k_2\begin{bmatrix} 0 \\ 1 \\ 0 \\ 4 \end{bmatrix}$$

其中 k_1,k_2 是任意实数.

例 6.2.6　求非齐次线性方程组 $\begin{cases}4x_1+2x_2-x_3=2\\3x_1-x_2+2x_3=10\\11x_1+3x_2=8\end{cases}$ 的通解.

解： 输入命令

```
A=[4,2,-1;3,-1,2;11,3,0];b=[2;10;8];↙
B=([A,b]);↙
rref(B)↙
ans=1    0    3/10     0
    0    1    -11/10   0
    0    0    0        1
```

结果分析：$R(\boldsymbol{A})=2$，而 $R(\boldsymbol{B})=3$，故方程组无解.

例 6.2.7　求非齐次线性方程组 $\begin{cases}2x+3y+z=4\\x-2y+4z=-5\\3x+8y-2z=13\\4x-y+9z=-6\end{cases}$ 的通解.

解： 输入命令

```
A=[2,3,1;1,-2,4;3,8,-2;4,-1,9];b=[4;-5;13;-6];↙
B=([A,b]);↙
rref(B)↙
ans=1    0    2   -1
    0    1   -1    2
    0    0    0    0
    0    0    0    0
```

即得

$$\begin{cases}x=-2z-1\\y=z+2\\z=z\end{cases}$$

亦即

$$\begin{bmatrix}x\\y\\z\end{bmatrix}=k\begin{bmatrix}-2\\1\\1\end{bmatrix}+\begin{bmatrix}-1\\2\\0\end{bmatrix}.$$

4．符号方程组求解

（1）线性方程组 $\boldsymbol{AX}=\boldsymbol{B}$ 的符号解

命令形式：X=linsolve(A,B)

功能：此命令只给出特解.

例 6.2.8　求非齐次线性方程组$\begin{bmatrix}1&0&0\\0&2&0\end{bmatrix}\boldsymbol{X}=\begin{bmatrix}1\\3\end{bmatrix}$的解.

解：输入命令

```
A=[1,0,0;0,2,0];B=[1;3];
X=linsolve(A,B)
X=1.0000
   1.5000
   0
```

说明：只给出了方程组的一个特解.

（2）非线性方程组的解

命令形式：[x1,x2,x3,…]=solve(e1,e2,e3,…)

功能：此命令给出非线性方程组的解．其中，e1,e2,e3,…是符号方程，x1,x2,x3,…是要求的未知量.

例 6.2.9　解非线性方程组$\begin{cases}a+b+x=y\\2ax-by=-1\\2(a+b)=x+y\\ay+bx=4\end{cases}$.

解：输入命令

```
e1=sym('a+b+x=y');↙
e2=sym('2*a*x–b*y=–1');↙
e3=sym('2*(a+b)=x+y');↙
e4=sym('a*y+b*x=4');↙
[a,b,x,y]=solve(e1,e2,e3,e4)↙
a=[1]
   [–1]
b=[1]
   [–1]
x=[1]
   [–1]
y=[3]
   [–3]
```

结果分析：方程组获得两组解，即

$$\begin{cases}a=1,b=1,c=1,y=3\\a=-1,b=-1,c=-1,y=-3\end{cases}$$

6.3　求矩阵的特征值、特征向量及矩阵的对角化问题

6.3.1　实验目的

（1）理解矩阵特征值和特征向量的概念和求法，理解矩阵特征值的性质，理解方阵的对角化问题.

（2）熟悉 MATLAB 数学软件求矩阵特征值和特征向量的命令.

（3）会借助 MATLAB 数学软件解方阵的对角化问题.

6.3.2　实验内容

特征值与特征向量是线性代数中非常重要的概念，在实际的工程应用和在求解数学问题中占有非常重要的地位. 在实验中要介绍如何利用 MATLAB 去求特征值与特征向量、矩阵的对角化等问题，培养把实际问题转化为数学问题来求解的能力.

1. 求矩阵特征值与特征向量命令

- poly(A)

功能：求矩阵 $\boldsymbol{A}$ 的特征多项式.

- d=eig(A)

功能：返回方阵 $\boldsymbol{A}$ 的全部特征值组成的列向量 $\boldsymbol{d}$.

- [V,D]=eig(A)

功能：返回方阵 $\boldsymbol{A}$ 的特征值矩阵 $\boldsymbol{D}$ 与特征向量矩阵 $\boldsymbol{V}$，满足 $\boldsymbol{AV}=\boldsymbol{VD}$.

说明：这三条指令求出的是数值解，并不是解析解.

例 6.3.1　求矩阵 $\begin{bmatrix} 1 & -1 \\ 2 & 4 \end{bmatrix}$ 的特征多项式、特征值、特征向量.

解：输入命令

```
A=[1,-1;2,4];↙
p=poly(A);↙
poly2str(p,'x')↙
ans=x^2-5x+6
[V,D]=eig(A)↙
V=-985/1393    1292/2889
   985/1393   -2584/2889
D=2    0
  0    3
```

结果分析：特征多项式是 $f(x)=x^2-5x+6$，特征值是 $\lambda_1=2,\lambda_2=3$，对应的特征向量是 $\boldsymbol{\xi}_1=\begin{bmatrix}-985/1393\\985/1393\end{bmatrix}$，$\boldsymbol{\xi}_2=\begin{bmatrix}1292/2889\\-2584/2889\end{bmatrix}$，是数值解.

例 6.3.2 求矩阵 $\begin{bmatrix}2&1&1\\1&2&1\\1&1&2\end{bmatrix}$ 的特征多项式、特征值、特征向量.

解： 输入命令

```
A=[2,1,1;1,2,1;1,1,2];↙
poly2str(poly(A), 'x')↙
p=x^3−6x^2+9x−4
[V,D]=eig(A)↙
V=−178/221        377/2814        780/1351
    609/1174      541/858         780/1351
    545/1901      −685/896        780/1351
D=1    0    0
   0   1    0
   0   0    4
```

结果分析：特征多项式是 $f(x)=x^3-6x^2+9x-4$，特征值是 $\lambda_1=1,\lambda_2=1,\lambda_3=4$，对应的特征向量矩阵是

$$\boldsymbol{V}=\begin{bmatrix}-178/221&377/2814&780/1351\\609/1174&541/858&780/1351\\545/1901&-685/896&780/1351\end{bmatrix}$$

2. 矩阵的对角化

线性代数中，与矩阵对角化问题有关的结果有：如果 n 阶矩阵 $\boldsymbol{A}$ 的 n 个特征值互不相等，则 $\boldsymbol{A}$ 与对角阵相似；如果矩阵 $\boldsymbol{A}$ 是实对称阵，则必有正交阵 $\boldsymbol{P}$，使 $\boldsymbol{P}^{-1}\boldsymbol{AP}=\boldsymbol{\Lambda}$，其中 $\boldsymbol{\Lambda}$ 是以 $\boldsymbol{A}$ 的 n 个特征值为对角元素的对角矩阵．利用这些结论，就可以用 MATLAB 处理矩阵对角化问题.

例 6.3.3 试求一个正交的相似变换矩阵 $\boldsymbol{P}$，将对称矩阵 $\begin{bmatrix}2&-2&0\\-2&1&-2\\0&-2&0\end{bmatrix}$ 化为对角矩阵.

解： 输入命令

```
A=[2,−2,0;−2,1,−2;0,−2,0];↙
[P,D]=eig(A)↙
P= −0.3333      0.6667     −0.6667
   −0.6667      0.3333      0.6667
```

```
   -0.6667    -0.6667    -0.3333
D=-2.0000          0          0
        0     1.0000          0
        0          0     4.0000
P*P'↙
ans= 1.0000    0.0000    0.0000
     0.0000    1.0000   -0.0000
     0.0000   -0.0000    1.0000
P^(-1)*A*P↙
ans= -2.0000   -0.0000   -0.0000
     -0.0000    1.0000   -0.0000
      0.0000    0.0000    4.0000
```

例 6.3.4　求一个正交变换将二次型

$$f = x_1^2 + x_2^2 + x_3^2 + x_4^2 + 2x_1x_2 - 2x_1x_4 - 2x_2x_3 + 2x_3x_4$$

化成标准形.

解：二次型矩阵对应的矩阵为 $\boldsymbol{A} = \begin{bmatrix} 1 & 1 & 0 & -1 \\ 1 & 1 & -1 & 0 \\ 0 & -1 & 1 & 1 \\ -1 & 0 & 1 & 1 \end{bmatrix}$，把二次型化为标准形就相当于将矩阵 $\boldsymbol{A}$ 对角化．利用 MATLAB 做本题的命令为

```
A=[1,1,0,-1;1,1,-1,0;0,-1,1,1;-1,0,1,1];↙
[P,D]=eig(A)↙
P=-0.5000     0.7071     0.0000     0.5000
   0.5000    -0.0000     0.7071     0.5000
   0.5000     0.7071     0.0000    -0.5000
  -0.5000          0     0.7071    -0.5000
D=-1.0000          0          0          0
        0     1.0000          0          0
        0          0     1.0000          0
        0          0          0     3.0000
syms  x1  x2  x3  x4
X=[x1;x2;x3;x4];Y=P*X↙
Y= -1/2*x1+1/2*2^(1/2)*x2+29/144115188075855872*x3+1/2*x4
1/2*x1-5822673418478107/40564819207303340847894502572032*x2+1/2*2^(1/2)*x3+1/2*x4
1/2*x1+1/2*2^(1/2)*x2+3/144115188075855872*x3-1/2*x4
-1/2*x1+1/2*2^(1/2)*x3-1/2*x4
```

故所求正交变换为 $\boldsymbol{Y} = \boldsymbol{PX}$，所得标准形为 $f = y_1^2 + y_2^2 + 3y_3^2 - y_4^2$．

习 题 6

6.1 输入 $\boldsymbol{A}=\begin{bmatrix}1&1&1\\1&2&3\\1&3&6\end{bmatrix}$，$\boldsymbol{B}=\begin{bmatrix}8&1&6\\3&5&7\\4&9&2\end{bmatrix}$，$\boldsymbol{U}=\begin{bmatrix}3\\1\\4\end{bmatrix}$，求：

（1）$\boldsymbol{A}+\boldsymbol{B}$;（2）$\boldsymbol{A}-\boldsymbol{B}$;（3）$\boldsymbol{AB}$;（4）$\boldsymbol{AU}$;

（5）$2\boldsymbol{A}-3\boldsymbol{B}$;（6）$\boldsymbol{A}^6$;（7）$\boldsymbol{A}^{-1}$;（8）$\boldsymbol{AB}-\boldsymbol{BA}$.

6.2 求下列矩阵的逆阵并求其行列式.

（1）$\boldsymbol{A}=\begin{bmatrix}1&3&3\\1&4&3\\1&3&4\end{bmatrix}$；（2）$\boldsymbol{A}=\begin{bmatrix}1&2&3\\2&2&1\\3&4&3\end{bmatrix}$；

（3）$\boldsymbol{A}=\begin{bmatrix}1&1&1&1\\1&1&-1&-1\\1&-1&1&-1\\1&-1&-1&1\end{bmatrix}$；（4）$\boldsymbol{A}=\begin{bmatrix}1&1&0&0\\1&2&0&0\\3&7&2&3\\2&5&1&2\end{bmatrix}$.

6.3 将下列矩阵化为行阶梯形矩阵，并求出它们的秩.

（1）$\boldsymbol{A}=\begin{bmatrix}1&-2&0\\-1&1&1\\1&3&2\end{bmatrix}$；（2）$\boldsymbol{A}=\begin{bmatrix}0&1\\1&0\\0&-1\end{bmatrix}$；

（3）$\boldsymbol{A}=\begin{bmatrix}1&2&3&4\\0&1&2&3\\0&0&1&2\\0&0&0&1\end{bmatrix}$；（4）$\boldsymbol{A}=\begin{bmatrix}1&4&-1&2&2\\2&-2&1&1&0\\-2&1&3&2&0\end{bmatrix}$.

6.4 求解下列矩阵方程.

（1）$\boldsymbol{AX}=\boldsymbol{B}$，其中 $\boldsymbol{A}=\begin{bmatrix}2&5\\1&3\end{bmatrix}$，$\boldsymbol{B}=\begin{bmatrix}4&-6\\2&1\end{bmatrix}$.

（2）$\boldsymbol{XA}=\boldsymbol{B}$，其中 $\boldsymbol{A}=\begin{bmatrix}2&1&-1\\2&1&0\\1&-1&1\end{bmatrix}$，$\boldsymbol{B}=\begin{bmatrix}1&-1&3\\4&3&2\\1&-2&5\end{bmatrix}$.

（3）$\boldsymbol{AXB}=\boldsymbol{C}$，其中 $\boldsymbol{A}=\begin{bmatrix}1&4\\-1&2\end{bmatrix}$，$\boldsymbol{B}=\begin{bmatrix}2&0\\-1&1\end{bmatrix}$，$\boldsymbol{C}=\begin{bmatrix}3&1\\0&-1\end{bmatrix}$.

（4）$\boldsymbol{AXB}=\boldsymbol{C}$，其中 $\boldsymbol{A}=\begin{bmatrix}0&1&0\\1&0&0\\0&0&1\end{bmatrix}$，$\boldsymbol{B}=\begin{bmatrix}1&0&0\\0&0&1\\0&1&0\end{bmatrix}$，$\boldsymbol{C}=\begin{bmatrix}1&-4&3\\2&0&-1\\1&-2&0\end{bmatrix}$.

6.5 求解下列齐次线性方程组.

（1）$\begin{cases}x_1+x_2+2x_3-x_4=0\\2x_1+x_2+x_3-x_4=0\\2x_1+2x_2+x_3+2x_4=0\end{cases}$　　（2）$\begin{cases}x_1+2x_2+x_3-x_4=0\\3x_1+6x_2-x_3-3x_4=0\\5x_1+10x+x_3-5x_4=0\end{cases}$

（3）$\begin{cases}2x_1+3x_2-x_3+5x_4=0\\3x_1+x_2+2x_3-7x_4=0\\4x_1+x_2-3x_3+6x_4=0\\x_1-2x_2+4x_3-7x_4=0\end{cases}$　　（4）$\begin{cases}3x_1+4x_2-5x_3+7x_4=0\\2x_1-3x_2+3x_3-2x_4=0\\4x_1+11x_2-13x_3+16x_4=0\\7x_1-2x_2+x_3+3x_4=0\end{cases}$

6.6 求解下列非齐次线性方程组.

（1）$\begin{cases}4x_1+2x_2-x_3=2\\3x_1-x_2+2x_3=10\\11x_1+3x_2=8\end{cases}$　　（2）$\begin{cases}2x+3y+z=4\\x-2y+4z=-5\\3x+8y-2z=13\\4x-y+9z=-6\end{cases}$

（3）$\begin{cases}2x+y-z+w=1\\4x+2y-2z+w=2\\2x+y-z-w=1\end{cases}$　　（4）$\begin{cases}2x+y-z+w=1\\3x-2y+z-3w=4\\x+4y-3z+5w=-2\end{cases}$

6.7 用 MATLAB 命令确定线性方程组

$$\begin{cases}kx_1-x_2-x_3=0\\-x_1+kx_2-x_3=0\\-x_1-x_2+kx_3=0\end{cases}$$

中 k 满足什么条件时，方程组：（1）只有零解；（2）有非零解，并在有非零解的条件下求出其基础解系.

6.8 求下列矩阵的特征多项式、特征值、特征向量.

（1）$\begin{bmatrix}2&-1&2\\5&-3&3\\-1&0&-2\end{bmatrix}$；　（2）$\begin{bmatrix}1&2&3\\2&1&3\\3&3&6\end{bmatrix}$；　（3）$\begin{bmatrix}0&0&0&1\\0&0&1&0\\0&1&0&0\\1&0&0&0\end{bmatrix}$.

6.9 试求一个正交的相似变换矩阵 $\boldsymbol{P}$，将下列对称矩阵化为对角矩阵.

（1）$\begin{bmatrix} 2 & -2 & 0 \\ -2 & 1 & -2 \\ 0 & -2 & 0 \end{bmatrix}$；　（2）$\begin{bmatrix} 2 & 2 & -2 \\ 2 & 5 & -4 \\ -2 & -4 & 5 \end{bmatrix}$.

6.10 求一个正交变换将下列二次型化成标准形.

（1）$f = x_1^2 + x_2^2 + x_3^2 + x_4^2 - 2x_1x_2 + 2x_1x_4 + 2x_2x_3 - 2x_3x_4$；

（2）$f = 2x_1^2 + 3x_2^2 + 3x_3^2 + 4x_2x_3$.

附录A　各章教学基本要求

第1章　行列式

1. 了解行列式的概念，掌握行列式的性质.

2. 会应用行列式的性质和行列式按行（列）展开定理计算行列式.

3. 会用克莱姆法则.

第2章　矩阵及其运算

1. 理解矩阵的概念，了解单位矩阵、数量矩阵、对角矩阵、三角矩阵、对称矩阵和反对称矩阵及其性质.

2. 掌握矩阵的线性运算、数乘、乘法、转置及运算规律，了解方阵的幂与方阵乘积行列式的性质.

3. 理解逆矩阵的概念，掌握逆矩阵的性质以及矩阵可逆的充分必要条件，理解伴随矩阵的概念，会用伴随矩阵求逆矩阵.

4. 理解矩阵的初等变换的概念，了解初等矩阵的性质和矩阵等价的概念，理解矩阵秩的概念，掌握用初等变换求矩阵的秩和逆矩阵的方法.

5. 了解分块矩阵及其运算.

第3章　线性方程组与向量组的线性相关性

1. 理解 n 维向量的概念，熟悉向量组线性相关、线性无关的定义.

2. 掌握有关向量组线性相关、线性无关的重要结论，熟悉向量组的最大无关组与向量组的秩的概念.

3. 了解 n 维向量空间、子空间基底、维数等概念.

4. 理解齐次线性方程组的基础解系及通解等概念，理解非齐次线性方程组的解的结构及通解等概念，掌握用行初等变换求线性方程组通解的方法.

第4章　矩阵的特征值与特征向量

1. 了解向量的内积、长度及正交性的概念，了解正交矩阵概念及性质.

2. 理解矩阵的特征值与特征向量的概念，熟练掌握求矩阵的特征值和特征向量的方法.

3．理解相似矩阵的概念，掌握相似矩阵性质及矩阵对角化的条件.

4．掌握把线性无关的向量组正交规范化的方法.

5．熟练掌握实对称矩阵对角化的方法.

第 5 章　二次型

1．掌握二次型及其矩阵表示，了解二次型秩的概念，了解合同变换和合同矩阵的概念.

2．了解二次型的标准形、规范形的概念以及惯性定理.

3．掌握用正交变换化二次型为标准形的方法，会用配方法化二次型为标准形.

4．理解正定二次型、正定矩阵的概念，并掌握其判别法.

附录B　各章内容提要

第1章　行列式

1．行列式的定义

n阶行列式

$$D=\begin{vmatrix} a_{11} & a_{12} & \cdots & a_{1n} \\ a_{21} & a_{22} & \cdots & a_{2n} \\ \vdots & \vdots & \ddots & \vdots \\ a_{n1} & a_{n2} & \cdots & a_{nn} \end{vmatrix}=\sum_{p_1p_2\cdots p_n}(-1)^t a_{1p_1}a_{2p_2}\cdots a_{np_n}$$

其中$(p_1p_2\cdots p_n)$为自然数$1,2,\cdots,n$的一个排列，t为这个排列的逆序数，求和符号$\sum\limits_{p_1p_2\cdots p_n}$表示对所有$n$级排列$(p_1p_2\cdots p_n)$求和．行列式有时也简记为$\det(a_{ij})$或$|a_{ij}|$，这里数$a_{ij}$称为行列式的元素，称$(-1)^t a_{1p_1}a_{2p_2}\cdots a_{np_n}$为行列式的一般项．

注：

（1）n阶行列式是$n!$项的代数和，且冠以正号的项和冠以负号的项（不含元素本身所带的符号）各占一半；

（2）$a_{1p_1}a_{2p_2}\cdots a_{np_n}$的符号为$(-1)^t$（不含元素本身所带的符号）；

（3）一阶行列式$|a|=a$，不要与绝对值记号相混淆；

（4）二阶和三阶行列式适用对角线法则．

2．行列式的性质

（1）行列式与它的转置行列式相等，即$D=D^{\mathrm{T}}$．

注：由（1）知道，行列式中的行与列具有相同的地位，行列式的行具有的性质，它的列也同样具有．

（2）交换行列式的两行（列），行列式变号．

注：由（2）知道，若行列式中有两行（列）的对应元素相同，则此行列式为零．

（3）用数k乘行列式的某一行（列），等于用数k乘此行列式，即

$$D_1=\begin{vmatrix} a_{11} & a_{12} & \cdots & a_{1n} \\ \vdots & \vdots & \ddots & \vdots \\ ka_{i1} & ka_{i2} & \cdots & ka_{in} \\ \vdots & \vdots & \ddots & \vdots \\ a_{n1} & a_{n2} & \cdots & a_{nn} \end{vmatrix}=k\begin{vmatrix} a_{11} & a_{12} & \cdots & a_{1n} \\ \vdots & \vdots & \ddots & \vdots \\ a_{i1} & a_{i2} & \cdots & a_{in} \\ \vdots & \vdots & \ddots & \vdots \\ a_{n1} & a_{n2} & \cdots & a_{nn} \end{vmatrix}=kD.$$

第i行（列）乘以k，记为$r_i \times k$（或$C_i \times k$）.

注：由（3）知道，行列式的某一行（列）中所有元素的公因子可以提到行列式符号的外面.

（4）行列式中若有两行（列）元素成比例，则此行列式为零.

（5）若行列式的某一行（列）的元素都是两数之和，例如，

$$D=\begin{vmatrix} a_{11} & a_{12} & \cdots & a_{1n} \\ \vdots & \vdots & \ddots & \vdots \\ b_{i1}+c_{i1} & b_{i2}+c_{i2} & \cdots & b_{in}+c_{in} \\ \vdots & \vdots & \ddots & \vdots \\ a_{n1} & a_{n2} & \cdots & a_{nn} \end{vmatrix}$$

则

$$D=\begin{vmatrix} a_{11} & a_{12} & \cdots & a_{1n} \\ \vdots & \vdots & \ddots & \vdots \\ b_{i1} & b_{i2} & \cdots & b_{in} \\ \vdots & \vdots & \ddots & \vdots \\ a_{n1} & a_{n2} & \cdots & a_{nn} \end{vmatrix}+\begin{vmatrix} a_{11} & a_{12} & \cdots & a_{1n} \\ \vdots & \vdots & \ddots & \vdots \\ c_{i1} & c_{i2} & \cdots & c_{in} \\ \vdots & \vdots & \ddots & \vdots \\ a_{n1} & a_{n2} & \cdots & a_{nn} \end{vmatrix}=D_1+D_2.$$

（6）将行列式的某一行（列）的所有元素都乘以数k后加到另一行（列）对应位置的元素上，行列式的值不变.

注：以数k乘第j行加到第i行上，记为r_i+kr_j；以数k乘第j列加到第i列上，记为c_i+kc_j.

3．行列式的按行（按列）展开

（1）在n阶行列式D中，去掉元素a_{ij}所在的第i行和第j列后，余下的$n-1$阶行列式，称为D中元素a_{ij}的余子式，记为M_{ij}，再记

$$A_{ij}=(-1)^{i+j}M_{ij}$$

称A_{ij}为元素a_{ij}的代数余子式.

（2）行列式等于它的任一行（列）的各元素与其对应的代数余子式乘积之和，即可以按第 i 行展开：

$$D = a_{i1}A_{i1} + a_{i2}A_{i2} + \cdots + a_{in}A_{in} \qquad (i = 1,2,\cdots,n)$$

或可以按第 j 列展开：

$$D = a_{1j}A_{1j} + a_{2j}A_{2j} + \cdots + a_{nj}A_{nj} \qquad (j = 1,2,\cdots,n).$$

（3）行列式某一行（列）的元素与另一行（列）的对应元素的代数余子式乘积之和等于零，即

$$a_{i1}A_{j1} + a_{i2}A_{j2} + \cdots + a_{in}A_{jn} = 0, \quad i \neq j$$

或

$$a_{1i}A_{1j} + a_{2i}A_{2j} + \cdots + a_{ni}A_{nj} = 0, \quad i \neq j.$$

4．一些常用的行列式

（1）上、下三角形行列式等于主对角线上的元素的乘积．即

$$\begin{vmatrix} a_{11} & a_{12} & \cdots & a_{1n} \\ & a_{22} & \cdots & a_{2n} \\ & & \ddots & \vdots \\ & & & a_{nn} \end{vmatrix} = a_{11}a_{22}\cdots a_{nn}$$

而

$$\begin{vmatrix} a_{11} & \cdots & a_{1n-1} & a_{1n} \\ a_{21} & \cdots & a_{2n-1} & \\ \vdots & ⋰ & & \\ a_{n1} & & & \end{vmatrix} = (-1)^{\frac{n(n-1)}{2}} a_{1n}a_{2n-1}\ldots a_{n1}\,.$$

（未标明的元素均为零，下同．）

特别地，对角行列式等于对角元素的乘积，即

$$\begin{vmatrix} \lambda_1 & & & \\ & \lambda_2 & & \\ & & \ddots & \\ & & & \lambda_n \end{vmatrix} = \lambda_1\lambda_2\cdots\lambda_n\,.$$

（2）设 $D_1 = \begin{vmatrix} a_{11} & \cdots & a_{1m} \\ \vdots & & \vdots \\ a_{m1} & \cdots & a_{mm} \end{vmatrix}$，$D_2 = \begin{vmatrix} b_{11} & \cdots & b_{1n} \\ \vdots & & \vdots \\ b_{n1} & \cdots & b_{nn} \end{vmatrix}$，则

$$\begin{vmatrix} a_{11} & \cdots & a_{1m} & 0 & \cdots & 0 \\ \vdots & & \vdots & \vdots & & \vdots \\ a_{m1} & \cdots & a_{mm} & 0 & \cdots & 0 \\ * & \cdots & * & b_{11} & \cdots & b_{1n} \\ \vdots & & \vdots & \vdots & & \vdots \\ * & \cdots & * & b_{n1} & \cdots & b_{nn} \end{vmatrix} = D_1 D_2 .$$

（3）范德蒙德（Vandermonde）行列式

$$V_n(x_1, x_2, \cdots, x_n) = \begin{vmatrix} 1 & 1 & \cdots & 1 & 1 \\ x_1 & x_2 & \cdots & x_{n-1} & x_n \\ x_1^2 & x_2^2 & \cdots & x_{n-1}^2 & x_n^2 \\ \vdots & \vdots & \ddots & \vdots & \vdots \\ x_1^{n-1} & x_2^{n-1} & \cdots & x_{n-1}^{n-1} & x_n^{n-1} \end{vmatrix} = \prod_{1 \leqslant j < i \leqslant n} (x_i - x_j) .$$

（4）方阵的行列式

① $\boldsymbol{A}$ 是 n 阶方阵，λ 是数，则 $|\lambda \boldsymbol{A}| = \lambda^n |\boldsymbol{A}|$.

② $\boldsymbol{A}$ 和 $\boldsymbol{B}$ 都是 n 阶方阵，则 $|\boldsymbol{AB}| = |\boldsymbol{A}||\boldsymbol{B}|$.

③ $\boldsymbol{A}$ 是 n 阶方阵，则 $|\boldsymbol{A}^{\mathrm{T}}| = |\boldsymbol{A}|$，其中 $\boldsymbol{A}^{\mathrm{T}}$ 是 $\boldsymbol{A}$ 的转置矩阵.

④ $\boldsymbol{A}$ 是 n 阶方阵，$\boldsymbol{A}^*$ 是 $\boldsymbol{A}$ 的伴随矩阵，则 $|\boldsymbol{A}^*| = |\boldsymbol{A}|^{n-1}$.

⑤ $\boldsymbol{A}$ 是 n 阶方阵，$\boldsymbol{A}^{\mathrm{T}}$ 是 $\boldsymbol{A}$ 的转置矩阵，则 $|\boldsymbol{A}\boldsymbol{A}^{\mathrm{T}}| = |\boldsymbol{A}|^2$.

⑥ $\boldsymbol{A}$ 和 $\boldsymbol{B}$ 都是 n 阶方阵，则 $\begin{vmatrix} \boldsymbol{A} & 0 \\ 0 & \boldsymbol{B} \end{vmatrix} = |\boldsymbol{A}||\boldsymbol{B}|$ ，$\begin{vmatrix} 0 & \boldsymbol{A} \\ \boldsymbol{B} & 0 \end{vmatrix} = (-1)^{n^2} |\boldsymbol{A}||\boldsymbol{B}|$.

5．克拉默（Cramér）法则

含有 n 个未知数 $x_1, x_2, \cdots, x_n$ 的线性方程组

$$\begin{cases} a_{11}x_1 + a_{12}x_2 + \cdots + a_{1n}x_n = b_1 \\ a_{21}x_1 + a_{22}x_2 + \cdots + a_{2n}x_n = b_2 \\ \qquad \vdots \\ a_{n1}x_1 + a_{n2}x_2 + \cdots + a_{nn}x_n = b_n \end{cases} \tag{B.1}$$

称为 n 元线性方程组．当其右端的常数项 $b_1, b_2, \cdots, b_n$ 不全为零时，线性方程组(B.1)称为非齐次线性方程组；当 $b_1, b_2, \cdots, b_n$ 全为零时，线性方程组(B.1)称为齐次线性方程组，即

$$\begin{cases} a_{11}x_1 + a_{12}x_2 + \cdots + a_{1n}x_n = 0 \\ a_{21}x_1 + a_{22}x_2 + \cdots + a_{2n}x_n = 0 \\ \qquad \vdots \\ a_{n1}x_1 + a_{n2}x_2 + \cdots + a_{nn}x_n = 0 \end{cases} \tag{B.2}$$

线性方程组(B.1)的系数 a_{ij} 构成的行列式称为该方程组的系数行列式 $\boldsymbol{D}$，即

$$D=\begin{vmatrix} a_{11} & a_{12} & \cdots & a_{1n} \\ a_{21} & a_{22} & \cdots & a_{2n} \\ \vdots & \vdots & \ddots & \vdots \\ a_{n1} & a_{n2} & \cdots & a_{nn} \end{vmatrix}.$$

（1）若系数行列式 $D\neq 0$，则线性方程组(B.1)有唯一解，其解为

$$x_j=\frac{D_j}{D}\quad (j=1,2,\cdots,n)$$

其中 $D_j(j=1,2,\cdots,n)$ 是把 D 中第 j 列元素 $a_{1j},a_{2j},\cdots,a_{nj}$ 对应地换成常数项 $b_1,b_2,\cdots,b_n$，而其余各列保持不变所得到的行列式.

（2）如果线性方程组(B.1)无解或有两个不同的解，则它的系数行列式必为零.

（3）如果齐次线性方程组(B.2)的系数行列式 $D\neq 0$，则齐次线性方程组(B.2)只有零解；如果齐次方程组(B.2)有非零解，则它的系数行列式 $D=0$.

第 2 章　矩阵及其运算

1. 矩阵的定义

（1）$m\times n$ 阶矩阵的定义：形如 $\begin{bmatrix} a_{11} & a_{12} & \cdots & a_{1n} \\ a_{21} & a_{22} & \cdots & a_{2n} \\ \vdots & \vdots & \ddots & \vdots \\ a_{m1} & a_{m2} & \cdots & a_{mn} \end{bmatrix}$ 的一个数表称为 $m\times n$ 阶矩阵．记为 $\boldsymbol{A}$、$\boldsymbol{A}_{mn}$、(a_{ij})等．a_{ij} 称为矩阵的(ij)元.

（2）矩阵的相等：阶数相同，对应元素相等.

（3）零矩阵：元素全为零的矩阵.

（4）单位矩阵：对角线上全为 1，其他元素全为 0 的方阵.

（5）数量矩阵：对角线上全为 k，其他元素全为 0 的方阵.

（6）三角矩阵：对角线下方元素全为 0 的矩阵，称为上三角矩阵；对角线上方元素全为 0 的矩阵，称为下三角矩阵.

（7）对称矩阵：具有 $a_{ij}=a_{ji}$ 的方阵.

（8）反对称矩阵：具有 $a_{ij}=-a_{ji}$ 的方阵.

2. 矩阵的运算

（1）加减法（同阶矩阵才能进行）：$\boldsymbol{A}\pm\boldsymbol{B}=\boldsymbol{C}$，$c_{ij}=a_{ij}\pm b_{ij}$．且有 $\boldsymbol{A}+\boldsymbol{B}=\boldsymbol{B}+\boldsymbol{A}$，$(\boldsymbol{A}+\boldsymbol{B})+\boldsymbol{C}=\boldsymbol{A}+(\boldsymbol{B}+\boldsymbol{C})$，$\boldsymbol{A}+0=\boldsymbol{A}$，$\boldsymbol{A}+(-\boldsymbol{A})=0$.

（2）数乘kA：将数k乘到矩阵的每一个元素上．数乘矩阵与数乘行列式不同．有$1A=A$，$\lambda(\mu A)=(\lambda\mu)A$，$(\lambda+\mu)A=\lambda A=\mu A$，$\lambda(A+B)=\lambda A+\lambda B$．

（3）转置A^{T}：将矩阵元素的行列互换．且有$(A^{\mathrm{T}})^{\mathrm{T}}=A$，$(A+B)^{\mathrm{T}}=A^{\mathrm{T}}+B^{\mathrm{T}}$，$(kA)^{\mathrm{T}}=kA^{\mathrm{T}}$，$(AB)^{\mathrm{T}}=B^{\mathrm{T}}A^{\mathrm{T}}$．

（4）乘法：$AB=C$．

① 矩阵可乘的条件：A矩阵的列数等于B矩阵的行数．

② 乘积的方法：乘积矩阵C的ij元等于左矩阵A的i行与右矩阵B的j列对应元素乘积之和．

③ 乘积的性质：$A(B+C)=AB+AC$，$(B+C)A=BA+CA$，$A(BC)=(AB)C$，$k(LA)=(kL)A$．

④乘积不满足的性质：$AB\neq BA$，$AB=AC\nRightarrow B=C$，$AB=0\nRightarrow A=0或B=0$．

例 1 $A=\begin{bmatrix}-2 & 4\\ 1 & -2\end{bmatrix}$，$B=\begin{bmatrix}2 & 4\\ -3 & -6\end{bmatrix}$，而$AB=\begin{bmatrix}-16 & -32\\ 8 & 16\end{bmatrix}$，$BA=\begin{bmatrix}0 & 0\\ 0 & 0\end{bmatrix}$．

3．方阵乘积的行列式

$$|AB|=|A||B|$$

4．逆矩阵

若$AB=BA=E$，称A可逆，A的逆矩阵为B，记为A^{-1}．

（1）A可逆，则A的逆矩阵唯一．

（2）A可逆，则$|A|\neq 0$．

（3）A可逆，则A的逆矩阵等于A的行列式分子A的伴随矩阵，$A^{-1}=\dfrac{A^*}{|A|}$，且

$$A^*=\begin{bmatrix}A_{11} & A_{21} & A_{31}\\ A_{12} & A_{22} & A_{32}\\ A_{13} & A_{23} & A_{33}\end{bmatrix}$$

例 2 $A=\begin{bmatrix}1 & 2 & 3\\ 2 & 2 & 1\\ 3 & 4 & 3\end{bmatrix}$，求$A^{-1}=\begin{bmatrix}1 & 3 & -2\\ -\dfrac{3}{2} & -3 & \dfrac{5}{2}\\ 1 & 1 & -1\end{bmatrix}$（其中$|A|=2$）．

（4）逆矩阵的性质

$$(A^{-1})^{-1}=A，(AB)^{-1}=B^{-1}A^{-1}，(kA)^{-1}=(1/k)A^{-1}，(A^{\mathrm{T}})^{-1}=(A^{-1})^{\mathrm{T}}．$$

5．矩阵的初等变换

（1）矩阵的初等行变换

① 在矩阵的一行上加上另一行的 k 倍.

② 在矩阵的一行上乘以一个非零常数.

③ 交换矩阵的两行.

（2）矩阵的初等列变换与行变换称为矩阵的初等变换.

6. 矩阵的秩

（1）矩阵 $\boldsymbol{A}$ 中非零子式的最高阶数称为矩阵的秩.

（2）初等变换不改变矩阵的秩.

例3　$\boldsymbol{A}=\begin{bmatrix}1&1&2&4\\2&-3&1&-1\\3&2&2&11\end{bmatrix}$，其秩为3.

（3）用初等变换把矩阵化为阶梯形，阶梯形非零行的行数称为矩阵的秩.

（4）初等矩阵的概念

① 把单位矩阵用一次初等变换化为的矩阵.

② 对矩阵进行一次初等行变换等价于左乘一个初等矩阵. 对矩阵进行一次初等列变换等价于右乘一个初等矩阵.

（5）等价的概念

① 等价的矩阵具有相同的秩.

② 等价 $\boldsymbol{A}\cong\boldsymbol{B}$. 存在两个可逆矩阵 $\boldsymbol{P}$ 与 $\boldsymbol{Q}$，使 $\boldsymbol{PAQ}=B$. 如果方阵 $\boldsymbol{A}$ 可逆，则 $\boldsymbol{A}$ 一定可以等价于单位矩阵.

7. 用初等变换求逆矩阵与解矩阵方程

（1）方法：$\boldsymbol{A}$ 与 $\boldsymbol{E}$ 用初等行变换把 $\boldsymbol{A}$ 化为 $\boldsymbol{E}$，则 $\boldsymbol{E}$ 就变为逆矩阵 $\boldsymbol{A}^{-1}$.

$$(\boldsymbol{A},\boldsymbol{E})\to(\boldsymbol{E},\boldsymbol{A}^{-1})$$

例4　$\boldsymbol{A}=\begin{bmatrix}1&3&3\\1&4&3\\1&3&4\end{bmatrix}$，求逆 $\boldsymbol{A}^{-1}$.

解：$\begin{bmatrix}1&3&3&1&0&0\\1&4&3&0&1&0\\1&3&4&0&0&1\end{bmatrix}\to\begin{bmatrix}1&0&0&7&-3&-3\\0&1&0&-1&1&0\\0&0&1&-1&0&1\end{bmatrix}$，$\boldsymbol{A}^{-1}=\begin{bmatrix}7&-3&-3\\-1&1&0\\-1&0&1\end{bmatrix}$.

（2）$\boldsymbol{AX}=\boldsymbol{B}$，求 $\boldsymbol{X}$，则 $\boldsymbol{X}=\boldsymbol{A}^{-1}\boldsymbol{B}$.

（3）$\boldsymbol{XA}=\boldsymbol{B}$，求 $\boldsymbol{X}$，则 $\boldsymbol{X}=\boldsymbol{BA}^{-1}$.

（4）$\boldsymbol{AXB}=\boldsymbol{C}$，求 $\boldsymbol{X}$，则 $\boldsymbol{X}=\boldsymbol{A}^{-1}\boldsymbol{CB}^{-1}$.

例 5 $\begin{bmatrix}1&2&3\\2&2&1\\3&4&3\end{bmatrix}X\begin{bmatrix}2&1\\5&3\end{bmatrix}=\begin{bmatrix}1&3\\2&0\\3&1\end{bmatrix}$，得 $X=A^{-1}CB^{-1}=\begin{bmatrix}-2&1\\10&-4\\-10&4\end{bmatrix}$.

第 3 章　线性方程组与向量组的线性相关性

1. 线性方程组的解

定理 1　n 元线性方程组 $\boldsymbol{Ax}=\boldsymbol{b}$，

（1）无解的充分必要条件是 $R(\boldsymbol{A})<R(\boldsymbol{A},\boldsymbol{b})$；

（2）有唯一解的充分必要条件是 $R(\boldsymbol{A})=R(\boldsymbol{A},\boldsymbol{b})=n$；

（3）有无限多解的充分必要条件是 $R(\boldsymbol{A})=R(\boldsymbol{A},\boldsymbol{b})<n$.

定理 2　n 元线性方程组 $\boldsymbol{Ax}=\boldsymbol{b}$ 有解的充分必要条件是 $R(\boldsymbol{A})=R(\boldsymbol{A},\boldsymbol{b})$.

定理 3　n 元齐次线性方程组 $\boldsymbol{Ax}=0$ 有非零解的充分必要条件是 $R(\boldsymbol{A})<n$.

定理 4　矩阵方程 $\boldsymbol{AX}=\boldsymbol{B}$ 有解的充分必要条件是 $R(\boldsymbol{A})=R(\boldsymbol{A},\boldsymbol{B})$.

定理 5　矩阵方程 $\boldsymbol{A}_{m\times n}\boldsymbol{X}_{n\times l}=0$ 只有零解的充要条件是 $R(\boldsymbol{A})=n$.

2. 向量组及其线性组合

定义 1　给定 n 维向量组 $A:\boldsymbol{a}_1,\boldsymbol{a}_2,\cdots,\boldsymbol{a}_m$ 和 n 维向量 $\boldsymbol{b}$，如果存在一组常数 $k_1,k_2,\cdots,k_m$，使

$$\boldsymbol{b}=k_1\boldsymbol{a}_1+k_2\boldsymbol{a}_2+\cdots+k_m\boldsymbol{a}_m$$

则向量 $\boldsymbol{b}$ 是向量组 A 的线性组合，此时称向量 $\boldsymbol{b}$ 能由向量组 A 线性表示.

定理 1　向量 $\boldsymbol{b}$ 能由向量组 $A:\boldsymbol{a}_1,\boldsymbol{a}_2,\cdots,\boldsymbol{a}_m$ 线性表示的充分必要条件是矩阵 $\boldsymbol{A}=(\boldsymbol{a}_1,\boldsymbol{a}_2,\cdots,\boldsymbol{a}_m)$ 的秩等于矩阵 $\boldsymbol{B}=(\boldsymbol{a}_1,\boldsymbol{a}_2,\cdots,\boldsymbol{a}_m,\boldsymbol{b})$ 的秩.

定义 2　设有两个向量组 $A:\boldsymbol{a}_1,\boldsymbol{a}_2,\cdots,\boldsymbol{a}_m$ 和 $B:\boldsymbol{b}_1,\boldsymbol{b}_2,\cdots,\boldsymbol{b}_n$，如果 B 组中的每个向量能由 A 组线性表示，则称向量组 B 能由向量组 A 线性表示，如果向量组 A 也能由向量组 B 相互线性表示，则称这两个向量组等价.

定理 2　向量组 $B:\boldsymbol{b}_1,\boldsymbol{b}_2,\cdots,\boldsymbol{b}_n$ 能由向量组 $A:\boldsymbol{a}_1,\boldsymbol{a}_2,\cdots,\boldsymbol{a}_m$ 线性表示的充要条件是矩阵 $\boldsymbol{A}=(\boldsymbol{a}_1,\boldsymbol{a}_2,\cdots,\boldsymbol{a}_m)$ 的秩等于矩阵 $(\boldsymbol{A},\boldsymbol{B})=(\boldsymbol{a}_1,\boldsymbol{a}_2,\cdots,\boldsymbol{a}_m,\boldsymbol{b}_1,\boldsymbol{b}_2,\cdots,\boldsymbol{b}_n)$ 的秩，即 $R(\boldsymbol{A})=R(\boldsymbol{A},\boldsymbol{B})$.

定理 3　设向量组 $B:\boldsymbol{b}_1,\boldsymbol{b}_2,\cdots,\boldsymbol{b}_n$ 能由向量组 $A:\boldsymbol{a}_1,\boldsymbol{a}_2,\cdots,\boldsymbol{a}_m$ 线性表示，则 $R(\boldsymbol{b}_1,\boldsymbol{b}_2,\cdots,\boldsymbol{b}_n)\leqslant R(\boldsymbol{a}_1,\boldsymbol{a}_2,\cdots,\boldsymbol{a}_m)$.

3. 向量组的线性相关性

定义 1　对于给定的 n 维向量组 $A:\boldsymbol{a}_1,\boldsymbol{a}_2,\cdots,\boldsymbol{a}_m$，如果存在不全为零的一组实数 $\lambda_1,\lambda_2,\cdots,\lambda_m$，使

$$\lambda_1\boldsymbol{a}_1+\lambda_2\boldsymbol{a}_2+\cdots+\lambda_m\boldsymbol{a}_m=0$$

则称向量组 A 是线性相关的，否则就称之为线性无关.

定理 1　n 维向量组 $A:\boldsymbol{a}_1,\boldsymbol{a}_2,\cdots,\boldsymbol{a}_m\ (m\geqslant 2)$ 线性相关的充要条件是该向量组中至少存在一个向量可以由其余 $m-1$ 个向量线性表示.

定理 2　向量组 $\boldsymbol{a}_1,\boldsymbol{a}_2,\cdots,\boldsymbol{a}_m$ 线性相关的充要条件是它所构成的矩阵 $\boldsymbol{A}=(\boldsymbol{a}_1,\boldsymbol{a}_2,\cdots,\boldsymbol{a}_m)$ 的秩小于向量的个数 m；向量组线性无关的充要条件是 $R(\boldsymbol{A})=m$.

定理 3　在 n 维向量组 $\boldsymbol{a}_1,\boldsymbol{a}_2,\cdots,\boldsymbol{a}_m$ 中，若存在某部分组线性相关，则向量组 $\boldsymbol{a}_1,\boldsymbol{a}_2,\cdots,\boldsymbol{a}_m$ 一定线性相关. 反之，若向量组 $\boldsymbol{a}_1,\boldsymbol{a}_2,\cdots,\boldsymbol{a}_m$ 线性无关，则它的任意部分组都线性无关.

定理 4　如果 m 个 n 维向量组 $\boldsymbol{a}_1,\boldsymbol{a}_2,\cdots,\boldsymbol{a}_m$ 线性无关，且 $m+1$ 个 n 维向量组 $\boldsymbol{a}_1,\boldsymbol{a}_2,\cdots,\boldsymbol{a}_m,\boldsymbol{b}$ 线性相关，则向量 $\boldsymbol{b}$ 可以由向量组 $\boldsymbol{a}_1,\boldsymbol{a}_2,\cdots,\boldsymbol{a}_m$ 线性表示，且表示式是唯一的.

定理 5　n 维向量组 $\boldsymbol{a}_1,\boldsymbol{a}_2,\cdots,\boldsymbol{a}_m$ 同时去掉相应的 $n-s(n>s)$ 个分向量后得到 s 维向量组

$\boldsymbol{\beta}_1,\boldsymbol{\beta}_2,\cdots,\boldsymbol{\beta}_m$，其中 $\boldsymbol{a}_j=\begin{bmatrix}a_{1j}\\a_{2j}\\\vdots\\a_{nj}\end{bmatrix}$，$\boldsymbol{\beta}_j=\begin{bmatrix}a_{1j}\\a_{2j}\\\vdots\\a_{sj}\end{bmatrix}$，$j=1,2,\cdots,m$，则

（1）如果 $\boldsymbol{a}_1,\boldsymbol{a}_2,\cdots,\boldsymbol{a}_m$ 线性相关，则 $\boldsymbol{\beta}_1,\boldsymbol{\beta}_2,\cdots,\boldsymbol{\beta}_m$ 也线性相关；

（2）如果 $\boldsymbol{\beta}_1,\boldsymbol{\beta}_2,\cdots,\boldsymbol{\beta}_m$ 线性无关，$\boldsymbol{a}_1,\boldsymbol{a}_2,\cdots,\boldsymbol{a}_m$ 线性无关.

定理 6　设有两个向量组 $\boldsymbol{A}:\boldsymbol{a}_1,\boldsymbol{a}_2,\cdots,\boldsymbol{a}_m$；$\boldsymbol{B}:\boldsymbol{\beta}_1,\boldsymbol{\beta}_2,\cdots,\boldsymbol{\beta}_n$，向量组 $\boldsymbol{B}$ 能由向量组 $\boldsymbol{A}$ 线性表示，并且 $m<n$，则向量组 $\boldsymbol{B}$ 线性相关.

4．向量组的秩

定义 1　设有向量组 $\boldsymbol{A}$，如果 $\boldsymbol{A}$ 中能选出 r 个向量 $\boldsymbol{a}_1,\boldsymbol{a}_2,\cdots,\boldsymbol{a}_r$，满足

（1）$\boldsymbol{A}$ 的部分组 $\boldsymbol{A}_0:\boldsymbol{a}_1,\boldsymbol{a}_2,\cdots,\boldsymbol{a}_r$ 线性无关；

（2）向量组 $\boldsymbol{A}$ 中任意 $r+1$ 个向量都线性相关.

那么称向量组 $\boldsymbol{A}_0$ 是向量组 $\boldsymbol{A}$ 的一个最大线性无关向量组（简称最大无关组），最大无关组所含向量的个数 r 称为向量组 $\boldsymbol{A}$ 的秩，记为 $R_{\boldsymbol{A}}$.

最大无关组的等价定义

设向量组 $\boldsymbol{A}_0:\boldsymbol{a}_1,\boldsymbol{a}_2,\cdots,\boldsymbol{a}_r$ 是向量组 $\boldsymbol{A}$ 的部分组，且满足

（1）向量组 $\boldsymbol{A}_0$ 线性无关；

（2）向量组 $\boldsymbol{A}$ 中任意一个向量都能由向量组 $\boldsymbol{A}_0$ 线性表示，

那么向量组 $\boldsymbol{A}_0$ 便是向量组 $\boldsymbol{A}$ 的一个最大线性无关组.

定理 1　矩阵的秩等于它的列向量组的秩，也等于它的行向量组的秩.

5．线性方程组解的结构

（1）齐次线性方程组解的结构

性质 1　若 $\boldsymbol{\eta}_1,\boldsymbol{\eta}_2$ 为矩阵方程 $\boldsymbol{Ax}=0$ 的解，则 $\boldsymbol{\eta}_1+\boldsymbol{\eta}_2$ 也是该方程的解.

性质 2 若$\boldsymbol{\eta}_1$为矩阵方程$\boldsymbol{Ax}=0$的解，k为实数，则$k\boldsymbol{\eta}_1$也是矩阵方程$\boldsymbol{Ax}=0$的解.

定理 1 对于齐次线性方程组$A_{m\times n}x=0$，若$r(A)=r<n$，则方程组的基础解系一定存在，且每个基础解系中所含解向量的个数均等于$n-r$，其中n是方程组所含列向量或未知量的个数.

（2）非齐次线性方程组解的结构

性质 3 设$\boldsymbol{\eta}_1,\boldsymbol{\eta}_2$是非齐次线性方程组$\boldsymbol{Ax}=\boldsymbol{b}$的解，则$\boldsymbol{\eta}_1-\boldsymbol{\eta}_2$是对应的齐次线性方程组$\boldsymbol{Ax}=0$的解.

性质 4 设$\boldsymbol{\eta}$是非齐次线性方程组$\boldsymbol{Ax}=\boldsymbol{b}$的解，$\boldsymbol{\xi}$是为对应的齐次线性方程组$\boldsymbol{Ax}=0$的解，则$\boldsymbol{\xi}+\boldsymbol{\eta}$为非齐次线性方程组$\boldsymbol{Ax}=\boldsymbol{b}$的解.

第 4 章　矩阵的特征值与特征向量

1. 向量的内积、长度及正交性

（1）向量的内积

设$\boldsymbol{\alpha}=(\boldsymbol{a}_1,\boldsymbol{a}_2,\cdots,\boldsymbol{a}_n)^{\mathrm{T}},\boldsymbol{\beta}=(\boldsymbol{b}_1,\boldsymbol{b}_2,\cdots,\boldsymbol{b}_n)^{\mathrm{T}}\in R^n$，记

$[\boldsymbol{\alpha},\boldsymbol{\beta}]=\boldsymbol{a}_1\boldsymbol{b}_1+\boldsymbol{a}_2\boldsymbol{b}_2+\cdots+\boldsymbol{a}_n\boldsymbol{b}_n=\sum\limits_{k=1}^{n}\boldsymbol{a}_k\boldsymbol{b}_k$，称$[\boldsymbol{\alpha},\boldsymbol{\beta}]$为向量$\boldsymbol{\alpha}$与$\boldsymbol{\beta}$的内积.

（2）内积的性质 （其中$\boldsymbol{\alpha},\boldsymbol{\beta},\boldsymbol{\gamma}\in R^n,k,l\in R$）：

①$[\boldsymbol{\alpha},\boldsymbol{\beta}]=[\boldsymbol{\beta},\boldsymbol{\alpha}]$；②$[k\boldsymbol{\alpha},\boldsymbol{\beta}]=k[\boldsymbol{\alpha},\boldsymbol{\beta}]$；③$[\boldsymbol{\beta}+\boldsymbol{\beta},\boldsymbol{\gamma}]=[\boldsymbol{\alpha},\boldsymbol{\gamma}]+[\boldsymbol{\beta},\boldsymbol{\gamma}]$；

④$[\boldsymbol{\alpha},\boldsymbol{\alpha}]\geqslant 0$，且$[\boldsymbol{\alpha},\boldsymbol{\alpha}]=0\Leftrightarrow\boldsymbol{\alpha}=0$；⑤$[\boldsymbol{\alpha},k\boldsymbol{\beta}+l\boldsymbol{\gamma}]=k[\boldsymbol{\alpha},\boldsymbol{\beta}]+l[\boldsymbol{\alpha},\boldsymbol{\gamma}]$.

（3）向量的长度

设$\boldsymbol{\alpha}=(\boldsymbol{a}_1,\boldsymbol{a}_2,\cdots,\boldsymbol{a}_n)^{\mathrm{T}}\in R^n$，令 $\|\boldsymbol{\alpha}\|=\sqrt{(\boldsymbol{\alpha},\boldsymbol{\alpha})}=\sqrt{\boldsymbol{a}_1^2+\boldsymbol{a}_2^2+\cdots+\boldsymbol{a}_n^2}$，称$\|\boldsymbol{\alpha}\|$为向量$\boldsymbol{\alpha}$的长度，称长度为 1 的向量为单位向量.

（4）向量的长度的性质 （设$\boldsymbol{\alpha},\boldsymbol{\beta}\in R^n$），则

①$\|\boldsymbol{\alpha}\|\geqslant 0$，且$\|\boldsymbol{\alpha}\|=0\Leftrightarrow\boldsymbol{\alpha}=0$，（非负性）；②$\|k\boldsymbol{\alpha}\|=|k|\|\boldsymbol{\alpha}\|$，（正齐次性）；

③$\|\boldsymbol{\alpha}+\boldsymbol{\beta}\|\leqslant\|\boldsymbol{\alpha}\|+\|\boldsymbol{\beta}\|$，（三角不等式）.

（5）向量的夹角：设$\boldsymbol{\alpha},\boldsymbol{\beta}\in R^n,\boldsymbol{\alpha}\neq 0,\boldsymbol{\beta}\neq 0$，称$\varphi=\arccos\dfrac{[\boldsymbol{\alpha},\boldsymbol{\beta}]}{\|\boldsymbol{\alpha}\|\|\boldsymbol{\beta}\|}$，

$0\leqslant\varphi\leqslant\pi$，为$\boldsymbol{\alpha}$与$\boldsymbol{\beta}$的夹角. 当$[\boldsymbol{\alpha},\boldsymbol{\beta}]=0$时，称正交，$\boldsymbol{\alpha}$与$\boldsymbol{\beta}$正交，记为$\boldsymbol{\alpha}\perp\boldsymbol{\beta}$.

显然$\boldsymbol{\alpha}=0$，则$\boldsymbol{\alpha}$与R^n中任何向量都正交.

（6）正交向量组

① 两两正交的非零向量构成的向量组为正交（向量）组.

② 正交组的性质：若n维向量$\boldsymbol{\alpha}_1,\boldsymbol{\alpha}_2,\cdots,\boldsymbol{\alpha}_n$是一组两两正交的非零向量，则$\boldsymbol{\alpha}_1,\boldsymbol{\alpha}_2,\cdots,\boldsymbol{\alpha}_n$线性无关.

（7）施密特正交化：

① 规范正交基：设$\boldsymbol{\alpha}_1,\boldsymbol{\alpha}_2,\cdots,\boldsymbol{\alpha}_m$是向量空间$V$的一个基，如果$\boldsymbol{\alpha}_1,\boldsymbol{\alpha}_2,\cdots,\boldsymbol{\alpha}_m$两两正交，且每个向量$\boldsymbol{\alpha}_i$又都是单位向量，则称$\boldsymbol{\alpha}_1,\boldsymbol{\alpha}_2,\cdots,\boldsymbol{\alpha}_m$是$V$的一个规范正交基.

② 施密特正交化公式

$$\boldsymbol{\beta}_1=\boldsymbol{\alpha}_1，\quad \boldsymbol{\beta}_2=\boldsymbol{\alpha}_2-\frac{[\boldsymbol{\alpha}_2,\boldsymbol{\beta}_1]}{[\boldsymbol{\beta}_1,\boldsymbol{\beta}_1]}\boldsymbol{\beta}_1，\quad \boldsymbol{\beta}_3=\boldsymbol{\alpha}_3-\frac{[\boldsymbol{\alpha}_3,\boldsymbol{\beta}_1]}{[\boldsymbol{\beta}_1,\boldsymbol{\beta}_1]}\boldsymbol{\beta}_1-\frac{[\boldsymbol{\alpha}_3,\boldsymbol{\beta}_2]}{[\boldsymbol{\beta}_2,\boldsymbol{\beta}_2]}\boldsymbol{\beta}_2，\cdots$$

$$\boldsymbol{\beta}_m=\boldsymbol{\alpha}_m-\frac{[\boldsymbol{\alpha}_m,\boldsymbol{\beta}_1]}{[\boldsymbol{\beta}_1,\boldsymbol{\beta}_1]}\boldsymbol{\beta}_1-\frac{[\boldsymbol{\alpha}_m,\boldsymbol{\beta}_2]}{[\boldsymbol{\beta}_2,\boldsymbol{\beta}_2]}\boldsymbol{\beta}_2-\cdots-\frac{[\boldsymbol{\alpha}_m,\boldsymbol{\beta}_{m-1}]}{[\boldsymbol{\beta}_{m-1},\boldsymbol{\beta}_{m-1}]}\boldsymbol{\beta}_{m-1}$$

（8）正交矩阵：如果n阶矩阵$\boldsymbol{A}$满足$\boldsymbol{A}^{\mathrm{T}}\boldsymbol{A}=\boldsymbol{E}$,则称$\boldsymbol{A}$为正交（矩）阵.

（9）正交矩阵$\boldsymbol{A}$的性质：

① $\boldsymbol{A}$是可逆阵，且$\boldsymbol{A}^{-1}=\boldsymbol{A}^{\mathrm{T}}$是正交阵；

② 设有$n\times n$实矩阵$\boldsymbol{A}=(\boldsymbol{\alpha}_1\boldsymbol{\alpha}_2\cdots\boldsymbol{\alpha}_n)$，则$\boldsymbol{\alpha}_1,\boldsymbol{\alpha}_2,\cdots,\boldsymbol{\alpha}_n$构成$R^n$的一个规范正交基的充要条件是$\boldsymbol{A}$是正交矩阵.

③ 对任意n维列向量$\boldsymbol{X}$和$\boldsymbol{Y}$，$\boldsymbol{AX}$和$\boldsymbol{AY}$保持$\boldsymbol{X}$和$\boldsymbol{Y}$的内积，即$[\boldsymbol{AX},\boldsymbol{AY}]=[\boldsymbol{X},\boldsymbol{Y}]$.

2. 方阵的特征值与特征向量

（1）特征值与特征向量的概念

$\boldsymbol{A}$是n阶方阵，如果存在数λ和n维列向量$\boldsymbol{X}=\begin{bmatrix}x_1\\x_2\\\vdots\\x_n\end{bmatrix}\neq 0$，使$\boldsymbol{AX}=\lambda\boldsymbol{X}$成立，那么，称$\lambda$为方阵$\boldsymbol{A}$一个的特征值，非零向量$\boldsymbol{X}$称为$\boldsymbol{A}$的属于特征值$\lambda$的特征向量.

（2）特征值与特征向量的求法：

$\boldsymbol{A}$的特征值就是特征方程$|\boldsymbol{A}-\lambda\boldsymbol{E}_n|=0$的解，$\boldsymbol{A}$的属于特征值$\lambda_i$的特征向量就是齐次线性方程组$(\boldsymbol{A}-\lambda_i\boldsymbol{E}_n)\boldsymbol{X}=0$的非零解向量.

（3）特征值与特征向量的性质：

① 矩阵$\boldsymbol{A}$的n个特征值之和等于$\boldsymbol{A}$的n个对角线元素之和，即

$\lambda_1+\lambda_2+\cdots+\lambda_n=a_{11}+a_{22}+\cdots+a_{nn}$（$\lambda_1,\lambda_2,\cdots,\lambda_n$为$\boldsymbol{A}$的$n$个特征值）.

② 矩阵$\boldsymbol{A}$的n个特征值的乘积等于$\boldsymbol{A}$的行列式的值，即$\lambda_1\cdot\lambda_2\cdot\cdots\cdot\lambda_n=|\boldsymbol{A}|$.

③ 设$\lambda_1,\lambda_2,\cdots,\lambda_m$是$n$阶方阵$\boldsymbol{A}$的$m$个特征值，$\boldsymbol{X}_1,\boldsymbol{X}_2,\cdots,\boldsymbol{X}_m$依次是与之对应的特征向量，如果$\lambda_1,\lambda_2,\cdots,\lambda_m$互不相等，则$\boldsymbol{X}_1,\boldsymbol{X}_2,\cdots,\boldsymbol{X}_m$线性无关.

3. 相似矩阵

（1）相似矩阵的概念：设$\boldsymbol{A},\boldsymbol{B}$都是$n$阶方阵，若存在可逆阵$\boldsymbol{P}$，使$\boldsymbol{B}=\boldsymbol{P}^{-1}\boldsymbol{AP}$，则称$\boldsymbol{A}$与$\boldsymbol{B}$相似，称从$\boldsymbol{A}$到$\boldsymbol{B}$的这种变换为相似变换，称这个$\boldsymbol{P}$为相似变换矩阵.

（2）相似矩阵的性质：

① 若n阶矩阵$\boldsymbol{A}$与$\boldsymbol{B}$相似，则$\boldsymbol{A}$与$\boldsymbol{B}$的特征多项式相同，从而$\boldsymbol{A}$与$\boldsymbol{B}$的特征值也相同．且$|\boldsymbol{A}|=|\boldsymbol{B}|$．

② n阶矩阵$\boldsymbol{A}$与对角阵相似（即$\boldsymbol{A}$能对角化）的充要条件是$\boldsymbol{A}$有n个线性无关的特征向量．

4．实对称矩阵的对角化

（1）实对称阵的三个重要性质：

① 实对称阵的特征值都是实数；

② 实对称阵的对应于不同特征值的实特征向量必正交；

③ 对应于实对称阵$\boldsymbol{A}$的r_i重特征值λ_i，一定有r_i个线性无关的实特征向量．就是说方程组$(\lambda \boldsymbol{E}_n-\boldsymbol{A})\boldsymbol{X}=0$的每个基础解系恰好含有$r_i$个向量．

（2）实对称矩阵的对角化

设$\boldsymbol{A}$为n阶实对称矩阵，则存在n阶正交阵$\boldsymbol{P}$，使

$$\boldsymbol{P}^{-1}\boldsymbol{A}\boldsymbol{P}=\boldsymbol{P}^{\mathrm{T}}\boldsymbol{A}\boldsymbol{P}=\begin{bmatrix}\lambda_1 & & & \\ & \lambda_2 & & \\ & & \ddots & \\ & & & \lambda_n\end{bmatrix}$$

其中$\lambda_1,\lambda_2,\cdots,\lambda_n$为$\boldsymbol{A}$的$n$个特征值．

第5章　二次型

1．二次型的概念：含有n个变量$x_1,x_2,\cdots,x_n$的二次齐次函数

$$\begin{aligned}f(x_1,x_2,\cdots,x_n)=&a_{11}x_1^2+2a_{12}x_1x_2+2a_{13}x_1x_3+\cdots+2a_{1n}x_1x_n+\\&a_{22}x_2^2+2a_{23}x_2x_3+\cdots+2a_{2n}x_2x_n+\\&\cdots\cdots\\&a_{nn}x_n^2\end{aligned}$$

称为二次型．取$a_{ij}=a_{ji}$，于是上式写成

$$\begin{aligned}f(x_1,x_2,\cdots,x_n)=&a_{11}x_1^2+a_{12}x_1x_2+\cdots+a_{1n}x_1x_n+\\&a_{21}x_2x_1+a_{22}x_2^2+\cdots+a_{2n}x_2x_n+\\&\cdots\cdots\\&a_{n1}x_nx_1+a_{n2}x_nx_2+\cdots+a_{nn}x_n^2\\=&\sum_{i=1}^{n}\sum_{j=1}^{n}a_{ij}x_ix_j\end{aligned}$$

如果二次型中只含有变量的平方项，所有混合项 $x_i x_j (i \neq j)$ 的系数全是零，即

$$f(x_1, x_2, \cdots, x_n) = \sum_{i=1}^{n} k_i x_i^2 \quad k_i (i = 1, 2, \cdots, n)$$

其中 $k_i (i = 1, 2, \cdots, n)$ 为实数，则称这样的二次型为标准形.

如果标准形的系数 $k_i (i = 1, 2, \cdots, n)$ 只在 $1, -1, 0$ 三个数中取值，即

$$f(x_1, x_2, \cdots, x_n) = x_1^2 + \cdots + x_p^2 - x_{p+1}^2 - \cdots - x_r^2$$

则称这样的二次型为规范形.

2. 二次型的矩阵

$$\begin{aligned} f(x_1, x_2, \cdots, x_n) &= x_1(a_{11}x_1 + a_{12}x_2 + \cdots + a_{1n}x_n) + \\ &\quad x_2(a_{21}x_1 + a_{22}x_2 + \cdots + a_{2n}x_n) \\ &\quad \cdots\cdots \\ &\quad x_n(a_{n1}x_1 + a_{n2}x_2 + \cdots + a_{nn}x_n) \\ &= (x_1, x_2, \cdots, x_n) \begin{bmatrix} a_{11}x_1 + a_{12}x_2 + \cdots + a_{1n}x_n \\ a_{21}x_1 + a_{22}x_2 + \cdots + a_{2n}x_n \\ \vdots \\ a_{n1}x_1 + a_{n2}x_2 + \cdots + a_{nn}x_n \end{bmatrix} \\ &= (x_1, x_2, \cdots, x_n) \begin{bmatrix} a_{11} & a_{12} & \cdots & a_{1n} \\ a_{21} & a_{22} & \cdots & a_{2n} \\ \vdots & \vdots & \ddots & \vdots \\ a_{n1} & a_{n2} & \cdots & a_{nn} \end{bmatrix} \begin{bmatrix} x_1 \\ x_2 \\ \vdots \\ x_n \end{bmatrix} \end{aligned}$$

记

$$\boldsymbol{A} = \begin{bmatrix} a_{11} & a_{12} & \cdots & a_{1n} \\ a_{21} & a_{22} & \cdots & a_{2n} \\ \vdots & \vdots & \ddots & \vdots \\ a_{n1} & a_{n2} & \cdots & a_{nn} \end{bmatrix}, \quad \boldsymbol{x} = \begin{bmatrix} x_1 \\ x_2 \\ \vdots \\ x_n \end{bmatrix}$$

则二次型可记为

$$f = \boldsymbol{x}^{\mathrm{T}} \boldsymbol{A} \boldsymbol{x} \tag{5.1.3}$$

其中 $\boldsymbol{A}$ 为对称矩阵.

3. 矩阵的合同

两个 n 阶实对称矩阵 $\boldsymbol{A}$ 和 $\boldsymbol{B}$，如果存在可逆实矩阵 $\boldsymbol{C}$，使得 $\boldsymbol{B} = \boldsymbol{C}^{\mathrm{T}} \boldsymbol{A} \boldsymbol{C}$，则称 $\boldsymbol{A}$ 与 $\boldsymbol{B}$ 合同，记为 $\boldsymbol{A} \simeq \boldsymbol{B}$.

经可逆变换 $\boldsymbol{x}=\boldsymbol{Cy}$ 后，二次型 f 的矩阵由 $\boldsymbol{A}$ 变为与 $\boldsymbol{A}$ 合同的矩阵 $\boldsymbol{C}^{\mathrm{T}}\boldsymbol{AC}$，且二次型的秩不变.

矩阵的合同关系具有反身性、对称性、传递性.

4．二次型的标准化和规范化

（1）正交变换法．对任意 n 元实二次型 $f=\sum_{i=1}^{n}\sum_{j=1}^{n}a_{ij}x_ix_j=\boldsymbol{x}^{\mathrm{T}}\boldsymbol{A}x\ (a_{ij}=a_{ji})$，存在正交线性变换 $\boldsymbol{x}=\boldsymbol{Py}$，使二次型 f 化为标准形

$$f=\lambda_1y_1^2+\lambda_2y_2^2+\cdots+\lambda_ny_n^2$$

其中 $\lambda_1,\lambda_2,\cdots,\lambda_n$ 是 $\boldsymbol{A}$ 的 n 个特征值.

（2）配方法．把二次型化为几个一次式的平方，再设新未知数.

5．惯性定理

实二次型 $f=\boldsymbol{x}^{\mathrm{T}}\boldsymbol{A}x$ 的秩为 r，$\boldsymbol{x}=\boldsymbol{Cy}$ 及 $\boldsymbol{x}=\boldsymbol{Pz}$ 是两个可逆变换，使二次型 $f(x)=\boldsymbol{x}^{\mathrm{T}}\boldsymbol{A}x$ 化为标准形

$$f=k_1y_1^2+k_2y_2^2+\cdots+k_ry_r^2\ \ (k_i\neq 0)$$

及

$$f=\lambda_1z_1^2+\lambda_2z_2^2+\cdots+\lambda_rz_r^2\ \ (\lambda_i\neq 0)$$

则 $k_1,k_2,\cdots,k_r$ 中正数的个数与 $\lambda_1,\lambda_2,\cdots,\lambda_r$ 中正数的个数相等.

二次型 $f=\boldsymbol{x}^{\mathrm{T}}\boldsymbol{A}x$ 的标准形中正系数个数称为 f 的正惯性指数，负系数个数称为负惯性指数．正惯性指数与负惯性指数之差称为符号差.

若二次型 $f=\boldsymbol{x}^{\mathrm{T}}\boldsymbol{A}x$ 的正惯性指数为 p，秩为 r，则 $f=\boldsymbol{x}^{\mathrm{T}}\boldsymbol{A}x$ 的规范形便可确定为

$$f=z_1^2+\cdots+z_p^2-z_{p+1}^2-\cdots-z_r^2.$$

对称矩阵 $\boldsymbol{A}$ 与 $\boldsymbol{B}$ 合同当且仅当它们有相同的秩和相同的正惯性指数.

6．正定二次型和正定矩阵

n 元实二次型 $f=\boldsymbol{x}^{\mathrm{T}}\boldsymbol{A}x$ 和对应的 n 阶实对称矩阵 $\boldsymbol{A}$，可分成以下五类：

（1）如果对于任何非零实列向量 $\boldsymbol{x}$，都有 $\boldsymbol{x}^{\mathrm{T}}\boldsymbol{A}x>0$，则称 f 为正定二次型，称 $\boldsymbol{A}$ 为正定矩阵.

（2）如果对于任何实列向量 $\boldsymbol{x}$，都有 $\boldsymbol{x}^{\mathrm{T}}\boldsymbol{A}x\geqslant 0$，则称 f 为半正定二次型，称 $\boldsymbol{A}$ 为半正定矩阵.

（3）如果对于任何非零实列向量 $\boldsymbol{x}$，都有 $\boldsymbol{x}^{\mathrm{T}}\boldsymbol{A}x<0$，则称 f 为负定二次型，称 $\boldsymbol{A}$ 为负定矩阵.

（4）如果对于任何实列向量 $\boldsymbol{x}$，都有 $\boldsymbol{x}^{\mathrm{T}}\boldsymbol{A}\boldsymbol{x} \leqslant 0$，则称 f 为半负定二次型，称 $\boldsymbol{A}$ 为半负定矩阵.

（5）其他的实二次型称为不定二次型，其他的实对称矩阵称为不定矩阵.

二次型 $f=\boldsymbol{x}^{\mathrm{T}}\boldsymbol{A}\boldsymbol{x}$ 为正定的充分必要条件是，其标准形的 n 个系数全为正，即它的正惯性指数等于 n.

实对称矩阵 $\boldsymbol{A}$ 正定的充分必要条件是，$\boldsymbol{A}$ 的特征值都是正数.

实对称矩阵 $\boldsymbol{A}$ 正定的充分必要条件是，$\boldsymbol{A}$ 的顺序主子式都为正，即

$$a_{11}>0,\begin{vmatrix} a_{11} & a_{12} \\ a_{21} & a_{22} \end{vmatrix}>0,\cdots,\begin{vmatrix} a_{11} & a_{12} & \cdots & a_{1n} \\ a_{21} & a_{22} & \cdots & a_{2n} \\ \vdots & \vdots & \ddots & \vdots \\ a_{n1} & a_{n2} & \cdots & a_{nn} \end{vmatrix}>0$$

对称矩阵 $\boldsymbol{A}$ 负定的充分必要条件是，$\boldsymbol{A}$ 的奇数阶顺序主子式都为负，偶数阶顺序主子式都为正，即

$$(-1)^r\begin{vmatrix} a_{11} & a_{12} & \cdots & a_{1r} \\ a_{21} & a_{22} & \cdots & a_{2r} \\ \vdots & \vdots & \ddots & \vdots \\ a_{n1} & a_{n2} & \cdots & a_{rr} \end{vmatrix}>0 \quad (r=1,2,\cdots,n).$$

附录C　各章典型题例与分析

第1章　行列式

例1　求下列排列的逆序数：

（1）21736854；

（2）$135\cdots(2n-1)246\cdots(2n)$.

分析：求一个排列的逆序数可以有两种思路.

思路1：按此排列的次序分别算出每个数的后面比它小的数的个数，然后求和.

思路2：按自然数的顺序分别算出排在$1,2,3,\cdots$前面的比它大的数的个数，再求和.

解：（1）法一（用思路1）：

2的后面有1小于2，故2的逆序数为1.

1的后面没有小于1的数，1的逆序数为0.

7的后面有3, 6, 5, 4小于7，故7的逆序数为4．依此方法逐个计算．可知此排列的逆序数$\tau(21736854)=1+0+4+0+2+2+1+0=10$.

法二（用思路2）：

1的前面比1大的数有一个2，故1的逆序数是1.

2排在首位没有逆序.

3的前面有一个7比3大，逆序数为1.

依此计算，得$\tau(21736854)=1+0+1+4+3+1+0+0=10$.

（2）此排列的前n个数$135\cdots(2n-1)$之间没有逆序，后n个数$246\cdots(2n)$之间也没有逆序，只是前n个数与后n个数之间才有逆序，用思路1易见

$$\begin{aligned}&\tau(1\,3\,5\cdots(2n-1)\cdots 2\,4\,6\cdots(2n))\\&=0+1+2+\cdots+(n-1)+0+0+\cdots+0\\&=\frac{1}{2}n\,(n-1).\end{aligned}$$

例2　写出4阶行列式中含$a_{11}a_{23}$的项.

分析：行列式是不同行不同列元素乘积的代数和，含$a_{11}a_{23}$的项应当有形式$a_{11}a_{23}a_{3j_3}a_{4j_4}$，由此分析$j_3, j_4$的取值及该项所带的正负号.

解：因为含$a_{11}a_{23}$的项可写为$a_{11}a_{23}a_{3j_3}a_{4j_4}$，其中$13\,j_3j_4$是1至4的排列．所以$j_3, j_4$取自2和4．可见共有两项含$a_{11}a_{23}$.

若 $j_3=2, j_4=4$，则

$$\tau(1\,3\,2\,4)=1$$

是奇排列，故该项带负号为 $-a_{11}a_{23}a_{32}a_{44}$．

若 $j_3=4, j_4=2$，利用对换改变排列的奇偶性，知 $a_{11}a_{23}a_{34}a_{42}$ 带正号．即4阶行列式中，含 $a_{11}a_{23}$ 的项是 $-a_{11}a_{23}a_{32}a_{44}$， $a_{11}a_{23}a_{34}a_{42}$．

例3 在五阶行列式中，项 $a_{32}a_{55}a_{14}a_{21}a_{43}$ 的符号取________．

分析：按行列式定义，行列式中每一项都是不同行不同列元素的乘积．

解：将 $a_{32}a_{55}a_{14}a_{21}a_{43}$ 记成 $a_{14}a_{21}a_{32}a_{43}a_{55}$，对应的列标的排列为奇排列，故符号取为负号．

例4 $\begin{vmatrix} x & -x & -1 & x \\ 2 & 2 & 3 & x \\ -7 & 10 & 4 & 3 \\ 1 & -7 & 1 & x \end{vmatrix}$ 为________次多项式，常数项为________．

分析：按行列式定义，行列式中每一项都是不同行不同列元素的乘积．

解：按第一行展开，可以看出该行列式是二次多项式．为求常数项，在第一行中取元素 -1，第三行中取元素3，即有

$$(-1)\times(-1)^{1+3}\times 3\times(-1)^{3+4}\times\begin{vmatrix} 2 & 2 \\ 1 & -7 \end{vmatrix}=-48$$

故应填为二次多项式，其常数项为 -48．

例5 设 $\boldsymbol{A}$ 为 m 阶方阵，$\boldsymbol{B}$ 为 n 阶方阵，且 $|\boldsymbol{A}|=a$，$|\boldsymbol{B}|=b$，$\boldsymbol{C}=\begin{bmatrix} 0 & \boldsymbol{A} \\ \boldsymbol{B} & 0 \end{bmatrix}$，则 $|\boldsymbol{C}|=$（　　）．

A．ab　　B．$(-1)^{m+n}ab$　　C．$-ab$　　D．$(-1)^{mn}ab$

解：选D．

例6 设 $\boldsymbol{A}$ 是 n 阶方阵，k 是非零常数，$\boldsymbol{A}^*$ 是 $\boldsymbol{A}$ 的伴随矩阵，则行列式 $|(k\boldsymbol{A})^*|=$（　　）．

A．$k|\boldsymbol{A}|^{n-1}$　　B．$|k||\boldsymbol{A}|^{n-1}$　　C．$k^{n(n-1)}|\boldsymbol{A}|^{n-1}$　　D．$k^{n-1}|\boldsymbol{A}|^{n-1}$

解：选C．由 $(k\boldsymbol{A})^*=k^{n-1}\boldsymbol{A}^*$，得 $|(k\boldsymbol{A})^*|=|k^{n-1}\boldsymbol{A}^*|=k^{n(n-1)}|\boldsymbol{A}|^{n-1}$．

例7 设 $\boldsymbol{A}$ 是3阶方阵，$\boldsymbol{A}^*$ 是 $\boldsymbol{A}$ 的伴随矩阵，$|\boldsymbol{A}|=\frac{1}{8}$，计算 $\left|\left(\frac{1}{3}\boldsymbol{A}\right)^{-1}-8\boldsymbol{A}^*\right|$．

解：由 $\boldsymbol{A}^*=|\boldsymbol{A}|\boldsymbol{A}^{-1}=\frac{1}{8}\boldsymbol{A}^{-1}$，得

$$\left|\left(\frac{1}{3}\boldsymbol{A}\right)^{-1}-8\boldsymbol{A}^*\right|=|3\boldsymbol{A}^{-1}-\boldsymbol{A}^{-1}|=|2\boldsymbol{A}^{-1}|=2^3|\boldsymbol{A}^{-1}|=\frac{8}{|\boldsymbol{A}|}=64\,.$$

例 8 计算行列式 $D=\begin{vmatrix}0&0&a&0\\b&0&0&0\\0&c&0&d\\0&0&e&f\end{vmatrix}$ 之值.

分析：按行列式定义，D 的一般项是 $a_{1j_1}a_{2j_2}a_{3j_3}a_{4j_4}$，由于行列式中有较多的 0，该项若不为 0，则必有

$$j_1=3, j_2=1$$

而 j_3 可取 2 或 4，j_4 可取 3 或 4．但因 j_1,j_2,j_3,j_4 是 1 至 4 的排列，互不相同，则必有

$$j_4=4, j_3=2 .$$

所以在 D 的 $4!$ 项中，仅有一个非 0 项.

解：$D=\sum(-1)^{\tau(j_1j_2j_3j_4)}a_{1j_1}a_{2j_2}a_{3j_3}a_{4j_4}=(-1)^{\tau(3124)}abcf=abcf$.

例 9 计算行列式 $D_n=\begin{vmatrix}x&a&\cdots&a\\a&x&\cdots&a\\\vdots&\vdots&\ddots&\vdots\\a&a&\cdots&x\end{vmatrix}$ 之值.

分析：用化为三角形行列式的方法计算行列式是计算行列式的最基本方法，难点在于怎样化为上三角或下三角行列式以及如何计算较为简便，这需要多练习，多思考，并注意从范例中得到启发.

解：将第一行乘(−1)分别加到其余各行，得

$$D_n=\begin{vmatrix}x&a&a&\cdots&a\\a-x&x-a&0&\cdots&0\\a-x&0&x-a&\cdots&0\\\vdots&\vdots&\vdots&\ddots&\vdots\\a-x&0&0&0&x-a\end{vmatrix}$$

再将各列都加到第一列上，得

$$D_n=\begin{vmatrix}x+(n-1)a&a&a&\cdots&a\\0&x-a&0&\cdots&0\\0&0&x-a&\cdots&0\\\vdots&\vdots&\vdots&\ddots&\vdots\\0&0&0&0&x-a\end{vmatrix}=\left[x+(n-1)a\right](x-a)^{n-1} .$$

例 10　计算行列式 $D_{n+1}=\begin{vmatrix} a^n & (a-1)^n & \cdots & (a-n)^n \\ a^{n-1} & (a-1)^{n-1} & \cdots & (a-n)^{n-1} \\ \vdots & \vdots & \ddots & \vdots \\ a & a-1 & \cdots & a-n \\ 1 & 1 & \cdots & 1 \end{vmatrix}$ 之值.

分析：将行列式经过上下翻转后得到的行列式是范德蒙德行列式，根据范德蒙德行列式的计算公式算出行列式的值.

解：将行列式经过上下翻转后，有

$$D_{n+1}=(-1)^{\frac{n(n+1)}{2}}\begin{vmatrix} 1 & 1 & \cdots & 1 \\ a & a-1 & \cdots & a-n \\ \vdots & \vdots & \ddots & \vdots \\ a^{n-1} & (a-1)^{n-1} & \cdots & (a-n)^{n-1} \\ a^n & (a-1)^n & \cdots & (a-n)^n \end{vmatrix}$$

此行列式为范德蒙德行列式.

$$\begin{aligned} D_{n+1} &= (-1)^{\frac{n(n+1)}{2}}\prod_{n+1\geqslant i>j\geqslant 1}[(a-i+1)-(a-j+1)] \\ &= (-1)^{\frac{n(n+1)}{2}}\prod_{n+1\geqslant i>j\geqslant 1}[-(i-j)] \\ &= (-1)^{\frac{n(n+1)}{2}}\cdot(-1)^{\frac{n+(n-1)+\cdots+1}{2}}\cdot\prod_{n+1\geqslant i>j\geqslant 1}(i-j) \\ &= \prod_{n+1\geqslant i>j\geqslant 1}(i-j). \end{aligned}$$

例 11　计算行列式 $D_{2n}=\begin{vmatrix} a_n & & & & & b_n \\ & \ddots & & & \unicode{x22F0} & \\ & & a_1 & b_1 & & \\ & & c_1 & d_1 & & \\ & \unicode{x22F0} & & & \ddots & \\ c_n & & & & & d_n \end{vmatrix}$ 之值.

解：$D_{2n}=\begin{vmatrix} a_n & & & & & b_n \\ & \ddots & & & \unicode{x22F0} & \\ & & a_1 & b_1 & & \\ & & c_1 & d_1 & & \\ & \unicode{x22F0} & & & \ddots & \\ c_n & & & & & d_n \end{vmatrix}$　（按第 1 行展开）

$$=a_n\begin{vmatrix} a_{n-1} & & & & & b_{n-1} & 0 \\ & \ddots & & & \iddots & & \\ & & a_1 & b_1 & & & \\ & & c_1 & d_1 & & & \\ & \iddots & & & \ddots & & \\ c_{n-1} & & & & & d_{n-1} & 0 \\ 0 & & \cdots & & & 0 & d_n \end{vmatrix}+(-1)^{2n+1}b_n\begin{vmatrix} 0 & a_{n-1} & & & & & b_{n-1} \\ & & \ddots & & & \iddots & \\ & & & a_1 & b_1 & & \\ & & & c_1 & d_1 & & \\ & & \iddots & & & \ddots & \\ & c_{n-1} & & & & & d_{n-1} \\ c_n & & & & & & 0 \end{vmatrix}$$

再按最后一行展开得递推公式

$$D_{2n}=a_nd_nD_{2n-2}-b_nc_nD_{2n-2}\text{，即 }D_{2n}=(a_nd_n-b_nc_n)D_{2n-2}\,.$$

于是

$$D_{2n}=\prod_{i=2}^{n}(a_id_i-b_ic_i)D_2\,,$$

而

$$D_2=\begin{vmatrix} a_1 & b_1 \\ c_1 & d_1 \end{vmatrix}=a_1d_1-b_1c_1\,,$$

所以 $D_{2n}=\prod_{i=1}^{n}(a_id_i-b_ic_i)$.

例 12 证明 $\begin{vmatrix} x & -1 & 0 & \cdots & 0 & 0 \\ 0 & x & -1 & \cdots & 0 & 0 \\ \vdots & \vdots & \vdots & \ddots & \vdots & \vdots \\ 0 & 0 & 0 & \cdots & x & -1 \\ a_n & a_{n-1} & a_{n-2} & \cdots & a_2 & x+a_1 \end{vmatrix}= x^n+a_1x^{n-1}+\cdots+a_{n-1}x+a_n$. s

证：用数学归纳法证明.

当 $n=2$ 时，$D_2=\begin{vmatrix} x & -1 \\ a_2 & x+a_1 \end{vmatrix}=x^2+a_1x+a_2$，命题成立.

假设对于 $n-1$ 阶行列式命题成立，即

$$D_{n-1}=x^{n-1}+a_1x^{n-2}+\cdots+a_{n-2}x+a_{n-1}$$

则 D_n 按第一列展开，有

$$D_n=xD_{n-1}+a_n(-1)^{n+1}\begin{vmatrix} -1 & 0 & \cdots & 0 & 0 \\ x & -1 & \cdots & 0 & 0 \\ \vdots & \vdots & \ddots & \vdots & \vdots \\ 1 & 1 & \cdots & x & -1 \end{vmatrix}$$

$$=xD_{n-1}+a_n=x^n+a_1x^{n-1}+\cdots+a_{n-1}x+a_n\,.$$

因此，对于 n 阶行列式命题成立.

例 13 计算 $D_n=\begin{vmatrix}1+a_1 & 1 & \cdots & 1\\ 1 & 1+a_2 & \cdots & 1\\ \vdots & \vdots & \ddots & \vdots\\ 1 & 1 & \cdots & 1+a_n\end{vmatrix}$，其中 $a_1a_2\cdots a_n\neq 0$.

解：

$$D_n=\begin{vmatrix}1+a_1 & 1 & \cdots & 1\\ 1 & 1+a_2 & \cdots & 1\\ \vdots & \vdots & \ddots & \vdots\\ 1 & 1 & \cdots & 1+a_n\end{vmatrix}$$

$$\xlongequal[c_2-c_3\ \cdots]{c_1-c_2}\begin{vmatrix}a_1 & 0 & 0 & \cdots & 0 & 0 & 1\\ -a_2 & a_2 & 0 & \cdots & 0 & 0 & 1\\ 0 & -a_3 & a_3 & \cdots & 0 & 0 & 1\\ \cdots & \cdots & \cdots & \cdots & \cdots & \cdots & \cdots\\ 0 & 0 & 0 & \cdots & -a_{n-1} & a_{n-1} & 1\\ 0 & 0 & 0 & \cdots & 0 & -a_n & 1+a_n\end{vmatrix}$$

$$=a_1a_2\cdots a_n\begin{vmatrix}1 & 0 & 0 & \cdots & 0 & 0 & a_1^{-1}\\ -1 & 1 & 0 & \cdots & 0 & 0 & a_2^{-1}\\ 0 & -1 & 1 & \cdots & 0 & 0 & a_3^{-1}\\ \cdots & \cdots & \cdots & \cdots & \cdots & \cdots & \cdots\\ 0 & 0 & 0 & \cdots & -1 & 1 & a_{n-1}^{-1}\\ 0 & 0 & 0 & \cdots & 0 & -1 & 1+a_n^{-1}\end{vmatrix}$$

$$\xlongequal[r_3+r_2\ \cdots]{r_2+r_1}a_1a_2\cdots a_n\begin{vmatrix}1 & 0 & 0 & \cdots & 0 & 0 & a_1^{-1}\\ 0 & 1 & 0 & \cdots & 0 & 0 & a_1^{-1}+a_2^{-1}\\ 0 & 0 & 1 & \cdots & 0 & 0 & a_1^{-1}+a_3^{-1}\\ \cdots & \cdots & \cdots & \cdots & \cdots & \cdots & \cdots\\ \cdots & \cdots & \cdots & \cdots & \cdots & \cdots & \cdots\\ 0 & 0 & 0 & \cdots & 1 & 1 & \sum\limits_{i=1}^{n-1}a_i^{-1}\\ 0 & 0 & 0 & \cdots & 0 & 0 & 1+\sum\limits_{i=1}^{n}a_i^{-1}\end{vmatrix}$$

$$=(a_1a_2\cdots a_n)\left(1+\sum_{i=1}^{n}\frac{1}{a_i}\right).$$

例 14 设 $\boldsymbol{\alpha}_1,\boldsymbol{\alpha}_2,\boldsymbol{\alpha}_3$ 均为三维列向量，记矩阵

$$A=(\alpha_1,\alpha_2,\alpha_3)，\quad B=(\alpha_1+\alpha_2+\alpha_3,\alpha_1+2\alpha_2+4\alpha_3,\alpha_1+3\alpha_2+9\alpha_3)$$

如果$|A|=1$，求$|B|$.

解: 将方阵B的行列式$|B|$的第1列乘-1分别加到第2列和第3列，然后将第2列乘-2加到第3列，由行列式的性质得

$$\begin{aligned}|B|&=|\alpha_1+\alpha_2+\alpha_3,\alpha_2+3\alpha_3,2\alpha_2+8\alpha_3|=|\alpha_1+\alpha_2+\alpha_3,\alpha_2+3\alpha_3,2\alpha_3|\\&=2|\alpha_1+\alpha_2,\alpha_2,\alpha_3|\\&=2\left(|\alpha_1,\alpha_2,\alpha_3|+|\alpha_2,\alpha_2,\alpha_3|\right)\\&=2(1+0)=2.\end{aligned}$$

例 15 已知5阶行列式

$$D_5=\begin{vmatrix}1&2&3&4&5\\2&2&2&1&1\\3&1&2&4&5\\1&1&1&2&2\\4&3&1&5&0\end{vmatrix}=27$$

求$A_{41}+A_{42}+A_{43}$和$A_{44}+A_{45}$.

解: 由

$$\begin{cases}(A_{41}+A_{42}+A_{43})+2(A_{44}+A_{45})=27\\2(A_{41}+A_{42}+A_{43})+(A_{44}+A_{45})=0\end{cases}$$

解得$A_{41}+A_{42}+A_{43}=-9$，$A_{44}+A_{45}=18$.

例 16 设矩阵$A=(a_{ij})_{3\times3}$满足$A^*=A^{\mathrm{T}}$，其中A^*是A的伴随矩阵，A^{T}是A的转置矩阵，若a_{11},a_{12},a_{13}为三个相等的正数，求a_{11}.

解: 由$|A^{\mathrm{T}}|=|A|$和$|A^*|=|A|^{3-1}=|A|^2$，得$|A|^2=|A|$，即$|A|\left(|A|-1\right)=0$，从而$|A|=0$或$|A|=1$.

又将$|A|$按第1行展开，并注意到$a_{ij}=A_{ij}\ (A^*=A^{\mathrm{T}})$，得

$$|A|=a_{11}A_{11}+a_{12}A_{12}+a_{13}A_{13}=a_{11}^2+a_{12}^2+a_{13}^2>0，\quad a_{11}>0$$

于是得$|A|=1$，即$3a_{11}^2=1$，故$a_{11}=\dfrac{\sqrt{3}}{3}$.

例 17 已知方阵$A=\begin{bmatrix}1&2&-2\\2&-1&\lambda\\3&1&-1\end{bmatrix}$，$B$是3阶非零矩阵且满足$AB=0$，试求$\lambda$的值.

解: 设$B=(\beta_1,\beta_2,\beta_3)$，则$AB=0$，即

$$AB=A(\beta_1,\beta_2,\beta_3)=(A\beta_1,A\beta_2,A\beta_3)=(0,0,0)$$

从而有 $A\boldsymbol{\beta}_j=0(j=1,2,3)$．这说明 $\boldsymbol{\beta}_j\ (j=1,2,3)$ 是齐次线性方程组 $Ax=0$ 的解．又由 $B\neq 0$ 知 $Ax=0$ 有非零解，故

$$|A|=\begin{vmatrix}1 & 2 & -2\\ 2 & -1 & \lambda\\ 3 & 1 & -1\end{vmatrix}=5(\lambda-1)=0$$

解得 $\lambda=1$．

例 18 问 λ 取何值时，齐次线性方程组 $\begin{cases}(1-\lambda)x_1-2x_2+4x_3=0\\ 2x_1+(3-\lambda)x_2+x_3=0\\ x_1+x_2+(1-\lambda)x_3=0\end{cases}$ 有非零解？

解：系数行列式为

$$D=\begin{vmatrix}1-\lambda & -2 & 4\\ 2 & 3-\lambda & 1\\ 1 & 1 & 1-\lambda\end{vmatrix}=\begin{vmatrix}1-\lambda & -3+\lambda & 4\\ 2 & 1-\lambda & 1\\ 1 & 0 & 1-\lambda\end{vmatrix}$$
$$=(1-\lambda)^3+(\lambda-3)-4(1-\lambda)-2(1-\lambda)(-3-\lambda)$$
$$=(1-\lambda)^3+2(1-\lambda)^2+\lambda-3.$$

令 $D=0$，得

$$\lambda=0，\lambda=2 \text{ 或 } \lambda=3.$$

于是，当 $\lambda=0$，$\lambda=2$ 或 $\lambda=3$ 时，该齐次线性方程组有非零解．

例 19 如果 n 次多项式 $f(x)=c_0+c_1x+\cdots+c_nx^n$ 对 $n+1$ 个不同的 x 值都等于零，证明 $f(x)\equiv 0$．

证：设 $x=a_i\ (i=1,2,\cdots,n+1,a_i\neq a_j,i\neq j)$ 时，$f(x)=0$，则有

$$\begin{cases}c_0+c_1a_1+\cdots+c_na_1^n=0\\ c_0+c_1a_2+\cdots+c_na_2^n=0\\ \qquad\vdots\\ c_0+c_1a_{n+1}+\cdots c_na_{n+1}^n=0\end{cases}$$

这是以 $c_0,c_1,\cdots,c_n$ 为未知量的齐次线性方程组，其系数行列式是范德蒙德行列式

$$D=\begin{vmatrix}1 & a_1 & a_1^2 & \cdots & a_1^n\\ 1 & a_2 & a_2^2 & \cdots & a_2^n\\ 1 & a_3 & a_3^2 & \cdots & a_3^n\\ \vdots & \vdots & \vdots & \ddots & \vdots\\ 1 & a_{n+1} & a_{n+1}^2 & \cdots & a_{n+1}^n\end{vmatrix}=\prod_{1\leqslant j<i\leqslant n}(a_i-a_j).$$

因 $a_i\ (i=1,2,\cdots,n+1)$ 各不相同，$D\neq 0$．根据克拉默法则方程组只有零解，即 $c_0=c=\cdots=c_n=0$，故 $f(x)\equiv 0$．

例 20 设 $\boldsymbol{A}=(a_{ij})$ 为 3 阶正交矩阵，且 $a_{33}=-1$，$\boldsymbol{b}=(0,1,1)^{\mathrm{T}}$，求方程组 $\boldsymbol{Ax}=\boldsymbol{b}$ 的解.

分析：$\boldsymbol{A}$ 为 3 阶正交矩阵，则 $|\boldsymbol{A}|=\pm1\neq0$，方程组 $\boldsymbol{Ax}=\boldsymbol{b}$ 有唯一解. 又由于正交矩阵的行向量组和列向量组都是两两正交的单位向量，且已知 $a_{33}=-1$，可知 $\boldsymbol{A}$ 的第 3 行和第 3 列应分别是 $(0,0,-1)$ 和 $(0,0,-1)^{\mathrm{T}}$. 这样可设出矩阵 $\boldsymbol{A}$，并用克拉默法则求得方程组的解.

解：由题设条件，正交矩阵 $\boldsymbol{A}=\begin{bmatrix}a_{11} & a_{12} & 0\\ a_{21} & a_{22} & 0\\ 0 & 0 & -1\end{bmatrix}$. 由于 $|\boldsymbol{A}|=\pm1\neq0$，方程组 $\boldsymbol{Ax}=\boldsymbol{b}$ 有唯一解 $\boldsymbol{x}=(x_1,x_2,x_3)$. 由克拉默法则，得

$$x_1=\frac{D_1}{|\boldsymbol{A}|}=\frac{\begin{vmatrix}0 & a_{12} & 0\\ 0 & a_{22} & 0\\ 1 & 0 & -1\end{vmatrix}}{|\boldsymbol{A}|}=0,\quad x_2=\frac{D_2}{|\boldsymbol{A}|}=\frac{\begin{vmatrix}a_{11} & 0 & 0\\ a_{21} & 0 & 0\\ 0 & 1 & -1\end{vmatrix}}{|\boldsymbol{A}|}=0,\quad x_3=\frac{D_3}{|\boldsymbol{A}|}=\frac{\begin{vmatrix}a_{11} & a_{12} & 0\\ a_{21} & a_{22} & 0\\ 0 & 0 & 1\end{vmatrix}}{|\boldsymbol{A}|}=-1$$

所以方程组 $\boldsymbol{Ax}=\boldsymbol{b}$ 的解为 $\boldsymbol{x}=(0,0,-1)^{\mathrm{T}}$.

第 2 章 矩阵及其运算

例 1 设 $\boldsymbol{A}=\begin{bmatrix}1 & 1 & 1\\ 1 & 1 & -1\\ 1 & -1 & 1\end{bmatrix}$，$\boldsymbol{B}=\begin{bmatrix}1 & 2 & 3\\ -1 & -2 & 4\\ 0 & 5 & 1\end{bmatrix}$，求 $3\boldsymbol{AB}-2\boldsymbol{A}$.

解：$3\boldsymbol{AB}-2\boldsymbol{A}$

$$=3\begin{bmatrix}1 & 1 & 1\\ 1 & 1 & -1\\ 1 & -1 & 1\end{bmatrix}\begin{bmatrix}1 & 2 & 3\\ -1 & -2 & 4\\ 0 & 5 & 1\end{bmatrix}-2\begin{bmatrix}1 & 1 & 1\\ 1 & 1 & -1\\ 1 & -1 & 1\end{bmatrix}$$

$$=3\begin{bmatrix}0 & 5 & 8\\ 0 & -5 & 6\\ 2 & 9 & 0\end{bmatrix}-2\begin{bmatrix}1 & 1 & 1\\ 1 & 1 & -1\\ 1 & -1 & 1\end{bmatrix}$$

$$=\begin{bmatrix}-2 & 13 & 22\\ -2 & -17 & 20\\ 4 & 29 & -2\end{bmatrix}$$

例 2 求 $\begin{bmatrix}2 & 1 & 4 & 0\\ 1 & -1 & 3 & 4\end{bmatrix}\begin{bmatrix}1 & 3 & 1\\ 0 & -1 & 2\\ 1 & -3 & 1\\ 4 & 0 & -2\end{bmatrix}$.

解：$\begin{bmatrix}2&1&4&0\\1&-1&3&4\end{bmatrix}\begin{bmatrix}1&3&1\\0&-1&2\\1&-3&1\\4&0&-2\end{bmatrix}=\begin{bmatrix}6&-7&8\\20&-5&-6\end{bmatrix}$.

例 3　已知两个线性变换

$$\begin{cases}x_1=2y_1+y_3,\\x_2=-2y_1+3y_2+2y_3,\\x_3=4y_1+y_2+5y_3,\end{cases}\qquad\begin{cases}y_1=-3z_1+z_2\\y_2=2z_1+z_3\\y_3=-z_2+3z_3\end{cases}$$

求从 z_1,z_2,z_3 到 x_1,x_2,x_3 的线性变换.

解：由已知 $\begin{bmatrix}x_1\\x_2\\x_3\end{bmatrix}=\begin{bmatrix}2&0&1\\-2&3&2\\4&1&5\end{bmatrix}\begin{bmatrix}y_1\\y_2\\y_2\end{bmatrix}=\begin{bmatrix}2&0&1\\-2&3&2\\4&1&5\end{bmatrix}\begin{bmatrix}-3&1&0\\2&0&1\\0&-1&3\end{bmatrix}\begin{bmatrix}z_1\\z_2\\z_3\end{bmatrix}=\begin{bmatrix}-6&1&3\\12&-4&9\\-10&-1&16\end{bmatrix}\begin{bmatrix}z_1\\z_2\\z_3\end{bmatrix}$

所以有

$$\begin{cases}x_1=-6z_1+z_2+3z_3\\x_2=12z_1-4z_2+9z_3\\x_3=-10z_1-z_2+16z_3\end{cases}.$$

例 4　设 $\boldsymbol{A}=\begin{bmatrix}1&2\\1&3\end{bmatrix}$，$\boldsymbol{B}=\begin{bmatrix}1&0\\1&2\end{bmatrix}$，问：

（1）$\boldsymbol{AB}=\boldsymbol{BA}$ 吗？

（2）$(\boldsymbol{A}+\boldsymbol{B})^2=\boldsymbol{A}^2+2\boldsymbol{AB}+\boldsymbol{B}^2$ 吗？

（3）$(\boldsymbol{A}+\boldsymbol{B})(\boldsymbol{A}-\boldsymbol{B})=\boldsymbol{A}^2-\boldsymbol{B}^2$ 吗？

解：（1）$\boldsymbol{A}=\begin{bmatrix}1&2\\1&3\end{bmatrix}$，$\boldsymbol{B}=\begin{bmatrix}1&0\\1&2\end{bmatrix}$，则 $\boldsymbol{AB}=\begin{bmatrix}3&4\\4&6\end{bmatrix}$，$\boldsymbol{BA}=\begin{bmatrix}1&2\\3&8\end{bmatrix}$，所以 $\boldsymbol{AB}\neq\boldsymbol{BA}$.

（2）$(\boldsymbol{A}+\boldsymbol{B})^2=\boldsymbol{A}^2+\boldsymbol{AB}+\boldsymbol{BA}+\boldsymbol{B}^2$，所以不等于 $\boldsymbol{A}^2+2\boldsymbol{AB}+\boldsymbol{B}^2$.

（3）$(\boldsymbol{A}-\boldsymbol{B})^2=\boldsymbol{A}^2+\boldsymbol{AB}-\boldsymbol{BA}-\boldsymbol{B}^2$，所以不等于 $\boldsymbol{A}^2-\boldsymbol{B}^2$.

例 5　举反列说明下列命题是错误的：

（1）若 $\boldsymbol{A}^2=0$，则 $\boldsymbol{A}=0$；

（2）若 $\boldsymbol{A}^2=\boldsymbol{A}$，则 $\boldsymbol{A}=0$ 或 $\boldsymbol{A}=\boldsymbol{E}$；

（3）若 $\boldsymbol{AX}=\boldsymbol{AY}$，且 $\boldsymbol{A}\neq0$，则 $\boldsymbol{X}=\boldsymbol{Y}$.

解：（1）取 $\boldsymbol{A}=\begin{bmatrix}0&1\\0&0\end{bmatrix}$，$\boldsymbol{A}^2=0$，但 $\boldsymbol{A}\neq0$；

（2）取 $\boldsymbol{A}=\begin{bmatrix}1&1\\0&0\end{bmatrix}$，$\boldsymbol{A}^2=\boldsymbol{A}$，但 $\boldsymbol{A}\neq0$ 且 $\boldsymbol{A}\neq\boldsymbol{E}$；

（3）取 $\boldsymbol{A}=\begin{bmatrix}1&0\\0&0\end{bmatrix}$，$\boldsymbol{X}=\begin{bmatrix}1&1\\-1&1\end{bmatrix}$，$\boldsymbol{Y}=\begin{bmatrix}1&1\\0&1\end{bmatrix}$，$\boldsymbol{AX}=\boldsymbol{AY}$ 且 $\boldsymbol{A}\neq 0$ 但 $\boldsymbol{X}\neq\boldsymbol{Y}$.

例 6 设 $\boldsymbol{A},\boldsymbol{B}$ 为 n 阶矩阵，且 $\boldsymbol{A}$ 为对称矩阵，证明 $\boldsymbol{B}^{\mathrm{T}}\boldsymbol{AB}$ 也是对称矩阵.

证：已知 $\boldsymbol{A}^{\mathrm{T}}=\boldsymbol{A}$，则 $(\boldsymbol{B}^{\mathrm{T}}\boldsymbol{AB})^{\mathrm{T}}=\boldsymbol{B}^{\mathrm{T}}\boldsymbol{A}^{\mathrm{T}}\boldsymbol{B}=\boldsymbol{B}^{\mathrm{T}}\boldsymbol{AB}$，从而 $\boldsymbol{B}^{\mathrm{T}}\boldsymbol{AB}$ 也是对称矩阵.

例 7 求下列矩阵的逆矩阵.

（1）$\begin{bmatrix}1&2\\2&5\end{bmatrix}$；（2）$\begin{bmatrix}1&2&-1\\3&4&-2\\5&-4&1\end{bmatrix}$；（3）$\begin{bmatrix}5&2&0&0\\2&1&0&0\\0&0&8&3\\0&0&5&2\end{bmatrix}$

解：（1）$\boldsymbol{A}=\begin{bmatrix}1&2\\2&5\end{bmatrix}$，$|\boldsymbol{A}|=1$，$A_{11}=5, A_{21}=2\times(-1), A_{12}=2\times(-1), A_{22}=1$

$$\boldsymbol{A}^*=\begin{bmatrix}A_{11}&A_{21}\\A_{12}&A_{22}\end{bmatrix}=\begin{bmatrix}5&-2\\-2&1\end{bmatrix}，\quad \boldsymbol{A}^{-1}=\frac{1}{|\boldsymbol{A}|}\boldsymbol{A}^*$$

故 $\boldsymbol{A}^{-1}=\begin{bmatrix}5&-2\\-2&1\end{bmatrix}$.

（2）$|\boldsymbol{A}|=2$，故 $\boldsymbol{A}^{-1}$ 存在，$A_{11}=-4, A_{21}=2, A_{31}=0$，而 $A_{12}=-13, A_{22}=6, A_{32}=-1$，$A_{13}=-32$，$A_{23}=14, A_{33}=-2$，故 $\boldsymbol{A}^{-1}=\dfrac{1}{|\boldsymbol{A}|}\boldsymbol{A}^*=\begin{bmatrix}-2&1&0\\-\dfrac{13}{2}&3&-\dfrac{1}{2}\\-16&7&-1\end{bmatrix}$.

（3）$|\boldsymbol{A}|=1\neq 0$，故 $\boldsymbol{A}^{-1}$ 存在. 而

$$A_{11}=1, A_{21}=-2, A_{31}=0, A_{41}=0，\quad A_{12}=-2, A_{22}=5, A_{32}=0, A_{42}=0，$$
$$A_{13}=0, A_{23}=0, A_{33}=2, A_{43}=-3，\quad A_{14}=0, A_{24}=0, A_{34}=-5, A_{44}=8，$$

从而 $\boldsymbol{A}^{-1}=\begin{bmatrix}1&-2&0&0\\-2&5&0&0\\0&0&2&-3\\0&0&-5&8\end{bmatrix}$.

例 8 解下列矩阵方程.

（1）$\begin{bmatrix}2&5\\1&3\end{bmatrix}\boldsymbol{X}=\begin{bmatrix}4&-6\\2&1\end{bmatrix}$；（2）$\boldsymbol{X}\begin{bmatrix}2&1&-1\\2&1&0\\1&-1&1\end{bmatrix}=\begin{bmatrix}1&-1&3\\4&3&2\end{bmatrix}$；

（3）$\begin{bmatrix}1&4\\-1&2\end{bmatrix}\boldsymbol{X}\begin{bmatrix}2&0\\-1&1\end{bmatrix}=\begin{bmatrix}3&1\\0&-1\end{bmatrix}$；

解：（1）$X=\begin{bmatrix}2&5\\1&3\end{bmatrix}^{-1}\begin{bmatrix}4&-6\\2&1\end{bmatrix}=\begin{bmatrix}3&-5\\-1&2\end{bmatrix}\begin{bmatrix}4&-6\\2&1\end{bmatrix}=\begin{bmatrix}2&-23\\0&8\end{bmatrix}$.

（2）$X=\begin{bmatrix}1&-1&3\\4&3&2\end{bmatrix}\begin{bmatrix}2&1&-1\\2&1&0\\1&-1&1\end{bmatrix}^{-1}=\frac{1}{3}\begin{bmatrix}1&-1&3\\4&3&2\end{bmatrix}\begin{bmatrix}1&0&1\\-2&3&-2\\-3&3&0\end{bmatrix}=\begin{bmatrix}-2&2&1\\-\frac{8}{3}&5&-\frac{2}{3}\end{bmatrix}$.

（3）$X=\begin{bmatrix}1&4\\-1&2\end{bmatrix}^{-1}\begin{bmatrix}3&1\\0&-1\end{bmatrix}\begin{bmatrix}2&0\\-1&1\end{bmatrix}^{-1}=\frac{1}{12}\begin{bmatrix}2&-4\\1&1\end{bmatrix}\begin{bmatrix}3&1\\0&-1\end{bmatrix}\begin{bmatrix}1&0\\1&2\end{bmatrix}$

$$=\frac{1}{12}\begin{bmatrix}6&6\\3&0\end{bmatrix}\begin{bmatrix}1&0\\1&2\end{bmatrix}=\begin{bmatrix}1&1\\\frac{1}{4}&0\end{bmatrix}.$$

例 9　设方阵 A 满足 $A^2-A-2E=0$，证明 A 及 $A+2E$ 都可逆，并求 A^{-1} 及 $(A+2E)^{-1}$.

证：由 $A^2-A-2E=0$ 得 $A^2-A=2E$，两端同时取行列式有 $\left|A^2-A\right|=2$，即 $|A||A-E|=2$，故 $|A|\neq 0$，所以 A 可逆，而 $A+2E=A^2$.

$|A+2E|=\left|A^2\right|=|A|^2\neq 0$，故 $A+2E$ 也可逆.

由 $A^2-A-2E=0\Rightarrow A(A-E)=2E\Rightarrow A^{-1}A(A-E)=2A^{-1}E\Rightarrow A^{-1}=\frac{1}{2}(A-E)$，又由

$$A^2-A-2E=0\Rightarrow(A+2E)A-3(A+2E)=-4E\Rightarrow(A+2E)(A-3E)=-4E$$

所以

$$(A+2E)^{-1}(A+2E)(A-3E)=-4(A+2E)^{-1}$$

从而 $(A+2E)^{-1}=\frac{1}{4}(3E-A)$.

例 10　$\begin{bmatrix}1&2&0&0&0\\3&4&0&0&0\\0&0&5&0&0\\0&0&0&6&0\\0&0&0&0&7\end{bmatrix}^{-1}=\begin{bmatrix}-2&1&0&0&0\\\frac{3}{2}&-\frac{1}{2}&0&0&0\\0&0&\frac{1}{5}&0&0\\0&0&0&\frac{1}{6}&0\\0&0&0&0&\frac{1}{7}\end{bmatrix}$.

例 11　设 A,B,C 均为 n 阶方阵，且 $AB=BC=CA=E$，则 $A^2+B^2+C^2=$________.

A. $3E$　　B. $2E$　　C. E　　D. 0

解：选A. $E=(AB)(CA)=A(BC)A=A^2$，同理，$E=B^2,E=C^2$. 所以 $A^2+B^2+C^2=3E$.

例 12 设$\boldsymbol{\alpha}=(1\quad 2\quad 3)$，$\boldsymbol{\beta}=\begin{bmatrix}1 & \frac{1}{2} & \frac{1}{3}\end{bmatrix}$，$\boldsymbol{A}=\boldsymbol{\alpha}^{\mathrm{T}}\boldsymbol{\beta}$，求$\boldsymbol{A}^n$.

解：
$$\boldsymbol{A}^n=\underbrace{(\boldsymbol{\alpha}^{\mathrm{T}}\boldsymbol{\beta})\cdot(\boldsymbol{\alpha}^{\mathrm{T}}\boldsymbol{\beta})\cdots(\boldsymbol{\alpha}^{\mathrm{T}}\boldsymbol{\beta})}_{n\text{个}}=\boldsymbol{\alpha}^{\mathrm{T}}\underbrace{(\boldsymbol{\beta}\boldsymbol{\alpha}^{\mathrm{T}})(\boldsymbol{\beta}\boldsymbol{\alpha}^{\mathrm{T}})\cdots(\boldsymbol{\beta}\boldsymbol{\alpha}^{\mathrm{T}})}_{(n-1)\text{个}}\cdot\boldsymbol{\beta}=3^{n-1}\cdot\boldsymbol{\alpha}^{\mathrm{T}}\boldsymbol{\beta}=3^{n-1}\cdot\begin{bmatrix}1 & \frac{1}{2} & \frac{1}{3}\\ 2 & 1 & \frac{2}{3}\\ 3 & \frac{3}{2} & 1\end{bmatrix}.$$

例 13 设$\boldsymbol{A}$为n阶方阵，$\boldsymbol{A}^2+2\boldsymbol{A}-3\boldsymbol{E}=0$，证明$\boldsymbol{A}-2\boldsymbol{E}$可逆，求逆.

解：因为$(\boldsymbol{A}-2\boldsymbol{E})\left(-\dfrac{\boldsymbol{A}+4\boldsymbol{E}}{5}\right)=\boldsymbol{E}$，所以$(\boldsymbol{A}-2\boldsymbol{E})^{-1}=\dfrac{-(\boldsymbol{A}+4\boldsymbol{E})}{5}$.

例 14 已知$\boldsymbol{A}^{-1}=\begin{bmatrix}1 & 1 & 1\\ 1 & 2 & 1\\ 1 & 1 & 3\end{bmatrix}$，求$(\boldsymbol{A}^*)^{-1}$.

解：$(\boldsymbol{A}^*)^{-1}=(\boldsymbol{A}^{-1})^*=\begin{bmatrix}5 & -2 & -1\\ -2 & 2 & 0\\ -1 & 0 & 1\end{bmatrix}$.

例 15 已知实矩阵$\boldsymbol{A}=[a_{ij}]_{3\times 3}$满足条件：

① $a_{ij}=A_{ij}(i,j=1,2,3)$，其中A_{ij}是a_{ij}的代数余子式；

② $a_{11}\neq 0$.

计算行列式$|\boldsymbol{A}|$.

解：因为$a_{ij}=A_{ij}$，故$\boldsymbol{A}^*=\boldsymbol{A}^{\mathrm{T}}$，$\boldsymbol{A}\boldsymbol{A}^{\mathrm{T}}=\boldsymbol{A}\boldsymbol{A}^*=|\boldsymbol{A}|\boldsymbol{E}$，$|\boldsymbol{A}\boldsymbol{A}^{\mathrm{T}}|=||\boldsymbol{A}|\boldsymbol{E}|$，$|\boldsymbol{A}\boldsymbol{A}^{\mathrm{T}}|=|\boldsymbol{A}|^2=|\boldsymbol{A}|^3$，故$|\boldsymbol{A}|=1$或$|\boldsymbol{A}|=0$，由$a_{11}\neq 0$，$|\boldsymbol{A}|=a_{11}A_{11}+a_{12}A_{12}+a_{13}A_{13}=a_{11}^2+a_{12}^2+a_{13}^2\neq 0$，故$|\boldsymbol{A}|=1$.

第 3 章　线性方程组与向量组的线性相关性

例 1 向量$\boldsymbol{\alpha}_5=(-2,1,1)^{\mathrm{T}}$，$\boldsymbol{\alpha}_6=(3,-1,3)^{\mathrm{T}}$能否表示为$\boldsymbol{\alpha}_1=(2,-1,1)^{\mathrm{T}}$，$\boldsymbol{\alpha}_2=(-1,1,1)^{\mathrm{T}}$，$\boldsymbol{\alpha}_3=(-3,2,0)^{\mathrm{T}}$，$\boldsymbol{\alpha}_4=(-4,3,1)^{\mathrm{T}}$的线性组合？

解：证明多个向量能否表示为同一向量组的线性组合，用初等变换可一并证明，比较方便. 矩阵$\boldsymbol{A}=(\boldsymbol{\alpha}_1,\boldsymbol{\alpha}_2,\cdots,\boldsymbol{\alpha}_5)$经初等变换变成新矩阵

$$\boldsymbol{A}_1=(\boldsymbol{\beta}_1,\boldsymbol{\beta}_2,\cdots,\boldsymbol{\beta}_5)=\begin{bmatrix}1 & 0 & -1 & -1 & 0 & 2\\ 0 & 1 & 1 & 2 & 1 & 1\\ 0 & 0 & 0 & 0 & 1 & 0\end{bmatrix}.$$

因为$R(\boldsymbol{\beta}_1,\boldsymbol{\beta}_2,\boldsymbol{\beta}_3,\boldsymbol{\beta}_4,\boldsymbol{\beta}_5)\neq R(\boldsymbol{\beta}_1,\boldsymbol{\beta}_2,\boldsymbol{\beta}_3,\boldsymbol{\beta}_4)$，故

$$R(\boldsymbol{\alpha}_1,\boldsymbol{\alpha}_2,\boldsymbol{\alpha}_3,\boldsymbol{\alpha}_4,\boldsymbol{\alpha}_5)\neq R(\boldsymbol{\alpha}_1,\boldsymbol{\alpha}_2,\boldsymbol{\alpha}_3,\boldsymbol{\alpha}_4).$$

因而，$\boldsymbol{\alpha}_5$不能由$\boldsymbol{\alpha}_1,\boldsymbol{\alpha}_2,\boldsymbol{\alpha}_3,\boldsymbol{\alpha}_4$线性表示．又因为

$$R(\boldsymbol{\beta}_1,\boldsymbol{\beta}_2,\boldsymbol{\beta}_3,\boldsymbol{\beta}_4,\boldsymbol{\beta}_6)=R(\boldsymbol{\beta}_1,\boldsymbol{\beta}_2,\boldsymbol{\beta}_3,\boldsymbol{\beta}_4)，\quad \boldsymbol{\beta}_6=2\boldsymbol{\beta}_1+\boldsymbol{\beta}_2$$

所以有

$$R(\boldsymbol{\alpha}_1,\boldsymbol{\alpha}_2,\boldsymbol{\alpha}_3,\boldsymbol{\alpha}_4,\boldsymbol{\alpha}_6)=R(\boldsymbol{\alpha}_1,\boldsymbol{\alpha}_2,\boldsymbol{\alpha}_3,\boldsymbol{\alpha}_4)$$

$\boldsymbol{\alpha}_6$能由$\boldsymbol{\alpha}_1,\boldsymbol{\alpha}_2,\boldsymbol{\alpha}_3,\boldsymbol{\alpha}_3,\boldsymbol{\alpha}_4$线性表示，且$\boldsymbol{\alpha}_6=2\boldsymbol{\alpha}_1+\boldsymbol{\alpha}_2$.

例2　求向量组$\boldsymbol{\alpha}_1=(1,2,-1,1)^{\mathrm{T}}$，$\boldsymbol{\alpha}_2=(2,0,t,0)^{\mathrm{T}}$，$\boldsymbol{\alpha}_3=(0,-4,5,-2)^{\mathrm{T}}$，$\boldsymbol{\alpha}_4=(3,-2,t+4,-1)^{\mathrm{T}}$的秩和一个最大无关组.

解：向量的分量中含有参数t，向量组的秩和一个最大无关组与t的取值有关．对下列矩阵进行初等行变换：

$$(\boldsymbol{\alpha}_1,\ \boldsymbol{\alpha}_2,\ \boldsymbol{\alpha}_3,\ \boldsymbol{\alpha}_4)\to\begin{bmatrix}1&2&0&3\\0&1&1&2\\0&0&3-t&3-t\\0&0&0&0\end{bmatrix}.$$

显然，$\boldsymbol{\alpha}_1,\boldsymbol{\alpha}_2$线性无关，且

（1）$t=3$时，$R(\boldsymbol{\alpha}_1,\boldsymbol{\alpha}_2,\boldsymbol{\alpha}_3,\boldsymbol{\alpha}_4)=2$，$\boldsymbol{\alpha}_1,\boldsymbol{\alpha}_2$是其一个最大无关组；

（2）$t\neq3$时，$R(\boldsymbol{\alpha}_1,\boldsymbol{\alpha}_2,\boldsymbol{\alpha}_3,\boldsymbol{\alpha}_4)=3$，$\boldsymbol{\alpha}_1,\boldsymbol{\alpha}_2,\boldsymbol{\alpha}_3$是其一个最大无关组.

例3　设三维向量$\boldsymbol{\alpha}_1,\boldsymbol{\alpha}_2,\boldsymbol{\alpha}_3$线性无关，$\boldsymbol{A}$是3阶矩阵，且有

$$\boldsymbol{A}\boldsymbol{\alpha}_1=\boldsymbol{\alpha}_1+2\boldsymbol{\alpha}_2+3\boldsymbol{\alpha}_3，\quad \boldsymbol{A}\boldsymbol{\alpha}_2=2\boldsymbol{\alpha}_2+3\boldsymbol{\alpha}_3，\quad \boldsymbol{A}\boldsymbol{\alpha}_3=3\boldsymbol{\alpha}_2-4\boldsymbol{\alpha}_3，$$

求$|\boldsymbol{A}|$.

解：由条件可得

$$\boldsymbol{A}(\boldsymbol{\alpha}_1,\boldsymbol{\alpha}_2,\boldsymbol{\alpha}_3)=\begin{bmatrix}1&2&3\\0&2&3\\0&3&-4\end{bmatrix}(\boldsymbol{\alpha}_1,\boldsymbol{\alpha}_2,\boldsymbol{\alpha}_3)^{\mathrm{T}}$$

又因为$\boldsymbol{\alpha}_1,\boldsymbol{\alpha}_2,\boldsymbol{\alpha}_3$线性无关，$|\boldsymbol{\alpha}_1,\boldsymbol{\alpha}_2,\boldsymbol{\alpha}_3|\neq0$，对于上式两端取行列式得到

$$|\boldsymbol{A}|=\begin{vmatrix}1&2&3\\0&2&3\\0&3&-4\end{vmatrix}=-17.$$

例4　已知向量组(I) $\boldsymbol{\alpha}_1,\boldsymbol{\alpha}_2,\boldsymbol{\alpha}_3$；(II) $\boldsymbol{\alpha}_1,\boldsymbol{\alpha}_2,\boldsymbol{\alpha}_3,\boldsymbol{\alpha}_4$；(III) $\boldsymbol{\alpha}_1,\boldsymbol{\alpha}_2,\boldsymbol{\alpha}_3,\boldsymbol{\alpha}_5$．如果各向量组的秩分别为$R(\mathrm{I})=R(\mathrm{II})=3,R(\mathrm{III})=4$．证明向量组$\boldsymbol{\alpha}_1,\boldsymbol{\alpha}_2,\boldsymbol{\alpha}_3,\boldsymbol{\alpha}_5-\boldsymbol{\alpha}_4$的秩为4.

解：因为$R(\mathrm{I})=R(\mathrm{II})=3$，$\boldsymbol{\alpha}_1,\boldsymbol{\alpha}_2,\boldsymbol{\alpha}_3$线性无关，$\boldsymbol{\alpha}_1,\boldsymbol{\alpha}_2,\boldsymbol{\alpha}_3,\boldsymbol{\alpha}_4$线性相关，故$\boldsymbol{\alpha}_4$可由向量组$\boldsymbol{\alpha}_1,\boldsymbol{\alpha}_2,\boldsymbol{\alpha}_3$唯一线性表示，即存在常数$k_1,k_2,k_3$使得

$$\boldsymbol{\alpha}_4 = k_1\boldsymbol{\alpha}_1 + k_2\boldsymbol{\alpha}_2 + k_3\boldsymbol{\alpha}_3$$

假设$\boldsymbol{\alpha}_1,\boldsymbol{\alpha}_2,\boldsymbol{\alpha}_3,\boldsymbol{\alpha}_5-\boldsymbol{\alpha}_4$线性相关，则存在一组不全为零的数$\lambda_1,\lambda_2,\lambda_3,\lambda_4$使得

$$\lambda_1\boldsymbol{\alpha}_1 + \lambda_2\boldsymbol{\alpha}_2 + \lambda_3\boldsymbol{\alpha}_3 + \lambda_4(\boldsymbol{\alpha}_5 - \boldsymbol{\alpha}_4) = 0$$

即有

$$(\lambda_1 - k_1\lambda_4)\boldsymbol{\alpha}_1 + (\lambda_2 - k_2\lambda_4)\boldsymbol{\alpha}_2 + (\lambda_3 - k_3\lambda_4)\boldsymbol{\alpha}_3 + \lambda_4\boldsymbol{\alpha}_5 = 0$$

由于$R(\text{III}) = 4$，故$\boldsymbol{\alpha}_1,\boldsymbol{\alpha}_2,\boldsymbol{\alpha}_3,\boldsymbol{\alpha}_5$线性无关，因此

$$\lambda_1 - k_1\lambda_4 = 0, \lambda_2 - k_2\lambda_4 = 0, \lambda_3 - k_3\lambda_4 = 0, \lambda_4 = 0$$

解此方程组得到$\lambda_1 = \lambda_2 = \lambda_3 = \lambda_4 = 0$．而这与不全为零的前提矛盾．故$\boldsymbol{\alpha}_1,\boldsymbol{\alpha}_2,\boldsymbol{\alpha}_3,\boldsymbol{\alpha}_5-\boldsymbol{\alpha}_4$线性无关，即秩为4．

例5　设$\boldsymbol{A}$为n阶方阵，且$|\boldsymbol{A}| = 0$，则矩阵$\boldsymbol{A}$中

（A）必有一列元素全为零；

（B）必有两列元素对应成比例；

（C）必有一列向量是其余列向量的线性组合；

（D）任一列向量是其余列向量的线性组合．

解：由$|\boldsymbol{A}| = 0$知，$\boldsymbol{A}$的n列向量必线性相关，因此必有一列向量是其余列向量的线性组合，故选（C）．

例6　设向量组$\boldsymbol{\alpha}_1,\boldsymbol{\alpha}_2,\boldsymbol{\alpha}_3$线性相关，向量组$\boldsymbol{\alpha}_2,\boldsymbol{\alpha}_3,\boldsymbol{\alpha}_4$线性无关，问

（1）$\boldsymbol{\alpha}_1$能否由$\boldsymbol{\alpha}_2,\boldsymbol{\alpha}_3$线性表示？试证明你的结论．

（2）$\boldsymbol{\alpha}_4$能否由$\boldsymbol{\alpha}_1,\boldsymbol{\alpha}_2,\boldsymbol{\alpha}_3$线性表示？试证明你的结论．

解：（1）由$\boldsymbol{\alpha}_2,\boldsymbol{\alpha}_3,\boldsymbol{\alpha}_4$线性无关知$\boldsymbol{\alpha}_2,\boldsymbol{\alpha}_3$也线性无关，而$\boldsymbol{\alpha}_1,\boldsymbol{\alpha}_2,\boldsymbol{\alpha}_3$线性相关，故$\boldsymbol{\alpha}_1$能由$\boldsymbol{\alpha}_2,\boldsymbol{\alpha}_3$线性表示；（2）$\boldsymbol{\alpha}_4$不能由$\boldsymbol{\alpha}_1,\boldsymbol{\alpha}_2,\boldsymbol{\alpha}_3$线性表示，反证如下：如果$\boldsymbol{\alpha}_4$能由$\boldsymbol{\alpha}_1,\boldsymbol{\alpha}_2,\boldsymbol{\alpha}_3$线性表示，则根据（1）的结论，$\boldsymbol{\alpha}_1$能由$\boldsymbol{\alpha}_2,\boldsymbol{\alpha}_3$线性表示，所以$\boldsymbol{\alpha}_4$能由$\boldsymbol{\alpha}_2,\boldsymbol{\alpha}_3$线性表示，这与$\boldsymbol{\alpha}_2,\boldsymbol{\alpha}_3,\boldsymbol{\alpha}_4$线性无关矛盾，因此假设不成立．

例7　利用初等行变换求下列矩阵列向量组的一个最大无关组，并把其余向量用最大无关组线性表示．

$$\boldsymbol{\alpha}_1 = (2,1,1,1,)^{\mathrm{T}}，\boldsymbol{\alpha}_2 = (-1,1,7,10,)^{\mathrm{T}}，\boldsymbol{\alpha}_3 = (3,1,-1,-2,)^{\mathrm{T}}，\boldsymbol{\alpha}_4 = (8,5,9,11,)^{\mathrm{T}}．$$

解：$\boldsymbol{A} = (\boldsymbol{\alpha}_1,\boldsymbol{\alpha}_2,...,\boldsymbol{\alpha}_4)$经初等变换变成行最简形矩阵

$$(\boldsymbol{\alpha}_1,\boldsymbol{\alpha}_2,\cdots,\boldsymbol{\alpha}_4) \to \begin{bmatrix} 1 & 0 & \dfrac{4}{3} & \dfrac{13}{3} \\ 0 & 1 & -\dfrac{1}{3} & \dfrac{2}{3} \\ 0 & 0 & 0 & 0 \\ 0 & 0 & 0 & 0 \end{bmatrix}$$

因此$\boldsymbol{\alpha}_1,\boldsymbol{\alpha}_2$是向量组的一个最大无关组，且$\boldsymbol{\alpha}_3=\frac{4}{3}\boldsymbol{\alpha}_1-\frac{1}{3}\boldsymbol{\alpha}_2$，$\boldsymbol{\alpha}_4=\frac{13}{3}\boldsymbol{\alpha}_1+\frac{2}{3}\boldsymbol{\alpha}_2$.

例 8　丙烷（C_3H_8）燃烧时和氧气（O_2）结合，生成二氧化碳（CO_2）和水（H_2O），其化学方程式为

$$(\quad)C_3H_8+(\quad)O_2\to(\quad)CO_2+(\quad)H_2O$$

请用求解线性方程组的方法配平该化学方程式.

解：因为化学反应过程中原子不可能消失也不可能产生新原子，故令x_1,x_2,x_3,x_4使

$$(x_1)C_3H_8+(x_2)O_2\to(x_3)CO_2+(x_4)H_2O$$

从而得到方程组

$$\begin{cases}3x_1-x_3=0\\8x_1-2x_4=0\\2x_2-2x_3-x_4=0\end{cases}$$

取$x_4=c$，其中c任意常数，得到通解如下：

$$x_1=\frac{1}{4}c,x_2=\frac{5}{4}c,x_3=\frac{3}{4}c,x_4=c$$

由于化学方程式系数必须为整数，取$x_4=4$，此时$x_1=1,x_2=5,x_3=3,x_4=4$，配平后的化学方程式为

$$C_3H_8+5O_2\to3CO_2+4H_2O.$$

例 9　已知$\boldsymbol{r}_1,\boldsymbol{r}_2,\boldsymbol{r}_3$是三元非齐次线性方程组$\boldsymbol{Ax}=\boldsymbol{b}$的解，$R(\boldsymbol{A})=1$，且

$$\boldsymbol{r}_1+\boldsymbol{r}_2=\begin{bmatrix}1\\0\\0\end{bmatrix},\quad \boldsymbol{r}_2+\boldsymbol{r}_3=\begin{bmatrix}1\\1\\0\end{bmatrix},\quad \boldsymbol{r}_2+\boldsymbol{r}_3=\begin{bmatrix}1\\1\\1\end{bmatrix}$$

求方程组的通解.

解：令$\boldsymbol{\xi}_1=\boldsymbol{r}_3-\boldsymbol{r}_1=\begin{bmatrix}0\\1\\0\end{bmatrix}$，$\boldsymbol{\xi}_2=\boldsymbol{r}_1-\boldsymbol{r}_2=\begin{bmatrix}0\\0\\1\end{bmatrix}$，$\boldsymbol{\eta}=\frac{1}{2}(\boldsymbol{r}_1+\boldsymbol{r}_2)=\begin{bmatrix}\frac{1}{2}\\0\\0\end{bmatrix}$，由线性方程组解的性质可知，$\boldsymbol{\xi}_1,\boldsymbol{\xi}_2$是方程组$\boldsymbol{Ax}=0$的解，$\boldsymbol{\eta}$是方程组$\boldsymbol{Ax}=\boldsymbol{b}$的一个特解，又由于$R(\boldsymbol{A})=1$，$\boldsymbol{Ax}=\boldsymbol{b}$的基础解系有两个解向量，而$\boldsymbol{\xi}_1,\boldsymbol{\xi}_2$线性无关，因此方程组的通解为$\boldsymbol{x}=\boldsymbol{\eta}+k_1\boldsymbol{\xi}_1+k_2\boldsymbol{\xi}_2$，$k_1,k_2$为任意实数.

例 10　λ为何值时，下列方程组有解？有解时，求出其解.

$$\begin{cases}2x_1-x_2+x_3+x_4=1\\x_1+2x_2-x_3+4x_4=2\\x_1+7x_2-4x_3+11x_4=\lambda\end{cases}$$

解：用初等变换把增广矩阵 $\tilde{A}$ 化为

$$A_1=\begin{bmatrix}1&2&-1&4&2\\0&-5&3&-7&-3\\0&0&0&0&\lambda-5\end{bmatrix}.$$

显然，$\lambda=5$ 时，$R(\tilde{A})=R(A)=2<n=4$，原方程组有无穷多个解.

当 $\lambda=5$ 时，经初等变换 A_1 可变为

$$\tilde{A}_1=\begin{bmatrix}1&0&\frac{1}{5}&\frac{6}{5}&\frac{4}{5}\\0&1&-\frac{3}{5}&\frac{7}{5}&\frac{3}{5}\\0&0&0&0&0\end{bmatrix}.$$

因此方程组的一个特解为 $\boldsymbol{\eta}_0=\left(\frac{4}{5},\frac{3}{5},0,0\right)$；对应其次方程组的基础解系为

$$\boldsymbol{\alpha}_1=\left(-\frac{1}{5},\frac{3}{5},1,0\right),\quad \boldsymbol{\alpha}_2=\left(-\frac{6}{5},-\frac{7}{5},0,1\right).$$

故原方程组的通解为 $\boldsymbol{\eta}=\boldsymbol{\eta}_0+k_1\boldsymbol{\alpha}_1+k_2\boldsymbol{\alpha}_2$，其中 k_1,k_2 为任意实数.

第 4 章　矩阵的特征值与特征向量

例 1　n 阶矩阵 A 可对角化，则（　　）.

A．A 的秩为 n　　　　B．A 必有 n 个不同的特征值

C．A 有 n 个线性无关的特征向量　　　　D．A 有 n 个两两正交的特征向量

分析：n 阶矩阵 A 可对角化的充要条件为 A 有 n 个线性无关的特征向量，A 有 n 个不同的特征值是 n 阶矩阵 A 可对角化的充分条件，A 有 n 个两两正交的特征向量也是 n 阶矩阵 A 可对角化的充分条件，而 n 阶矩阵 A 可对角化并不要求 A 满秩.

解：应选 C.

例 2 设方阵 $A=\begin{bmatrix}1&-2&-4\\-2&4&-2\\-4&-2&1\end{bmatrix}$ 相似于对角矩阵 $\begin{bmatrix}5&&\\&t&\\&&-4\end{bmatrix}$，则 $t=$________.

分析：因为相似矩阵它们的主对角线元素之和相等，所以 $1+4+1=5+t-4$.

解：$t=5$.

例 3　已知 3 阶方阵 A 的特征值为 1，2，3，则 $\left|A^3-5A^2+7A\right|=$________.

分析：设 $f(x)=a_0+a_1x+\cdots+a_mx^m$ 是关于 x 的多项式，A 是 n 阶方阵，$f(A)=a_0E_n+a_1A+\cdots+a_mA^m$. 根据已知结论，若 λ 是 A 的特征值，则 $f(\lambda)$ 是 $f(A)$ 的特征值，A^3-5A^2+7A 三个特征值为 3，2，3，故 $\left|A^3-5A^2+7A\right|=3\times2\times3$.

解：应填 18.

例 4 设方阵 $\boldsymbol{A}=\begin{bmatrix}1 & -2 & -4\\ -2 & x & -2\\ -4 & -2 & 1\end{bmatrix}$ 与 $\boldsymbol{\Lambda}=\begin{bmatrix}5 & 0 & 0\\ 0 & y & 0\\ 0 & 0 & -4\end{bmatrix}$ 相似，求 x,y.

分析：此题有两种解法，解法一是用相似矩阵有相同的特征多项式的结论；解法二是用相似矩阵它们的主对角线元素之和相等.

解法一：方阵 $\boldsymbol{A}$ 与 $\boldsymbol{\Lambda}$ 相似，则 $\boldsymbol{A}$ 与 $\boldsymbol{\Lambda}$ 的特征多项式相同，即

$$|\boldsymbol{A}-\lambda\boldsymbol{E}|=|\boldsymbol{\Lambda}-\lambda\boldsymbol{E}|\Rightarrow\begin{vmatrix}1-\lambda & -2 & -4\\ -2 & x-\lambda & -2\\ -4 & -2 & 1-\lambda\end{vmatrix}=\begin{vmatrix}5-\lambda & 0 & 0\\ 0 & y-\lambda & 0\\ 0 & 0 & -4-\lambda\end{vmatrix}.$$

比较上述两个三次多项式系数得 $x=4,y=5$.

解法二：因为相似矩阵它们的行列式相等，所以 $|\boldsymbol{A}|=|\boldsymbol{\Lambda}|$，即 $|\boldsymbol{A}|=-20y$，又因为相似矩阵它们主对角线元素之和相等，所以 $1+x+1=5+y-4$ 得 $x=4,y=5$.

例 5 设矩阵 $\boldsymbol{A}=\begin{bmatrix}1 & 0 & 1\\ 0 & 2 & 0\\ 1 & 0 & a\end{bmatrix}$，已知 $\lambda_1=0$ 是 $\boldsymbol{A}$ 的一个特征值，试求 $\boldsymbol{A}$ 的全部特征值和特征向量.

分析：因为 $\boldsymbol{A}$ 的 n 个特征值的乘积等于 $\boldsymbol{A}$ 的行列式的值，而 $\lambda_1=0$，所以 $|\boldsymbol{A}|=0$，从中解出 a，再由 $\boldsymbol{A}$ 求出全部特征值和特征向量.

解：由 $\lambda_1=0,|\boldsymbol{A}|=2(a-1)=0$，得 $a=1$，又由 $|\boldsymbol{A}-\lambda\boldsymbol{E}|=-\lambda(\lambda-2)^2=0$，得

$$\lambda_1=0,\lambda_2=\lambda_3=2$$

由 $\lambda_1=0$，解得特征向量 $\boldsymbol{\eta}_1=\begin{bmatrix}1\\ 0\\ -1\end{bmatrix}$；又由 $\lambda_2=\lambda_3=2$，解得特征向量 $\boldsymbol{\eta}_2=\begin{bmatrix}0\\ 1\\ 0\end{bmatrix};\boldsymbol{\eta}_3=\begin{bmatrix}1\\ 0\\ 1\end{bmatrix}$.

例 6 设 $\boldsymbol{A}=\begin{bmatrix}1 & -3 & 3\\ 3 & a & 3\\ 6 & -6 & b\end{bmatrix}$ 的特征值 $\lambda_1=-2,\lambda_2=4$，试求参数 a,b 之值.

分析：此题可根据两个已知的特征值代入方程 $|\boldsymbol{A}-\lambda\boldsymbol{E}|=0$，解出参数 a,b 之值.

解：由 $\begin{cases}|\boldsymbol{A}-\lambda_1\boldsymbol{E}|=0\\ |\boldsymbol{A}-\lambda_2\boldsymbol{E}|=0\end{cases}$ 得

$$\begin{cases}3(a+5)(4-b)=0\\ 3[-(7-a)(b+2)+72]=0\end{cases}$$

故 $a=-5,b=4$.

例 7　设$\boldsymbol{A}=\begin{bmatrix}4&6&0\\-3&-5&0\\-3&-6&1\end{bmatrix}$，（1）求$\boldsymbol{A}$的特征值和特征向量；（2）判断$\boldsymbol{A}$能否对角化.

分析：求出$\boldsymbol{A}$的特征值后，发现它有三个线性无关的特征向量，故$\boldsymbol{A}$可对角化.

解：（1）$|\boldsymbol{A}-\lambda\boldsymbol{E}|=-(\lambda-1)^2(\lambda+2)$，$\lambda_1=\lambda_2=1$，$\lambda_3=-2$.

$$\lambda=1，\boldsymbol{\eta}_1=\begin{bmatrix}-2\\1\\0\end{bmatrix}；\boldsymbol{\eta}_2=\begin{bmatrix}0\\0\\1\end{bmatrix}；\lambda=-2；\boldsymbol{\eta}_3=\begin{bmatrix}-1\\1\\1\end{bmatrix}.$$

（2）因为$\boldsymbol{A}$有三个线性无关的特征向量，故可对角化.

例 8　设$\boldsymbol{A}=\begin{bmatrix}-1&2&2\\2&-1&-2\\2&-2&-1\end{bmatrix}$，（1）求$\boldsymbol{A}$的特征值，（2）求$\boldsymbol{E}+\boldsymbol{A}^{-1}$的特征值，（3）求$\boldsymbol{A}^*$的特征值.

分析：先由$|\boldsymbol{A}-\lambda\boldsymbol{E}|=0$求出$\boldsymbol{A}$的三个特征值$\lambda_1,\lambda_2,\lambda_3$．根据已知结论，$\boldsymbol{A}^{-1}$的特征值为$\frac{1}{\lambda_1},\frac{1}{\lambda_2},\frac{1}{\lambda_3}$，$\boldsymbol{E}+\boldsymbol{A}^{-1}$的特征值为$1+\frac{1}{\lambda_1},1+\frac{1}{\lambda_2},1+\frac{1}{\lambda_3}$，因为$\boldsymbol{A}^*=|\boldsymbol{A}|\boldsymbol{A}^{-1}$，所以$\boldsymbol{A}^*$的特征值为$\frac{|\boldsymbol{A}|}{\lambda_1},\frac{|\boldsymbol{A}|}{\lambda_2},\frac{|\boldsymbol{A}|}{\lambda_3}$.

解：（1）$|\boldsymbol{A}-\lambda\boldsymbol{E}|=-(\lambda-1)^2(\lambda+5)$，$\lambda_1=\lambda_2=1$，$\lambda_3=-5$；

（2）因为$\boldsymbol{A}^{-1}$的特征值为$1,1,-\frac{1}{5}$，所以$\boldsymbol{E}+\boldsymbol{A}^{-1}$的特征值$2,2,\frac{4}{5}$；

（3）根据（1）结论，$\boldsymbol{A}$的特征值为$1,1,-5$，$|\boldsymbol{A}|=1\times1\times(-5)=-5$，因为$\boldsymbol{A}^*=|\boldsymbol{A}|\boldsymbol{A}^{-1}$，所以$\boldsymbol{A}^*$的特征值为$-5,-5,1$.

例 9　设$\boldsymbol{\alpha}_1=\begin{bmatrix}1\\0\\1\\1\end{bmatrix},\boldsymbol{\alpha}_2=\begin{bmatrix}0\\1\\1\\0\end{bmatrix},\boldsymbol{\alpha}_3=\begin{bmatrix}0\\0\\1\\1\end{bmatrix}$，求与$\boldsymbol{\alpha}_1,\boldsymbol{\alpha}_2,\boldsymbol{\alpha}_3$等价的规范的正交向量组.

分析：可以按如下的施密特正交化方法将向量组$\boldsymbol{\alpha}_1,\boldsymbol{\alpha}_2,\boldsymbol{\alpha}_3$正交化，令

$$\boldsymbol{\beta}_1=\boldsymbol{\alpha}_1，\boldsymbol{\beta}_2=\boldsymbol{\alpha}_2-\frac{[\boldsymbol{\alpha}_2,\boldsymbol{\beta}_1]}{[\boldsymbol{\beta}_1,\boldsymbol{\beta}_1]}\boldsymbol{\beta}_1，\boldsymbol{\beta}_3=\boldsymbol{\alpha}_3-\frac{[\boldsymbol{\alpha}_3,\boldsymbol{\beta}_1]}{[\boldsymbol{\beta}_1,\boldsymbol{\beta}_1]}\boldsymbol{\beta}_1-\frac{[\boldsymbol{\alpha}_3,\boldsymbol{\beta}_2]}{[\boldsymbol{\beta}_2,\boldsymbol{\beta}_2]}\boldsymbol{\beta}_2$$

再将用公式$\gamma_1=\frac{\boldsymbol{\beta}_1}{\|\boldsymbol{\beta}_1\|},\gamma_2=\frac{\boldsymbol{\beta}_2}{\|\boldsymbol{\beta}_2\|},\cdots,\gamma_3=\frac{\boldsymbol{\beta}_3}{\|\boldsymbol{\beta}_3\|}$将$\boldsymbol{\beta}_1,\boldsymbol{\beta}_2,\boldsymbol{\beta}_3$规范化.

解：$\boldsymbol{\beta}_1=\boldsymbol{\alpha}_1=\begin{bmatrix}1\\0\\1\\1\end{bmatrix}$，$\boldsymbol{\beta}_2=\boldsymbol{\alpha}_2-\dfrac{[\boldsymbol{\alpha}_2,\boldsymbol{\beta}_1]}{[\boldsymbol{\beta}_1,\boldsymbol{\beta}_1]}\boldsymbol{\beta}_1=\begin{bmatrix}0\\1\\1\\0\end{bmatrix}-\dfrac{1}{3}\begin{bmatrix}1\\0\\1\\1\end{bmatrix}=\dfrac{1}{3}\begin{bmatrix}-1\\3\\2\\-1\end{bmatrix}$

$$\boldsymbol{\beta}_3=\boldsymbol{\alpha}_3-\frac{[\boldsymbol{\alpha}_3,\boldsymbol{\beta}_3]}{[\boldsymbol{\beta}_1,\boldsymbol{\beta}_1]}\boldsymbol{\beta}_1-\frac{[\boldsymbol{\alpha}_3,\boldsymbol{\beta}_2]}{[\boldsymbol{\beta}_2,\boldsymbol{\beta}_2]}\boldsymbol{\beta}_2=\begin{bmatrix}0\\0\\1\\1\end{bmatrix}-\frac{2}{3}\begin{bmatrix}1\\0\\1\\1\end{bmatrix}-\frac{1}{5}\begin{bmatrix}-1\\3\\2\\-1\end{bmatrix}=\begin{bmatrix}-\frac{7}{15}\\-\frac{3}{5}\\-\frac{1}{15}\\\frac{4}{3}\end{bmatrix}$$

再取

$$\boldsymbol{\gamma}_1=\frac{\boldsymbol{\beta}_1}{\|\boldsymbol{\beta}_1\|}=\frac{1}{\sqrt{3}}\begin{bmatrix}1\\0\\1\\1\end{bmatrix}=\begin{bmatrix}\frac{1}{\sqrt{3}}\\0\\\frac{1}{\sqrt{3}}\\\frac{1}{\sqrt{3}}\end{bmatrix},\quad \boldsymbol{\gamma}_2=\frac{\boldsymbol{\beta}_2}{\|\boldsymbol{\beta}_2\|}=\frac{1}{\sqrt{15}}\begin{bmatrix}-1\\3\\2\\-1\end{bmatrix}=\begin{bmatrix}-\frac{1}{\sqrt{15}}\\\frac{3}{\sqrt{15}}\\\frac{2}{\sqrt{15}}\\-\frac{1}{\sqrt{15}}\end{bmatrix},\quad \boldsymbol{\gamma}_3=\frac{\boldsymbol{\beta}_3}{\|\boldsymbol{\beta}_3\|}=\frac{1}{\sqrt{59}}\begin{bmatrix}-7\\-9\\1\\20\end{bmatrix}$$

例10 设3阶方阵$\boldsymbol{A}$的特征值为$\lambda_1=1,\lambda_2=0,\lambda_3=-1$；对应的特征向量依次为$\boldsymbol{P}_1=\begin{bmatrix}1\\2\\2\end{bmatrix}$，$\boldsymbol{P}_2=\begin{bmatrix}2\\-2\\1\end{bmatrix}$，$\boldsymbol{P}_3=\begin{bmatrix}-2\\-1\\2\end{bmatrix}$，求$\boldsymbol{A}$.

分析：设$\boldsymbol{P}=(\boldsymbol{P}_1,\boldsymbol{P}_2,\boldsymbol{P}_3)$，$\boldsymbol{\Lambda}=\begin{bmatrix}\lambda_1&&\\&\lambda_2&\\&&\lambda_3\end{bmatrix}$. 由$\boldsymbol{P}^{-1}\boldsymbol{A}\boldsymbol{P}=\boldsymbol{\Lambda}$，得$\boldsymbol{A}=\boldsymbol{P}\boldsymbol{\Lambda}\boldsymbol{P}^{-1}$.

解：根据特征向量的性质知$(\boldsymbol{P}_1,\boldsymbol{P}_2,\boldsymbol{P}_3)$可逆，得

$$(\boldsymbol{P}_1,\boldsymbol{P}_2,\boldsymbol{P}_3)^{-1}\boldsymbol{A}(\boldsymbol{P}_1,\boldsymbol{P}_2,\boldsymbol{P}_3)=\begin{bmatrix}\lambda_1&&\\&\lambda_2&\\&&\lambda_3\end{bmatrix}$$

可得$\boldsymbol{A}=(\boldsymbol{P}_1,\boldsymbol{P}_2,\boldsymbol{P}_3)\begin{bmatrix}\lambda_1&&\\&\lambda_2&\\&&\lambda_3\end{bmatrix}(\boldsymbol{P}_1,\boldsymbol{P}_2,\boldsymbol{P}_3)^{-1}$，进而得$\boldsymbol{A}=\dfrac{1}{3}\begin{bmatrix}-1&0&2\\0&1&2\\2&2&0\end{bmatrix}$.

例 11 设 3 阶对称矩阵 $\boldsymbol{A}$ 的特征值 6,3,3，与特征值 6 对应的特征向量为 $\boldsymbol{P}_1=(1,1,1)^{\mathrm{T}}$，求 $\boldsymbol{A}$.

分析：根据 $\boldsymbol{AP}_1=\lambda\boldsymbol{P}_1$ 和实对称矩阵的性质定理知 $\boldsymbol{A}-3\boldsymbol{E}$ 的秩为 1 解出 $\boldsymbol{A}$

解：设 $\boldsymbol{A}=\begin{bmatrix} x_1 & x_2 & x_3 \\ x_2 & x_4 & x_5 \\ x_3 & x_5 & x_6 \end{bmatrix}$，由 $\boldsymbol{A}\begin{bmatrix}1\\1\\1\end{bmatrix}=6\begin{bmatrix}1\\1\\1\end{bmatrix}$，知① $\begin{cases} x_1+x_2+x_3=6 \\ x_2+x_4+x_5=6 \\ x_3+x_5+x_6=6 \end{cases}$，3 是 $\boldsymbol{A}$ 的二重特征值，根据实对称矩阵的性质定理知 $\boldsymbol{A}-3\boldsymbol{E}$ 的秩为 1.

故利用①可推出 $\begin{bmatrix} x_1-3 & x_2 & x_3 \\ x_2 & x_4-3 & x_5 \\ x_3 & x_5 & x_6-3 \end{bmatrix} \sim \begin{bmatrix} 1 & 1 & 1 \\ x_2 & x_4-3 & x_5 \\ x_3 & x_5 & x_6-3 \end{bmatrix}$，秩为 1. 则存在实的 a,b 使得② $\begin{cases} (1,1,1)=a(x_2,x_4-3,x_5) \\ (1,1,1)=b(x_3,x_5,x_6-3) \end{cases}$ 成立.

由①②解得 $x_2=x_3=1, x_1=x_4=x_6=4, x_5=1$，从而得 $\boldsymbol{A}=\begin{bmatrix} 4 & 1 & 1 \\ 1 & 4 & 1 \\ 1 & 1 & 4 \end{bmatrix}$.

例 12 设 $\boldsymbol{A}=\begin{bmatrix} 2 & 2 & -2 \\ 2 & 5 & -4 \\ -2 & -4 & 5 \end{bmatrix}$，试求 $\boldsymbol{P}$，使得 $\boldsymbol{P}^{-1}\boldsymbol{AP}$ 为对角阵.

分析：因为任意实对称矩阵均可角化，此题先求出 $\boldsymbol{A}$ 的特征值，在求出相应的特征向量，再将它们化为规范正交组 $\boldsymbol{P}_1,\boldsymbol{P}_2,\boldsymbol{P}_3$，则 $\boldsymbol{P}=(\boldsymbol{P}_1,\boldsymbol{P}_2,\boldsymbol{P}_3)$.

解：$|\boldsymbol{A}-\lambda\boldsymbol{E}|=\begin{bmatrix} 2-\lambda & 2 & -2 \\ 2 & 5-\lambda & -4 \\ -2 & -4 & 5-\lambda \end{bmatrix}=-(\lambda-1)^2(\lambda-10)$，故得特征值为 $\lambda_1=\lambda_2=1, \lambda_3=10$.

当 $\lambda_1=\lambda_2=1$ 时，由 $\begin{bmatrix} 1 & 2 & -2 \\ 2 & 4 & -4 \\ -2 & -4 & 4 \end{bmatrix}\begin{bmatrix}x_1\\x_2\\x_3\end{bmatrix}=\begin{bmatrix}0\\0\\0\end{bmatrix}$，解得 $\begin{bmatrix}x_1\\x_2\\x_3\end{bmatrix}=k_1\begin{bmatrix}-2\\1\\0\end{bmatrix}+k_2\begin{bmatrix}2\\0\\1\end{bmatrix}$.

这两个向量正交，单位化后，得两个单位正交的特征向量

$$\boldsymbol{P}_1=\frac{1}{\sqrt{5}}\begin{bmatrix}-2\\1\\0\end{bmatrix},\quad \boldsymbol{P}_2^*=\begin{bmatrix}2\\0\\1\end{bmatrix}-\frac{-4}{5}\begin{bmatrix}-2\\1\\0\end{bmatrix}=\begin{bmatrix}\frac{2}{3}\\\frac{4}{5}\\1\end{bmatrix}，单位化得 \boldsymbol{P}_2=\frac{\sqrt{5}}{3}\begin{bmatrix}\frac{2}{5}\\\frac{4}{5}\\1\end{bmatrix}.$$

当 $\lambda_3=10$ 时，由

$$\begin{bmatrix} -8 & 2 & -2 \\ 2 & -5 & -4 \\ -2 & -4 & -5 \end{bmatrix}\begin{bmatrix} x_1 \\ x_2 \\ x_3 \end{bmatrix}=\begin{bmatrix} 0 \\ 0 \\ 0 \end{bmatrix}，解得\begin{bmatrix} x_1 \\ x_2 \\ x_3 \end{bmatrix}=k_3\begin{bmatrix} -1 \\ -2 \\ 2 \end{bmatrix}$$

单位化 $\boldsymbol{P}_3=\dfrac{1}{3}\begin{bmatrix} -1 \\ -2 \\ 2 \end{bmatrix}$，得正交阵 $(\boldsymbol{P}_1,\boldsymbol{P}_2,\boldsymbol{P}_3)=\begin{bmatrix} -\dfrac{2}{\sqrt{5}} & \dfrac{2\sqrt{5}}{15} & -\dfrac{1}{3} \\ \dfrac{1}{\sqrt{5}} & \dfrac{4\sqrt{5}}{15} & -\dfrac{2}{3} \\ 0 & \dfrac{\sqrt{5}}{3} & \dfrac{2}{3} \end{bmatrix}$，$\boldsymbol{P}^{-1}\boldsymbol{AP}=\begin{bmatrix} 1 & 0 & 0 \\ 0 & 1 & 0 \\ 0 & 0 & 1 \end{bmatrix}$.

例 13　设 $\boldsymbol{A}=\begin{bmatrix} 2 & 1 & 2 \\ 1 & 2 & 2 \\ 2 & 2 & 1 \end{bmatrix}$，求 $\phi(\boldsymbol{A})=\boldsymbol{A}^{10}-6\boldsymbol{A}^9+5\boldsymbol{A}^8$.

分析：先求 $\boldsymbol{P}$ 使得 $\boldsymbol{P}^{-1}\boldsymbol{AP}=\boldsymbol{\Lambda}$ 为对角阵，则 $\boldsymbol{A}=\boldsymbol{P\Lambda P}^{-1}$，而 $\boldsymbol{A}^k=\boldsymbol{P\Lambda}^k\boldsymbol{P}^{-1}$，$\varphi(\boldsymbol{A})=\boldsymbol{A}^{10}-6\boldsymbol{A}^9+5\boldsymbol{A}^8=\boldsymbol{A}^8(\boldsymbol{A}^2-6\boldsymbol{A}+5\boldsymbol{E})=\boldsymbol{A}^8(\boldsymbol{A}-\boldsymbol{E})(\boldsymbol{A}-5\boldsymbol{E})$ 就可算出.

解：同例 10 方法先求得正交相似变换矩阵 $\boldsymbol{P}=\begin{bmatrix} -\dfrac{\sqrt{6}}{6} & -\dfrac{1}{\sqrt{2}} & \dfrac{1}{\sqrt{3}} \\ -\dfrac{\sqrt{6}}{6} & \dfrac{1}{\sqrt{2}} & \dfrac{1}{\sqrt{3}} \\ \dfrac{\sqrt{6}}{3} & 0 & \dfrac{1}{\sqrt{3}} \end{bmatrix}$，使得

$$\boldsymbol{P}^{-1}\boldsymbol{AP}=\begin{bmatrix} -1 & 0 & 0 \\ 0 & 1 & 0 \\ 0 & 0 & 5 \end{bmatrix}=\boldsymbol{\Lambda},\boldsymbol{A}=\boldsymbol{P\Lambda P}^{-1}\quad \boldsymbol{A}^k=\boldsymbol{P\Lambda}^k\boldsymbol{P}^{-1}$$

$$\begin{aligned}\varphi(\boldsymbol{A})&=\boldsymbol{A}^{10}-6\boldsymbol{A}^9+5\boldsymbol{A}^8=\boldsymbol{A}^8(\boldsymbol{A}^2-6\boldsymbol{A}+5\boldsymbol{E})=\boldsymbol{A}^8(\boldsymbol{A}-\boldsymbol{E})(\boldsymbol{A}-5\boldsymbol{E})\\&=\boldsymbol{P\Lambda}^8\boldsymbol{P}^{-1}\cdot\begin{bmatrix} 1 & 1 & 2 \\ 1 & 1 & 2 \\ 2 & 2 & 0 \end{bmatrix}\begin{bmatrix} -3 & 1 & 2 \\ 1 & -3 & 2 \\ 2 & 2 & -4 \end{bmatrix}=2\begin{bmatrix} 1 & 1 & -2 \\ 1 & 1 & -2 \\ -2 & -2 & 4 \end{bmatrix}.\end{aligned}$$

例 14　设 $\boldsymbol{A}=\begin{bmatrix} 0 & 0 & 1 \\ x & 1 & y \\ 1 & 0 & 0 \end{bmatrix}$ 有三个线性无关的特征向量，求 x 与 y 应满足的条件.

分析：先求出 $\boldsymbol{A}$ 的特征值为 $1,1,-1$，根据题意有 $\boldsymbol{A}$ 有三个线性无关的特征向量，故 $\boldsymbol{A}$ 可对角化，$\lambda=1$ 是二重根，必有两个线性无关的特征向量，从而 $R(\boldsymbol{E}-\boldsymbol{A})=1$，即可推出 x 与 y 满足的条件.

解：$|\lambda E-A|=\begin{vmatrix}\lambda & 0 & -1\\ -x & \lambda-1 & -y\\ -1 & 0 & \lambda\end{vmatrix}=(\lambda-1)^2(\lambda+1)=0$，得到 A 的特征值为 $\lambda_1=\lambda_2=1$，$\lambda_3=-1$．

因此，$\lambda=1$ 必有 2 个线性无关的特征向量，从而 $R(E-A)=1$，

$$(E-A)=\begin{bmatrix}1 & 0 & -1\\ -x & 0 & -y\\ -1 & 0 & 1\end{bmatrix}\to\begin{bmatrix}1 & 0 & -1\\ 0 & 0 & -x-y\\ 0 & 0 & 0\end{bmatrix}，有 x+y=0．$$

例 15 A 设是三阶方阵，且有特征值 1，2，3，证明：矩阵 $2E+A$ 是可逆的．

分析：A 的特征值为 1, 2, 3, 可求出 $2E+A$ 的特征值为 3, 4, 5, 于是有 $|2E+A|=60$，可得 $2E+A$ 矩阵是可逆的．

证：因为 A 的特征值为 1，2，3，所以 $2E+A$ 的特征值为 3，4，5，则 $|2E+A|=3\times4\times5=60$，因为 $|2E+A|\neq0$，所以矩阵 $2E+A$ 是可逆的．

例 16 设 x 为 n 维列向量，$x^{\mathrm{T}}x=1$，令 $H=E-2xx^{\mathrm{T}}$，证明 H 是对称的正交阵．

分析：先证 H 是对称的，即证 $H^{\mathrm{T}}=H$，再根据正交矩阵定义，证明 $H^{\mathrm{T}}H=E$．

证：因为 $H^{\mathrm{T}}=(E-2xx^{\mathrm{T}})^{\mathrm{T}}=H$，所以 H 是对称的，又因为 $H^{\mathrm{T}}H=H^2=(E-2xx^{\mathrm{T}})^2=E-4xx^{\mathrm{T}}+4x(x^{\mathrm{T}}x)x^{\mathrm{T}}=E$，所以 H 又是正交阵．

例 17 设 λ_1,λ_2 是 n 阶方阵 A 的特征值，且 $\lambda_1\neq\lambda_2$，而 X_1 和 X_2 分别对应于 λ_1 和 λ_2 的两个线性无关的特征向量，证明 X_1+X_2 不是 A 的特征向量．

分析：此题用反证法证明，假设 X_1+X_2 是 A 的特征向量，然后推出矛盾结果．

证：反证法．设 X_1+X_2 是 A 的特征向量，其特征值为 λ，则

$$A(X_1+X_2)=\lambda(X_1+X_2)=\lambda X_1+\lambda X_2. \quad (1)$$

又

$$A(X_1+X_2)=AX_1+AX_2=\lambda_1X_1+\lambda_2X_2 \quad (2)$$

式（1）减式（2）得

$$(\lambda-\lambda_1)X_1+(\lambda-\lambda_2)X_2=0$$

由于 X_1,X_2 线性无关，故 $\lambda-\lambda_1=\lambda-\lambda_2=0$，即 $\lambda=\lambda_1=\lambda_2$，矛盾．

例 18 设 A,B 都是 n 阶方阵，且 $|A|\neq0$，证明 AB 与 BA 相似．

分析：要证 AB 与 BA 相似，只要找到可逆阵 P，使 $P^{-1}(AB)P=BA$，可以取 $P=A$．

证：$|A|\neq0$，则 A 可逆，$A^{-1}(AB)A=(A^{-1}A)(BA)=BA$，则 AB 与 BA 相似．

例 19 设 n 阶方阵满足 $A^2=A$，证明 A 的特征值只能是 0 或 1．

分析：X 为 A 的特征向量，其特征值为 λ，$AX=\lambda X$，$A^2X=\lambda^2X$，$A^2=A$，$(\lambda-\lambda^2)X=0$，即可推出结论．

证：设 $\boldsymbol{X}$ 为 $\boldsymbol{A}$ 特征向量，其特征值为 λ， $\boldsymbol{AX}=\lambda\boldsymbol{X}$， $\boldsymbol{A}^2\boldsymbol{X}=\lambda^2\boldsymbol{X}$， $\boldsymbol{A}^2=\boldsymbol{A}$，$(\lambda-\lambda^2)\boldsymbol{X}=0$，因为 $\boldsymbol{X}\neq 0$，所以 $(\lambda-\lambda^2)=0$，从而得 $\lambda=0$ 或 $\lambda=1$.

例 20　$\boldsymbol{A}=\begin{bmatrix}1&4&2\\0&-3&4\\0&4&3\end{bmatrix}$，求 $\boldsymbol{A}^{100}$.

分析：因为 $\boldsymbol{A}$ 有三个不相等的特征值 $\lambda_1=-5,\lambda_2=5,\lambda_3=1$，所以可求出 $\boldsymbol{P}$.

解： $\boldsymbol{P}^{-1}\boldsymbol{AP}=\boldsymbol{\Lambda}$，而 $\boldsymbol{A}^{100}=\boldsymbol{P}\boldsymbol{\Lambda}^{100}\boldsymbol{P}^{-1}$

$$\lambda_1=-5,\lambda_2=5,\lambda_3=1,\quad \boldsymbol{P}=\begin{bmatrix}1&2&1\\-2&1&0\\1&2&0\end{bmatrix},\quad \boldsymbol{\Lambda}=\begin{bmatrix}-5&&\\&5&\\&&1\end{bmatrix},\quad \boldsymbol{P}^{-1}=\begin{bmatrix}0&-\frac{2}{5}&\frac{1}{5}\\0&\frac{1}{5}&\frac{2}{5}\\1&0&-1\end{bmatrix}$$

$$\boldsymbol{A}^{100}=\begin{bmatrix}1&0&5^{100}-1\\0&5^{100}&0\\0&0&5^{100}\end{bmatrix}.$$

第 5 章　二次型

例 1　求二次型 $f(x_1,x_2,x_3)=(x_1-x_2)^2$ 对应的矩阵.

分析：二次型 $f(x_1,x_2,x_3)=(x_1-x_2)^2=x_1^2-2x_1x_2+x_2^2$.

解： $\begin{bmatrix}1&-1&0\\-1&1&0\\0&0&0\end{bmatrix}$.

例 2　求矩阵 $\boldsymbol{A}=\begin{bmatrix}1&2&3\\2&3&-1\\3&-1&3\end{bmatrix}$ 对应的二次型.

解： $f(x_1,x_2,x_3)=x_1^2+3x_2^2+3x_3^2+4x_1x_2+6x_1x_3-2x_2x_3$.

例 3　用正交变换法化 $f=2x_1^2+5x_2^2+5x_3^2+4x_1x_2-4x_1x_3-8x_2x_3$ 为标准形.

解： 二次型的矩阵为

$$\boldsymbol{A}=\begin{bmatrix}2&2&-2\\2&5&-4\\-2&-4&5\end{bmatrix}$$

它对应的特征多项式为

$$|\boldsymbol{A}-\lambda\boldsymbol{E}|=\begin{vmatrix}\lambda-2 & -2 & 2\\ -2 & \lambda-5 & 4\\ 2 & 4 & \lambda-5\end{vmatrix}=(\lambda-1)^2(\lambda-10)$$

于是 $\boldsymbol{A}$ 的特征值为 $\lambda_1=10,\lambda_2=\lambda_3=1$.

当 $\lambda_1=10$ 时，由

$$10\boldsymbol{E}-\boldsymbol{A}=\begin{bmatrix}8 & -2 & 2\\ -2 & 5 & 4\\ 2 & 4 & 5\end{bmatrix}\to\begin{bmatrix}2 & 0 & 1\\ 0 & 1 & 1\\ 0 & 0 & 0\end{bmatrix}$$

得基础解系 $\boldsymbol{x}_1=\begin{bmatrix}1\\ 2\\ -2\end{bmatrix}$，单位化即得 $\boldsymbol{p}_1=\begin{bmatrix}\frac{1}{3}\\ \frac{2}{3}\\ -\frac{2}{3}\end{bmatrix}$.

当 $\lambda_2=\lambda_3=1$ 时，由

$$\boldsymbol{E}-\boldsymbol{A}=\begin{bmatrix}-1 & -2 & 2\\ -2 & -4 & 4\\ 2 & 4 & -4\end{bmatrix}\to\begin{bmatrix}1 & 2 & -2\\ 0 & 0 & 0\\ 0 & 0 & 0\end{bmatrix}$$

可得正交的基础解系 $\boldsymbol{x}_2=\begin{bmatrix}0\\ 1\\ 1\end{bmatrix}$，$\boldsymbol{x}_3=\begin{bmatrix}4\\ -1\\ 1\end{bmatrix}$，单位化即得

$$\boldsymbol{p}_2=\begin{bmatrix}0\\ \frac{1}{\sqrt{2}}\\ \frac{1}{\sqrt{2}}\end{bmatrix}，\boldsymbol{p}_3=\begin{bmatrix}\frac{2\sqrt{2}}{3}\\ -\frac{\sqrt{2}}{6}\\ \frac{\sqrt{2}}{6}\end{bmatrix}.$$

于是正交变换矩阵为

$$\boldsymbol{P}=\begin{bmatrix}\frac{1}{3} & 0 & \frac{2\sqrt{2}}{3}\\ \frac{2}{3} & \frac{1}{\sqrt{2}} & -\frac{\sqrt{2}}{6}\\ -\frac{2}{3} & \frac{1}{\sqrt{2}} & \frac{\sqrt{2}}{6}\end{bmatrix}$$

经正交变换 $\boldsymbol{x}=\boldsymbol{P}\boldsymbol{y}$ 后，二次型化为标准形

$$f=10y_1^2+y_2^2+y_3^2.$$

例 4 用配方法化 $f=2x_1^2+5x_2^2+5x_3^2+4x_1x_2-4x_1x_3-8x_2x_3$ 为标准形.

解： 先集中含 x_1 的项配方，再对 x_2 的项配方，

$$\begin{aligned}f&=2(x_1+x_2-x_3)^2+3x_2^2+3x_3^2-4x_2x_3\\&=2(x_1+x_2-x_3)^2+3\left(x_2-\frac{2}{3}x_3\right)^2+\frac{5}{3}x_3^2\\&=y_1^2+3y_2^2+\frac{5}{3}y_3^2.\end{aligned}$$

其中 $\begin{cases}y_1=x_1+x_2-x_3\\y_2=x_2-\dfrac{2}{3}x_3\\y_3=x_3\end{cases}$.

例 5 设 $\boldsymbol{A}=\begin{bmatrix}2&-1&-1\\-1&2&-1\\-1&-1&2\end{bmatrix}$，$\boldsymbol{B}=\begin{bmatrix}1&0&0\\0&1&0\\0&0&0\end{bmatrix}$，则 $\boldsymbol{A}$ 与 $\boldsymbol{B}$（　　）.

A．合同且相似　　B．合同但不相似

C．不合同但相似　　D．既不合同也不相似

分析：由 $|\boldsymbol{A}-\lambda\boldsymbol{E}|=(3-\lambda)^2\lambda$，$|\boldsymbol{B}-\lambda\boldsymbol{E}|=(1-\lambda)^2\lambda$，知 $\boldsymbol{A}$ 与 $\boldsymbol{B}$ 不相似（特征值不同），$\boldsymbol{A}$ 与 $\boldsymbol{B}$ 合同（正负惯性指数相同）.

解： (B)是答案.

例 6 实二次型 $f(x_1,x_2,x_3)=(x_1+x_2-2x_3)^2-2(x_2+x_3)^2+4x_3^2$ 的秩和正惯性指数依次是________.

分析：因为线性变换 $\begin{cases}y_1=x_1+x_2-2x_3\\y_2=x_2+x_3\\y_3=x_3\end{cases}$ 是可逆的（变换矩阵的行列式为 1），所以标准形为 $y_1^2-2y_2^2+4y_3^2$.

解： $r=3,p=2$.

例 7 设 $\boldsymbol{A},\boldsymbol{B}$ 均为 n 阶正定矩阵，则（　　）是正定矩阵.

A．$\boldsymbol{A}^*+\boldsymbol{B}^*$　　B．$\boldsymbol{A}^*-\boldsymbol{B}^*$　　C．$\boldsymbol{A}^*\boldsymbol{B}^*$　　D．$k_1\boldsymbol{A}^*+k_2\boldsymbol{B}^*$

分析：因为 $\boldsymbol{A},\boldsymbol{B}$ 均为 n 阶正定矩阵，则 $\boldsymbol{A}^*,\boldsymbol{B}^*$ 均为 n 阶正定矩阵，所以 $\boldsymbol{A}^*+\boldsymbol{B}^*$ 为 n 阶正定矩阵.

解： 答案是 A.

例 8 下列矩阵为正定的是（　　）.

A. $\begin{bmatrix}1&1&0\\2&3&1\\0&0&2\end{bmatrix}$ B. $\begin{bmatrix}4&3&2\\3&4&1\\2&1&2\end{bmatrix}$ C. $\begin{bmatrix}6&-3&4\\-3&1&2\\4&2&1\end{bmatrix}$ D. $\begin{bmatrix}1&2&1\\2&4&1\\1&1&5\end{bmatrix}$

分析：正定矩阵首先一定是对称矩阵，排除 A．用顺序主子式判断，只有选项 B 的 2 阶顺序主子式大于 0.

解：答案是 B.

例 9 设 $\boldsymbol{A}$ 为 n 阶实对称矩阵，证明 $R(\boldsymbol{A})=n$ 的充分必要条件为存在一个 n 阶实矩阵 $\boldsymbol{B}$，使 $\boldsymbol{AB}+\boldsymbol{B}^{\mathrm{T}}\boldsymbol{A}$ 是正定矩阵.

证："充分性"（反证法）.

反设 $R(\boldsymbol{A})<n$，则$|\boldsymbol{A}|=0$．于是 $\lambda=0$ 是 $\boldsymbol{A}$ 的特征值，假设相应的特征向量为 $\boldsymbol{x}$，即 $\boldsymbol{Ax}=0\ (\boldsymbol{x}\neq 0)$，所以 $\boldsymbol{x}^{\mathrm{T}}\boldsymbol{A}^{\mathrm{T}}=0$．所以 $\boldsymbol{x}^{\mathrm{T}}(\boldsymbol{AB}+\boldsymbol{B}^{\mathrm{T}}\boldsymbol{A})\boldsymbol{x}=\boldsymbol{x}^{\mathrm{T}}\boldsymbol{AB}x+\boldsymbol{x}^{\mathrm{T}}\boldsymbol{B}^{\mathrm{T}}\boldsymbol{Ax}=0$，和 $\boldsymbol{AB}+\boldsymbol{B}^{\mathrm{T}}\boldsymbol{A}$ 是正定矩阵矛盾.

"必要性".

因为 $R(\boldsymbol{A})=n$，所以 $\boldsymbol{A}$ 的特征值 $\lambda_1,\lambda_2,\cdots,\lambda_n$ 全不为 0．取 $\boldsymbol{B}=\boldsymbol{A}$，则 $\boldsymbol{AB}+\boldsymbol{B}^{\mathrm{T}}\boldsymbol{A}=\boldsymbol{AA}+\boldsymbol{AA}=2\boldsymbol{A}^2$，它的特征值为 $2\lambda_1{}^2,2\lambda_2{}^2,\cdots,2\lambda_n{}^2$ 全部为正，所以 $\boldsymbol{AB}+\boldsymbol{B}^{\mathrm{T}}\boldsymbol{A}$ 是正定矩阵.

例 10 证明二次型 $f=\boldsymbol{x}^{\mathrm{T}}\boldsymbol{Ax}$ 在 $\|\boldsymbol{x}\|=1$ 时的最大值为矩阵 $\boldsymbol{A}$ 的最大特征值.

分析：对实对称矩阵 $\boldsymbol{A}$，$\lambda_1,\lambda_2,\cdots,\lambda_n$ 为 $\boldsymbol{A}$ 的特征值，不妨设 λ_1 最大，有一正交矩阵 $\boldsymbol{PAP}^{-1}=\boldsymbol{\Lambda}$ 为对角阵，$\boldsymbol{P}$ 为正交矩阵，$\|\boldsymbol{y}\|=\|\boldsymbol{x}\|=1$，$y_1^2+y_2^2+\cdots+y_n^2=1$.

$$\boldsymbol{y}=\boldsymbol{Px}，\quad f=\lambda_1y_1^2+\lambda_2y_2^2+\cdots+\lambda_ny_n^2，\quad f_{\text{最大}}=(\lambda_1y_1^2+\cdots+\lambda_ny_n^2)_{\text{最大}}\underset{y_1=1}{=}\lambda_1 .$$

证：$\boldsymbol{A}$ 为实对称矩阵，则有一正交矩阵 $\boldsymbol{P}$，使得

$$\boldsymbol{PAP}^{-1}=\begin{bmatrix}\lambda_1&&&\\&\lambda_2&&\\&&\ddots&\\&&&\lambda_n\end{bmatrix}=\boldsymbol{B}$$

成立. 其中 $\lambda_1,\lambda_2,\cdots,\lambda_n$ 为 $\boldsymbol{A}$ 的特征值，不妨设 λ_1 最大．$\boldsymbol{P}$ 为正交矩阵，则 $\boldsymbol{P}^{-1}=\boldsymbol{P}^{\mathrm{T}}$ 且 $|\boldsymbol{P}|=1$，故 $\boldsymbol{A}=\boldsymbol{P}^{-1}\boldsymbol{BP}=\boldsymbol{P}^{T}\boldsymbol{BP}$，则

$$f=\boldsymbol{x}^{\mathrm{T}}\boldsymbol{Ax}=\boldsymbol{x}^{\mathrm{T}}\boldsymbol{P}^{\mathrm{T}}\boldsymbol{BPx}=(\boldsymbol{Px})^{\mathrm{T}}\boldsymbol{BPx}=\boldsymbol{y}^{\mathrm{T}}\boldsymbol{By}=\lambda_1y_1^2+\lambda_2y_2^2+\cdots+\lambda_ny_n^2，$$

其中 $\boldsymbol{y}=\boldsymbol{Px}$，当 $\|\boldsymbol{y}\|=\|\boldsymbol{x}\|=1$ 时，即 $\sqrt{y_1^2+y_2^2+\cdots+y_n^2}=1$ 即 $y_1^2+y_2^2+\cdots+y_n^2=1$，$f_{\text{最大}}=(\lambda_1y_1^2+\cdots+\lambda_ny_n^2)_{\text{最大}}\underset{y_1=1}{=}\lambda_1$．故得证.

附录 D　各章练习与测试

第 1 章自测题

（满分 100 分，测试时间 100 分钟）

1．填空题（每小题 3 分，共 15 分）

（1）排列 $246\cdots(2n)135\cdots(2n-1)$ 的逆序数为________.

（2）已知排列 $1i25j4897$ 为偶排列，则 $i=$________，$j=$________.

（3）四阶行列式中包含因子 $a_{12}a_{24}$ 且带正号的项为________.

（4）五阶行列式 $\begin{vmatrix} 1-a & a & 0 & 0 & 0 \\ -1 & 1-a & a & 0 & 0 \\ 0 & -1 & 1-a & a & 0 \\ 0 & 0 & -1 & 1-a & a \\ 0 & 0 & 0 & -1 & 1-a \end{vmatrix}$ 的值等于________.

（5）设 $D=\begin{vmatrix} 3 & 5 & 7 & 9 \\ 1 & 1 & 1 & 1 \\ -2 & 4 & 1 & 0 \\ 3 & -2 & 6 & 5 \end{vmatrix}$，$A_{4j}$ 为元素 a_{4j} 的代数余子式 $(j=1,2,3,4)$，则 $A_{41}+A_{42}+A_{43}+A_{44}=$________.

2．选择题（每小题 3 分，共 15 分）

（1）四阶行列式 $\begin{vmatrix} a_1 & 0 & 0 & b_1 \\ 0 & a_2 & b_2 & 0 \\ 0 & b_3 & a_3 & 0 \\ b_4 & 0 & 0 & a_4 \end{vmatrix}$ 的值等于（　　）.

A．$a_1a_2a_3a_4-b_1b_2b_3b_4$　　B．$a_1a_2a_3a_4+b_1b_2b_3b_4$

C．$(a_1a_2-b_1b_2)(a_3a_4-b_3b_4)$　　D．$(a_2a_3-b_2b_3)(a_1a_4-b_1b_4)$

（2）记行列式$\begin{vmatrix} x-2 & x-1 & x-2 & x-3 \\ 2x-2 & 2x-1 & 2x-2 & 2x-3 \\ 3x-3 & 3x-2 & 4x-5 & 3x-5 \\ 4x & 4x-3 & 5x-7 & 4x-3 \end{vmatrix}$为 $f(x)$，则方程 $f(x)=0$ 的根的个数为（　　）.

A. 1　　B. 2　　C. 3　　D. 4

（3）行列式$\begin{vmatrix} x & y & y \\ y & x & y \\ y & y & x \end{vmatrix}$的值等于（　　）.

A. $(x-y)^3$　　B. $(x+2y)(x+y)^2$　　C. $(x+2y)(x-y)^2$　　D. $(x-2y)(x+y)^2$

（4）$f(x)=\begin{vmatrix} x & -x & -1 & x \\ 2 & 2 & 3 & x \\ -7 & 10 & 4 & 3 \\ 1 & -7 & 1 & x \end{vmatrix}$，其中 x^2 项系数是（　　）.

A. 34　　B. 25　　C. 74　　D. 6

（5）设三阶矩阵 $\boldsymbol{A}=\begin{bmatrix} \boldsymbol{\alpha} \\ 2\boldsymbol{r}_2 \\ 3\boldsymbol{r}_3 \end{bmatrix}$，$\boldsymbol{B}=\begin{bmatrix} \boldsymbol{\beta} \\ \boldsymbol{r}_2 \\ \boldsymbol{r}_3 \end{bmatrix}$，其中 $\boldsymbol{\alpha},\boldsymbol{\beta},\boldsymbol{r}_2,\boldsymbol{r}_3$ 均为三维行向量，且已知 $|\boldsymbol{A}|=18$，$|\boldsymbol{B}|=2$，则行列式 $|\boldsymbol{A}-\boldsymbol{B}|=$（　　）.

A. 1　　B. 2　　C. 3　　D. 4

3.（本题满分 10 分）证明$\begin{vmatrix} 1 & a & b & c+d \\ 1 & b & c & d+a \\ 1 & c & d & a+b \\ 1 & d & a & b+c \end{vmatrix}=0$.

4.（本题满分 10 分）求使下列方程组有非零解的 k 值：

$$\begin{cases} x+y+z=kz \\ 4x+3y+2z=ky \\ x+2y+3z=kx \end{cases}$$

5.（本题满分 10 分）设 $D_5=\begin{vmatrix} 1 & 2 & 3 & 4 & 5 \\ 5 & 5 & 5 & 3 & 3 \\ 3 & 2 & 5 & 4 & 2 \\ 2 & 2 & 2 & 1 & 1 \\ 4 & 6 & 5 & 2 & 3 \end{vmatrix}$，求 $A_{31}+A_{32}+A_{33}$ 和 $A_{34}+A_{35}$.

6.（本题满分 10 分） 计算 $D_n=\begin{vmatrix}1 & 2 & 2 & \cdots & 2\\ 2 & 2 & 2 & \cdots & 2\\ 2 & 2 & 3 & \cdots & 2\\ \vdots & \vdots & \vdots & \ddots & \vdots\\ 2 & 2 & 2 & 2 & n\end{vmatrix}$.

7.（本题满分 10 分） 设 $\boldsymbol{A}$ 和 $\boldsymbol{B}$ 都是 n 阶正交矩阵，且 $|\boldsymbol{A}|=-|\boldsymbol{B}|$，求 $|\boldsymbol{A}+\boldsymbol{B}|$.

8.（本题满分 10 分） 计算 $D_{n+1}=\begin{vmatrix}2 & 1-\frac{1}{n} & 1-\frac{1}{n} & \cdots & 1-\frac{1}{n}\\ 1-\frac{1}{n} & 2 & 1-\frac{1}{n} & \cdots & 1-\frac{1}{n}\\ 1-\frac{1}{n} & 1-\frac{1}{n} & 2 & \cdots & 1-\frac{1}{n}\\ \vdots & \vdots & \vdots & \ddots & \vdots\\ 1-\frac{1}{n} & 1-\frac{1}{n} & 1-\frac{1}{n} & \cdots & 2\end{vmatrix}$.

9.（本题满分 10 分） 已知 a,b,c 不全为零，证明齐次线性方程组

$$\begin{cases}ax_2+bx_3+cx_4=0\\ ax_1+x_2=0\\ bx_1+x_3=0\\ cx_1+x_4=0\end{cases}$$

只有零解.

第 2 章自测题

（满分 100 分，测试时间 100 分钟）

1．概念题（每小题 4 分，共 32 分）

（1）若 $\boldsymbol{AB}=\boldsymbol{AC}$，$\boldsymbol{A}$ 可逆，则 $\boldsymbol{B}=\boldsymbol{C}$.　　（　　）

（2）若 $\boldsymbol{AB}=0$，则 $\boldsymbol{A}=0$ 或 $\boldsymbol{B}=0$.　　（　　）

（3）设 $\boldsymbol{A}$ 为 3 阶方阵，$|\boldsymbol{A}|=\frac{1}{3}$，则 $\left|\left(\frac{1}{7}\boldsymbol{A}\right)^{-1}-12\boldsymbol{A}^*\right|$ 等于（　　）.

A．81　　B．18　　C．128　　D．88

（4）下列等式成立的是（　　）.

A．$(\boldsymbol{A}+\boldsymbol{B})^2=\boldsymbol{A}^2+2\boldsymbol{AB}+\boldsymbol{A}^2$　　B．$(k\boldsymbol{A})^{-1}=k\boldsymbol{A}^{-1}$

C．$(\boldsymbol{A}^*)^{-1}=(\boldsymbol{A}^{-1})^*$　　D．$\begin{vmatrix}0 & \boldsymbol{A}\\ \boldsymbol{B} & 0\end{vmatrix}=|\boldsymbol{A}||\boldsymbol{B}|$

（5）初等矩阵的定义为________________.

（6）矩阵的行秩与矩阵的列秩____________.

（7）若 $\boldsymbol{A}$、$\boldsymbol{B}$ 均可逆，则 $\begin{bmatrix} \boldsymbol{A} & \boldsymbol{C} \\ 0 & \boldsymbol{B} \end{bmatrix}^{-1}=$________.

（8）若 $\boldsymbol{A}$、$\boldsymbol{B}$、$\boldsymbol{C}$ 均可逆，则 $\begin{bmatrix} 0 & 0 & \boldsymbol{C} \\ 0 & \boldsymbol{B} & 0 \\ \boldsymbol{A} & 0 & 0 \end{bmatrix}^{-1}=$____________.

2．计算题（每小题 18 分，共 54 分）

（1）解矩阵方程 $\begin{bmatrix} 1 & 2 & 3 \\ 2 & 2 & 1 \\ 3 & 4 & 3 \end{bmatrix}\boldsymbol{X}\begin{bmatrix} 2 & 1 \\ 5 & 3 \end{bmatrix}=\begin{bmatrix} 1 & 3 \\ 2 & 0 \\ 3 & 1 \end{bmatrix}$，求 $\boldsymbol{X}$.

（2）已知 $\boldsymbol{A}^{-1}=\begin{bmatrix} 1 & 1 & 1 \\ 1 & 2 & 1 \\ 1 & 1 & 3 \end{bmatrix}$，求 $(\boldsymbol{A}^*)^{-1}$.

（3）设 $\boldsymbol{\alpha}=\begin{bmatrix} 1 & 2 & 3 \end{bmatrix}$，$\boldsymbol{\beta}=\begin{bmatrix} 1 & \frac{1}{2} & \frac{1}{3} \end{bmatrix}$，$\boldsymbol{A}=\boldsymbol{\alpha}^{\mathrm{T}}\boldsymbol{\beta}$，求 $\boldsymbol{A}^n$.

3．证明题（本题满分 14 分）

（1）设 $\boldsymbol{A}$ 满足 $\boldsymbol{A}^2=\boldsymbol{A}$. 证明 $|\boldsymbol{A}|=0$ 或 $\boldsymbol{A}=\boldsymbol{E}$.

第 3 章自测题

（满分 100 分，测试时间 100 分钟）

1.（**本题满分 10 分**）向量 $\boldsymbol{\alpha}=2\boldsymbol{\xi}-\boldsymbol{\eta}$，$\boldsymbol{\beta}=\boldsymbol{\xi}+\boldsymbol{\eta}$，$\boldsymbol{\gamma}=-\boldsymbol{\xi}+3\boldsymbol{\eta}$，试用两种方法验证向量组 $\boldsymbol{\alpha},\boldsymbol{\beta},\boldsymbol{\gamma}$ 线性相关.

2.（**本题满分 10 分**）求下列向量组的秩及一个最大无关组，并把其余向量表示为所求最大无关组的线性组合.

$$\boldsymbol{\alpha}_1=\begin{bmatrix} 6 \\ 4 \\ 1 \\ -1 \\ 2 \end{bmatrix},\ \boldsymbol{\alpha}_2=\begin{bmatrix} 1 \\ 0 \\ 2 \\ 3 \\ -4 \end{bmatrix},\ \boldsymbol{\alpha}_3=\begin{bmatrix} 5 \\ 4 \\ -1 \\ 4 \\ 2 \end{bmatrix},\ \boldsymbol{\alpha}_4=\begin{bmatrix} 7 \\ 1 \\ 0 \\ -1 \\ 3 \end{bmatrix}.$$

3.（**本题满分 10 分**）设三阶矩阵 $\boldsymbol{A}=\begin{bmatrix}1&2&-2\\2&1&2\\3&0&4\end{bmatrix}$，三维向量 $\boldsymbol{\alpha}=(a,1,1)^{\mathrm{T}}$．已知 $\boldsymbol{A\alpha}$ 与 $\boldsymbol{\alpha}$ 线性相关，则 $a=$________.

4.（**本题满分 10 分**）若线性方程组

$$\begin{cases}x_1+x_2=-a_1\\x_2+x_3=a_2\\x_3+x_4=a_3\\x_4+x_1=a_4\end{cases}$$

有解，则常数 a_1,a_2,a_3,a_4 应满足条件为________.

5.（**本题满分 10 分**）n 元齐次线性方程组 $\boldsymbol{Ax}=0$ 系数矩阵 $\boldsymbol{A}$ 的秩为 r，则 $\boldsymbol{Ax}=0$ 有非零解的充要条件是________.

6.（**本题满分 10 分**）求解一个齐次方程组，使它的基础解系由下列向量组成：

$$\boldsymbol{\xi}_1=\begin{bmatrix}1\\-2\\0\\3\\-1\end{bmatrix},\quad \boldsymbol{\xi}_2=\begin{bmatrix}2\\-3\\2\\5\\-3\end{bmatrix},\quad \boldsymbol{\xi}_3=\begin{bmatrix}1\\-2\\1\\2\\-2\end{bmatrix}.$$

7.（**本题满分 10 分**）已知向量组 $\boldsymbol{A}:\boldsymbol{\alpha}_1=\begin{bmatrix}0\\1\\1\end{bmatrix},\boldsymbol{\alpha}_2=\begin{bmatrix}1\\1\\0\end{bmatrix}$；$\boldsymbol{B}:\boldsymbol{\beta}_1=\begin{bmatrix}-1\\0\\1\end{bmatrix},\boldsymbol{\beta}_2=\begin{bmatrix}1\\2\\1\end{bmatrix},\boldsymbol{\beta}_3=\begin{bmatrix}3\\2\\-1\end{bmatrix}$，证明向量组 $\boldsymbol{A}$ 和向量组 $\boldsymbol{B}$ 等价.

8.（**本题满分 10 分**）求下列矩阵列向量组的一个最大无关组：

$$\begin{bmatrix}1&1&2&2&1\\0&2&1&5&-1\\2&0&3&-1&3\\1&1&0&4&-1\end{bmatrix}.$$

9.（**本题满分 10 分**）讨论 a,b 为何值时，方程组

$$\begin{cases}x_1+x_2+x_3+x_4+x_5=1\\3x_1+2x_2+x_3+x_4-3x_5=a\\x_2+2x_3+2x_4+6x_5=3\\5x_1+4x_2+3x_3+3x_4-x_5=b\end{cases}$$

无解，有无穷多个解．在有无穷多个解时，求出其通解.

10.（本题满分 10 分）已知

$$\boldsymbol{\alpha}_1=(1,2,5,7)^{\mathrm{T}}，\boldsymbol{\alpha}_2=(3,-1,1,7)^{\mathrm{T}}，\boldsymbol{\alpha}_3=(2,3,4,20)^{\mathrm{T}}$$

是齐次线性方程组（I）的一个基础解系，

$$\boldsymbol{\beta}_1=(1,4,7,1)^{\mathrm{T}}，\boldsymbol{\beta}_2=(1,-3,-4,2)^{\mathrm{T}}$$

是齐次线性方程组（II）的一个基础解系，求方程组（I）与方程组（II）的公共解.

第 4 章自测题

（满分 100 分，测试时间 100 分钟）

1. 填空题（每小题 3 分，共 15 分）

（1）已知 4 阶矩阵 $\boldsymbol{A}$ 相似于矩阵 $\boldsymbol{B}$，$\boldsymbol{A}$ 的特征值是 $2,3,4,5$，则 $|\boldsymbol{B}-\boldsymbol{E}|=$________.

（2）设 3 阶矩阵 $\boldsymbol{A}$ 的三个特征值 $\lambda_1=\lambda_2=1,\lambda_3=-1$，则 $\boldsymbol{A}^{100}=$________.

（3）设 $\boldsymbol{A}$ 是 3 阶可逆矩阵，$\boldsymbol{A}^{-1}$ 的特征值为 1，2，3，A_{ij} 为 $\boldsymbol{A}$ 中元素 a_{ij} 的代数余子式，则 $A_{11}+A_{22}+A_{33}=$________.

（4）若 4 阶矩阵 $\boldsymbol{A}=\begin{bmatrix}0&a&0&0\\0&0&b&0\\0&0&0&c\\0&0&0&0\end{bmatrix}$ 可对角化，则 $a=$______，$b=$______，$c=$______.

（5）已知 $\boldsymbol{A}=\begin{bmatrix}0&1&0&0\\1&0&0&0\\0&0&0&1\\0&0&1&0\end{bmatrix}$，$\boldsymbol{B}=\begin{bmatrix}1&1&0&0\\0&1&0&0\\0&0&a&0\\0&0&0&a\end{bmatrix}$，且 $\boldsymbol{A}$ 与 $\boldsymbol{B}$ 相似，则 $a=$________.

2. 选择题（每小题 3 分，共 15 分）

（1）设 3 阶矩阵 $\boldsymbol{A}$ 的三个特征值是 0，1，2，则 $|\boldsymbol{A}^2-5\boldsymbol{A}|=$（　　）.

A. 24　　B. 4　　C. 2　　D. 0

（2）设 $\boldsymbol{A}$ 是 3 阶矩阵，有特征值 $1,-1,2$，下列矩阵中可逆矩阵是（　　）.

A. $\boldsymbol{E}-\boldsymbol{A}$　　B. $2\boldsymbol{E}+\boldsymbol{A}$　　C. $2\boldsymbol{E}-\boldsymbol{A}$　　D. $\boldsymbol{E}+\boldsymbol{A}$

（3）设 λ 是 n 阶可逆矩阵 $\boldsymbol{A}$ 的一个特征值，则 $\boldsymbol{A}^*$ 有一个特征值为（　　）.

A. $\lambda^{-1}|\boldsymbol{A}|^n$　　B. $\lambda|\boldsymbol{A}|$　　C. $\lambda^{-1}|\boldsymbol{A}|$　　D. $\lambda|\boldsymbol{A}|^n$

（4）设方阵 $\boldsymbol{A}$ 与 $\boldsymbol{B}$ 相似，则必有（　　）.

A．$A-\lambda E=B-\lambda E$　　B．A与B有相同的特征值和特征值向量

C．A与B相似于一个对角阵　　D．对任意常数t，$tE-A$与$tE-B$都相似

（5）A与B为n阶可逆矩阵，则（　）.

A．$AB=BA$　　B．存在可逆矩阵P，使得$P^{-1}AP=B$

C．存在可逆矩阵P，使得$P^{\mathrm{T}}AP=B$　　D．存在可逆矩阵P,Q，使得$PAQ=B$

3.（本题满分10分）设$A=\begin{bmatrix}4 & 6 & 0\\ -3 & -5 & 0\\ -3 & -6 & 1\end{bmatrix}$，（1）求$A$的特征值和特征向量；（2）判断$A$能否对角化.

4.（本题满分10分）设A是3阶实对称阵，A的特征值为1，2，2，$X_1=(1,1,0)^{\mathrm{T}}$与$X_2=(0,1,1)^{\mathrm{T}}$都是A的与特征值2对应的特征向量。求A的属于特征值1的实单位特征向量.

5.（本题满分10分）设3阶方阵A的特征值是1，–1，–1，

$$T_1=\begin{bmatrix}1\\0\\0\end{bmatrix},\ T_2=\begin{bmatrix}0\\1\\-1\end{bmatrix},\ T_3=\begin{bmatrix}3\\2\\-1\end{bmatrix}$$

依次为对应的特征向量，求A与A^9.

6.（本题满分10分）设$A=\begin{bmatrix}1 & 2 & 2\\ 2 & 1 & 2\\ 2 & 2 & 1\end{bmatrix}$，求一个正交阵$P$，使$P^{-1}AP$为对角阵.

7.（本题满分10分）设n阶实对称矩阵A的特征值都大于零，试证$|A+E|>1$.

8.（本题满分10分）试证：正交向量组$\alpha_1,\alpha_2,\cdots,\alpha_m$一定线性无关.

9.（本题满分10分）设A,B均为n阶方阵，$\varphi(\lambda)$是B的特征多项式，证明$\varphi(A)$满秩的充要条件是A和B没有公共的特征值。

第5章自测题

（满分100分，测试时间100分钟）

1．填空题（每小题3分，共15分）

（1）二次型$f(x_1,x_2,x_3)=x_1^2+2x_2^2+3x_3^2+4x_1x_2+2x_3x_2$的矩阵是________.

（2）矩阵$A=\begin{bmatrix}1 & 2 & 4\\ 2 & 2 & -1\\ 4 & -1 & 3\end{bmatrix}$对应的二次型是________.

（3）二次型 $f(x_1,x_2,x_3)=x_1^2+x_2^2+x_3^2+4x_1x_2+4x_3x_2+4x_1x_3$ 的秩为________.

（4）二次型 $f(x_1,x_2,x_3)=2x_2^2+2x_3^2+4x_1x_2+8x_3x_2-4x_1x_3$ 的标准形为________.

（5）设 n 阶实对称矩阵 $\boldsymbol{A}$ 的特征值分别为 $1,2,\cdots,n$，则当 t ________时，$t\boldsymbol{E}-\boldsymbol{A}$ 是正定的.

2. 选择题（每小题 3 分，共 15 分）

（1）若矩阵 $\boldsymbol{A}$ 与 $\boldsymbol{B}$ 是合同的，则它们也是（　　）

A. 相似的　　B. 相等的　　C. 等价的　　D. 满秩的

（2）实二次型 $f(x_1,\cdots,x_n)=\boldsymbol{x}^{\mathrm{T}}\boldsymbol{A}\boldsymbol{x}$ 为正定的充要条件是（　　）

A. f 的秩为 n　　B. f 的正惯性指数为 n

C. f 的正惯性指数等于 f 的秩　　D. f 的负惯性指数为 n

（3）以下结论中不正确的是（　　）

A. 若存在可逆实矩阵 $\boldsymbol{C}$，使 $\boldsymbol{A}=\boldsymbol{C}^{-1}\boldsymbol{C}$，则 $\boldsymbol{A}$ 是正定矩阵

B. 二次型 $f(x_1,x_2,x_3)=x_1^2+x_2^2$ 是正定二次型

C. n 元实二次型正定的充分必要条件是 f 的正惯性指数为 n

D. n 阶实对称矩阵 $\boldsymbol{A}$ 正定的充分必要条件是 $\boldsymbol{A}$ 的特征值全为正数

（4）若矩阵 $\boldsymbol{A}$ 的秩等于矩阵 $\boldsymbol{B}$ 的秩，则（　　）

A. $\boldsymbol{A}$ 与 $\boldsymbol{B}$ 合同　　B. $\boldsymbol{B}=\boldsymbol{A}$

C. $\boldsymbol{A}$ 的行秩等于 $\boldsymbol{B}$ 的列秩　　D. $\boldsymbol{A}$，$\boldsymbol{B}$ 是相似矩阵

（5）下列矩阵中为正定矩阵的是（　　）

A. $\begin{bmatrix}1&2&0\\2&3&0\\0&0&2\end{bmatrix}$　　B. $\begin{bmatrix}1&2&0\\2&4&0\\0&0&2\end{bmatrix}$　　C. $\begin{bmatrix}1&-2&0\\-2&5&0\\0&0&-2\end{bmatrix}$　　D. $\begin{bmatrix}2&0&0\\0&1&2\\0&2&5\end{bmatrix}$

3.（本题满分 10 分） 已知二次型 $f=5x_1^2+5x_2^2+cx_3^2-2x_1x_2+6x_1x_3-6x_2x_3$ 的秩为 2，求参数 c.

4.（本题满分 10 分） 用正交变换法化 $f=x_1^2+x_2^2+5x_3^2-6x_1x_2-2x_1x_3+2x_2x_3$ 为标准形.

5.（本题满分 10 分） 已知二次型 $f=x_1^2-2x_2^2-2x_3^2+2ax_1x_2+4x_1x_3+8x_2x_3$ 用正交变换可化为标准形 $2y_1^2+2y_2^2-7y_3^2$，求参数 a.

6.（本题满分 10 分） 用配方法化 $f=x_1x_2+4x_1x_3-6x_2x_3$ 为标准形.

7.（本题满分 10 分） 当 t 满足什么条件时，实二次型 $f(x_1,x_2,x_3)=tx_1^2+tx_2^2+tx_3^2+2x_1x_2+2x_1x_3-2x_2x_3$ 是正定的.

8.（本题满分 10 分） 判别二次型 $f=-2x_1^2-6x_2^2-4x_3^2+2x_1x_2+2x_1x_3$ 的正定性.

9.（本题满分 10 分） 设实对称矩阵 $\boldsymbol{A}$ 的特征值全大于 a，实对称矩阵 $\boldsymbol{B}$ 的特征值全大于 b，证明 $\boldsymbol{A}+\boldsymbol{B}$ 的特征值全大于 $a+b$.

附录E　各章练习与测试答案与提示

第1章　行列式

1．（1）$\frac{1}{2}n(n+1)$；（2）6，3；（3）$a_{12}a_{24}a_{33}a_{41}$；（4）$1-a+a^2-a^3+a^4-a^5$；（5）0.

2．（1）D；（2）B；（3）C；（4）A；（5）B.

3．**提示**：将行列式的第三列与第四列加到第二列，第二列提出公因子$(a+b+c+d)$，留下的行列式的第一列与第二列元素均为1.

证：

$$\begin{vmatrix} 1 & a & b & c+d \\ 1 & b & c & d+a \\ 1 & c & d & a+b \\ 1 & d & a & b+c \end{vmatrix} = (a+b+c+d)\begin{vmatrix} 1 & 1 & b & c+d \\ 1 & 1 & c & d+a \\ 1 & 1 & d & a+b \\ 1 & 1 & a & b+c \end{vmatrix} = 0 .$$

4．**提示**：根据齐次线性方程组有非零解的充要条件求k的值.

解：齐次线性方程组的系数行列式

$$D = \begin{vmatrix} 1 & 1 & 1-k \\ 4 & 3-k & 2 \\ 1-k & 2 & 3 \end{vmatrix} = k(k+1)(k-6)$$

由于齐次线性方程组有非零解，所以$D=0$，故当$k=-1,0,6$时，方程组有非零解.

5．**提示**：根据代数余子式的性质求$A_{31}+A_{32}+A_{33}$和$A_{34}+A_{35}$的值.

解：由

$$\begin{cases} 5(A_{31}+A_{32}+A_{33})+3(A_{34}+A_{35})=0 \\ 2(A_{31}+A_{32}+A_{33})+(A_{34}+A_{35})=0 \end{cases}$$

解得$A_{31}+A_{32}+A_{33}=0$，$A_{34}+A_{35}=0$.

6．**提示**：利用代数余子式的性质求D_n的值.

解：在D_n的各元素中加上(-2)，则有

$$(D_n)_* = \begin{vmatrix} -1 & 0 & 0 & \cdots & 0 \\ 0 & 0 & 0 & \cdots & 0 \\ 0 & 0 & 1 & \cdots & 0 \\ \vdots & \vdots & \vdots & \ddots & \vdots \\ 0 & 0 & 0 & \cdots & n-2 \end{vmatrix} = 0，\quad \sum_{i=1}^{n} A_{ii} = (-1)\cdot 1\cdot 2\cdot\cdots\cdot(n-2) = -(n-2)!$$

$$D_n=(D_n)_*-(-2)\sum_{i=1}^{n}A_{ii}=0-(-2)\left[-(n-2)!\right]=-2(n-2)!\,.$$

7．**提示**：利用矩阵正交的性质 $\boldsymbol{AA}^{\mathrm{T}}=\boldsymbol{BB}^{\mathrm{T}}=\boldsymbol{E}$ 求解.

解：$\left|(\boldsymbol{A}+\boldsymbol{B})\boldsymbol{A}^{\mathrm{T}}\right|=\left|\boldsymbol{AA}^{\mathrm{T}}+\boldsymbol{BA}^{\mathrm{T}}\right|=\left|\boldsymbol{E}+\boldsymbol{BA}^{\mathrm{T}}\right|=\left|\boldsymbol{BB}^{\mathrm{T}}+\boldsymbol{BA}^{\mathrm{T}}\right|$

$$=\left|\boldsymbol{B}\right|\left|(\boldsymbol{B}+\boldsymbol{A})^{\mathrm{T}}\right|=\left|\boldsymbol{B}\right|\left|\boldsymbol{B}+\boldsymbol{A}\right|.$$

又 $\left|(\boldsymbol{A}+\boldsymbol{B})\boldsymbol{A}^{\mathrm{T}}\right|=\left|\boldsymbol{A}\right|\left|\boldsymbol{A}+\boldsymbol{B}\right|$，所以

$$\left|\boldsymbol{A}\right|\left|\boldsymbol{A}+\boldsymbol{B}\right|=\left|\boldsymbol{B}\right|\left|\boldsymbol{B}+\boldsymbol{A}\right|\overset{\because|\boldsymbol{A}|=-|\boldsymbol{B}|}{\Rightarrow}2\left|\boldsymbol{A}+\boldsymbol{B}\right|=0\Rightarrow\left|\boldsymbol{A}+\boldsymbol{B}\right|=0\,.$$

8．**提示**：本题属于各行（或列）诸元素之和相等，或多数相等个别不相等的情形，可用行加法计算.

解：将第 $2\sim n+1$ 列全加到第 1 列，再提出 $n+1$ 后，得

$$D_{n+1}=(n+1)\begin{vmatrix}1 & 1-\frac{1}{n} & 1-\frac{1}{n} & \cdots & 1-\frac{1}{n}\\ 1 & 2 & 1-\frac{1}{n} & \cdots & 1-\frac{1}{n}\\ 1 & 1-\frac{1}{n} & 2 & \cdots & 1-\frac{1}{n}\\ \vdots & \vdots & \vdots & \ddots & \vdots\\ & 1-\frac{1}{n} & 1-\frac{1}{n} & \cdots & 2\end{vmatrix}$$

$$\xlongequal[\text{减第1列}\times\left(1-\frac{1}{n}\right)]{2\sim n+1\text{各列}}(n+1)\begin{vmatrix}1 & 0 & 0 & \cdots & 0\\ 1 & 1+\frac{1}{n} & 0 & \cdots & 0\\ 1 & 0 & 1+\frac{1}{n} & \cdots & 0\\ \cdots & \cdots & \cdots & \cdots & \cdots\\ 1 & 0 & 0 & \cdots & 1+\frac{1}{n}\end{vmatrix}=\frac{(n+1)^{n+1}}{n^n}\,.$$

9．**提示**：利用齐次线性方程组只有零解的充要条件证明.

证：齐次线性方程组的系数行列式

$$D=\begin{vmatrix}0 & a & b & c\\ a & 1 & 0 & 0\\ b & 0 & 1 & 0\\ c & 0 & 0 & 1\end{vmatrix}\xlongequal[\substack{r_1-br_3\\ r_1-cr_4}]{r_1-ar_2}\begin{vmatrix}-a^2-b^2-c^2 & 0 & 0 & 0\\ a & 1 & 0 & 0\\ b & 0 & 1 & 0\\ c & 0 & 0 & 1\end{vmatrix}=-(a^2+b^2+c^2)$$

由于 a,b,c 不全为零，故 $D\neq 0$，即齐次线性方程组只有零解.

第2章　矩阵及其运算

1．（1）√．

（2）×．

（3）A.

（4）C.

（5）将单位矩阵经过一次初等变换得到的矩阵．

（6）相等．

（7）$\begin{bmatrix} \boldsymbol{A}^{-1} & -\boldsymbol{A}^{-1}\boldsymbol{C}\boldsymbol{B}^{-1} \\ 0 & \boldsymbol{B}^{-1} \end{bmatrix}$

（8）$\begin{bmatrix} & & \boldsymbol{A}^{-1} \\ & \boldsymbol{B}^{-1} & \\ \boldsymbol{C}^{-1} & & \end{bmatrix}$

2．（1）$\boldsymbol{X}=\begin{bmatrix} 1 & 2 & 3 \\ 2 & 2 & 1 \\ 3 & 4 & 3 \end{bmatrix}^{-1}\begin{bmatrix} 1 & 3 \\ 2 & 0 \\ 3 & 1 \end{bmatrix}\begin{bmatrix} 2 & 1 \\ 5 & 3 \end{bmatrix}^{-1}=\begin{bmatrix} 1 & 3 & -2 \\ \dfrac{-5}{2} & -3 & \dfrac{5}{2} \\ 1 & 1 & -1 \end{bmatrix}\begin{bmatrix} 1 & 3 \\ 2 & 0 \\ 3 & 1 \end{bmatrix}\begin{bmatrix} 3 & -1 \\ -5 & 2 \end{bmatrix}=\begin{bmatrix} -2 & 1 \\ 22 & -9 \\ -10 & 4 \end{bmatrix}$

（2）$(\boldsymbol{A}^{*})^{-1}=(\boldsymbol{A}^{-1})^{*}=\begin{bmatrix} 5 & -2 & -1 \\ -2 & 2 & 0 \\ -1 & 0 & 1 \end{bmatrix}$

（3）$\boldsymbol{A}^{n}=(\boldsymbol{\alpha}^{\mathrm{T}}\boldsymbol{\beta})(\boldsymbol{\alpha}^{\mathrm{T}}\boldsymbol{\beta})\cdots(\boldsymbol{\alpha}^{\mathrm{T}}\boldsymbol{\beta})=\boldsymbol{\alpha}^{\mathrm{T}}(\boldsymbol{\beta}\boldsymbol{\alpha}^{\mathrm{T}})(\boldsymbol{\beta}\boldsymbol{\alpha}^{\mathrm{T}})\cdots(\boldsymbol{\beta}\boldsymbol{\alpha}^{\mathrm{T}})\boldsymbol{\beta}=3^{n-1}\begin{bmatrix} 1 & \dfrac{1}{2} & \dfrac{1}{3} \\ 2 & 1 & \dfrac{2}{3} \\ 3 & \dfrac{3}{2} & 1 \end{bmatrix}$

3．证：因为$\boldsymbol{A}^2=\boldsymbol{A}$，所以有$|\boldsymbol{A}|^2=|\boldsymbol{A}|$，即$|\boldsymbol{A}|(|\boldsymbol{A}|-1)=0$，得$|\boldsymbol{A}|=0$；或$|\boldsymbol{A}|=1\neq 0$，$\boldsymbol{A}$可逆．

$\boldsymbol{A}^{-1}\boldsymbol{A}^2=\boldsymbol{A}^{-1}\boldsymbol{A},\boldsymbol{A}=\boldsymbol{E}$．

第3章　线性方程组与向量组的线性相关性

1．略．

2．$R(\boldsymbol{\alpha}_1,\boldsymbol{\alpha}_2,\boldsymbol{\alpha}_3,\boldsymbol{\alpha}_4)=4$，$\boldsymbol{\alpha}_1,\boldsymbol{\alpha}_2,\boldsymbol{\alpha}_3,\boldsymbol{\alpha}_4$为最大无关组．

3．$a=-1$．

4．$a_1+a_2+a_3+a_4=0$．

5．$r<n$．

6．$\begin{cases}5x_1+x_2-x_3-x_4=0\\x_1+x_2-x_3-x_5=0\end{cases}$．

7．略．

8．第 1，2，3 列构成一个最大无关组．

9．当$a\neq 0$或$b\neq 2$时无解；当$a=0$且$b=2$时有无穷多个解，通解为

$$\boldsymbol{x}=k_1\begin{bmatrix}1\\-2\\1\\0\\0\end{bmatrix}+k_2\begin{bmatrix}1\\-2\\0\\1\\0\end{bmatrix}+k_3\begin{bmatrix}5\\-6\\0\\0\\1\end{bmatrix}+\begin{bmatrix}-2\\3\\0\\0\\0\end{bmatrix}$$，其中k_1,k_2,k_3为任意实数．

10．$k\left(\dfrac{1}{2}\boldsymbol{\beta}_1+\boldsymbol{\beta}_2\right)=k\left(\dfrac{3}{2},-1,-\dfrac{1}{2},\dfrac{5}{2}\right)^{\mathrm{T}}$，其中$k$为任意实数．

第 4 章　矩阵的特征值与特征向量

1．（1）24；（2）$\boldsymbol{E}$；（3）1；（4）0,0,0；（5）-1．

2．（1）D；（2）B；（3）C；（4）D；（5）D．

3．**提示**：（1）由$|\boldsymbol{A}-\lambda\boldsymbol{E}|=-(\lambda-1)^2(\lambda+2)=0$得特征值为$\lambda_1=\lambda_2=1$，$\lambda_3=-2$．

当$\lambda=1$时，特征向量为$k_1\begin{bmatrix}-2\\1\\0\end{bmatrix}+k_2\begin{bmatrix}0\\0\\1\end{bmatrix}$（$k_1,k_2$不同时为零）；

当$\lambda=-2$时，特征向量为$k_3\begin{bmatrix}-1\\1\\1\end{bmatrix},(k_3\neq 0)$．

（2）因$\boldsymbol{A}$有三个线性无关的特征向量，故可对角化．

4．**提示**：设$\boldsymbol{X}=(x_1,x_2,x_3)^{\mathrm{T}}$为$\boldsymbol{A}$的属于特征值 1 的实单位特征向量。由$\boldsymbol{A}$为实对称阵知$[\boldsymbol{X}_1,\boldsymbol{X}]=0,[\boldsymbol{X}_2,\boldsymbol{X}]=0$．又$\|\boldsymbol{X}\|=1$，于是

$$\begin{cases}x_1+x_2=0\\x_2+x_3=0\\x_1^2+x_2^2+x_3^2=1\end{cases}，解之得\boldsymbol{X}=\begin{bmatrix}\dfrac{\sqrt{3}}{3}\\-\dfrac{\sqrt{3}}{3}\\\dfrac{\sqrt{3}}{3}\end{bmatrix}或\boldsymbol{X}=-\begin{bmatrix}\dfrac{\sqrt{3}}{3}\\-\dfrac{\sqrt{3}}{3}\\\dfrac{\sqrt{3}}{3}\end{bmatrix}.$$

5．**提示**：令$\boldsymbol{T}=(\boldsymbol{T}_1,\boldsymbol{T}_2,\boldsymbol{T}_3)$，$\boldsymbol{D}=\begin{bmatrix}1&0&0\\0&-1&0\\0&-0&-1\end{bmatrix}$，则$\boldsymbol{AT}=\boldsymbol{TD}$，$\boldsymbol{A}=\boldsymbol{TDT}^{-1}$，

$$\boldsymbol{T}^{-1}=\frac{1}{|\boldsymbol{T}|}\boldsymbol{T}^*=\begin{bmatrix}1&-3&-3\\0&-2&-2\\0&1&1\end{bmatrix},\boldsymbol{A}=\begin{bmatrix}1&-6&-6\\0&-1&0\\0&0&-1\end{bmatrix}，\ \boldsymbol{A}^9=(\boldsymbol{TDT}^{-1})^9=\boldsymbol{TD}^9\boldsymbol{T}^{-1}=\boldsymbol{A}.$$

6．**提示**：由$|\boldsymbol{A}-\lambda\boldsymbol{E}|=-(\lambda-5)(\lambda+1)^2$，先求出$\boldsymbol{A}$的特征值为$-1,-1,5$，再求3个规范正交的特征向量$\boldsymbol{P}_1,\boldsymbol{P}_2,\boldsymbol{P}_3$，$\boldsymbol{P}=(\boldsymbol{P}_1,\boldsymbol{P}_2,\boldsymbol{P}_3)$，$\boldsymbol{P}^{-1}\boldsymbol{AP}=\boldsymbol{D}=\begin{bmatrix}-1&0&0\\0&-1&0\\0&0&5\end{bmatrix}$.

7．**提示**：设$\boldsymbol{A}$的特征值为$\lambda_1,\lambda_2,\lambda_3$，可证$|\boldsymbol{A}+\boldsymbol{E}|=(\lambda_1+1)(\lambda_2+1)(\lambda_3+1)>1$.

8．见教材定理4.4.2的证明.

9．设$\lambda_1,\lambda_2,\cdots,\lambda_n$为$\boldsymbol{B}$的特征值，则

$$\varphi(\lambda)=(\lambda-\lambda_1)(\lambda-\lambda_2)...(\lambda-\lambda_n)，\ \varphi(\boldsymbol{A})=(\boldsymbol{A}-\lambda_1\boldsymbol{E})(\boldsymbol{A}-\lambda_2\boldsymbol{E})\cdots(\boldsymbol{A}-\lambda_n\boldsymbol{E})，$$

$\varphi(\boldsymbol{A})$满秩$\Leftrightarrow|\varphi(\boldsymbol{A})|\neq0\Leftrightarrow|\boldsymbol{A}-\lambda_i\boldsymbol{E}|\neq0(i=1,2,\cdots,n)\Leftrightarrow\lambda_1,\lambda_2,\cdots,\lambda_n$不是$\boldsymbol{A}$的特征值. 故$\varphi(\boldsymbol{A})$满秩$\Leftrightarrow\boldsymbol{A}$和$\boldsymbol{B}$没有共同的特征值.

第5章 二次型

1．（1）$\begin{bmatrix}1&2&0\\2&2&1\\0&1&3\end{bmatrix}$；（2）$x_1^2+2x_2^2+3x_3^2+4x_1x_2+8x_1x_3-2x_2x_3$.

（3）3；（4）$2y_1^2+6y_2^2-4y_3^2$；（5）$t>n$.

2．（1）C；（2）B；（3）B；（4）C；（5）D.

3．**解**：$f(x_1,x_2,x_3)$对应的矩阵为$\begin{bmatrix}5&-1&3\\-1&5&-3\\3&-3&c\end{bmatrix}$

$$\begin{bmatrix}5&-1&3\\-1&5&-3\\3&-3&c\end{bmatrix}\to\begin{bmatrix}1&-5&3\\0&2&-1\\0&0&c-3\end{bmatrix}$$

因为$R(\boldsymbol{A})=2$，所以$c=3$.

4．**解**：求$\boldsymbol{A}$的特征值.

$$\lambda\boldsymbol{E}-\boldsymbol{A}=\begin{bmatrix}\lambda-1&3&1\\3&\lambda-1&-1\\1&-1&\lambda-5\end{bmatrix}$$

$$|\lambda\boldsymbol{E}-\boldsymbol{A}|=\begin{vmatrix}\lambda-1 & 3 & 1\\ 3 & \lambda-1 & -1\\ 1 & -1 & \lambda-5\end{vmatrix}=\begin{vmatrix}\lambda+2 & 3 & 1\\ \lambda+2 & \lambda-1 & -1\\ 0 & -1 & \lambda-5\end{vmatrix}$$

$$=\begin{vmatrix}\lambda+2 & 3 & 1\\ 0 & \lambda-4 & -2\\ 0 & -1 & \lambda-5\end{vmatrix}=(\lambda+2)\begin{vmatrix}\lambda-4 & -2\\ -1 & \lambda-5\end{vmatrix}$$

$$=(\lambda+2)(\lambda-3)(\lambda-6)$$

$$\lambda_1=3，\lambda_2=6，\lambda_3=-2.$$

求 $\boldsymbol{A}$ 的特征向量.

$$\lambda_1\boldsymbol{E}-\boldsymbol{A}=\begin{bmatrix}2 & 3 & 1\\ 3 & 2 & -1\\ 1 & -1 & -2\end{bmatrix}\to\begin{bmatrix}1 & 0 & -1\\ 0 & 1 & 1\\ 0 & 0 & 0\end{bmatrix}$$

$$\boldsymbol{x}_1=\begin{bmatrix}1\\ -1\\ 1\end{bmatrix}，\boldsymbol{p}_1=\begin{bmatrix}\frac{1}{\sqrt{3}}\\ -\frac{1}{\sqrt{3}}\\ \frac{1}{\sqrt{3}}\end{bmatrix}.$$

$$\lambda_2\boldsymbol{E}-\boldsymbol{A}=\begin{bmatrix}5 & 3 & 1\\ 3 & 5 & -1\\ 1 & -1 & 1\end{bmatrix}\to\begin{bmatrix}1 & 0 & \frac{1}{2}\\ 0 & 1 & -\frac{1}{2}\\ 0 & 0 & 0\end{bmatrix}$$

$$\boldsymbol{x}_2=\begin{bmatrix}-1\\ 1\\ 2\end{bmatrix}，\boldsymbol{p}_2=\begin{bmatrix}-\frac{1}{\sqrt{6}}\\ \frac{1}{\sqrt{6}}\\ \frac{2}{\sqrt{6}}\end{bmatrix}.$$

$$\lambda_3\boldsymbol{E}-\boldsymbol{A}=\begin{bmatrix}-3 & 3 & 1\\ 3 & -3 & -1\\ 1 & -1 & -7\end{bmatrix}\to\begin{bmatrix}1 & -1 & 0\\ 0 & 0 & 1\\ 0 & 0 & 0\end{bmatrix}$$

$$\boldsymbol{x}_3=\begin{bmatrix}1\\1\\0\end{bmatrix},\ \boldsymbol{p}_3=\begin{bmatrix}\frac{1}{\sqrt{2}}\\\frac{1}{\sqrt{2}}\\0\end{bmatrix}.$$

正交变换矩阵

$$\boldsymbol{P}=\begin{bmatrix}\frac{1}{\sqrt{3}} & -\frac{1}{\sqrt{6}} & \frac{1}{\sqrt{2}}\\-\frac{1}{\sqrt{3}} & \frac{1}{\sqrt{6}} & \frac{1}{\sqrt{2}}\\\frac{1}{\sqrt{3}} & \frac{2}{\sqrt{6}} & 0\end{bmatrix}$$

标准形为 $3y_1^2+6y_2^2-2y_3^2$.

5．**解**：变化前后二次型的矩阵分别为 $\boldsymbol{A}=\begin{bmatrix}1 & a & 2\\a & -2 & 4\\2 & 4 & -2\end{bmatrix}$, $\boldsymbol{\Lambda}=\begin{bmatrix}2 & 0 & 0\\0 & 2 & 0\\0 & 0 & -7\end{bmatrix}$.

由题意知：2 是 $\boldsymbol{A}$ 的特征值，由 $|\boldsymbol{A}-2\boldsymbol{E}|=4a^2+16a+16=0$ 解得

$$a=-2.$$

6．**解**：令 $\begin{cases}x_1=y_1+y_2\\x_2=y_1-y_2\\x_3=y_3\end{cases}$，代入可得 $f=y_1^2-y_2^2-2y_1y_3+10y_2y_3$，再配方可得 $f=(y_1-y_3)^2-(y_2-5y_3)^2+24y_3^2$．令 $\begin{cases}z_1=y_1-y_2\\z_2=y_2-5y_3\\z_3=y_3\end{cases}$，解得 $\begin{cases}y_1=z_1+z_3\\y_2=z_2+5z_3\\y_3=z_3\end{cases}$.

所用的变换矩阵为 $\boldsymbol{C}=\begin{bmatrix}1 & 1 & 0\\1 & -1 & 0\\0 & 0 & 1\end{bmatrix}\begin{bmatrix}1 & 0 & 1\\0 & 1 & 5\\0 & 0 & 1\end{bmatrix}=\begin{bmatrix}1 & 1 & 6\\1 & -1 & -4\\0 & 0 & 1\end{bmatrix}$，即所用的可逆变换 $\boldsymbol{x}=\boldsymbol{C}\boldsymbol{z}$，二次型的标准形为

$$f=z_1^2-z_2^2+24z_3^2.$$

7．**解**：$f(x_1,x_2,x_3)$ 对应的矩阵为 $\begin{bmatrix}t & 1 & 1\\1 & t & -1\\1 & -1 & t\end{bmatrix}$，它的顺序主子式

$$D_1=t,\ D_2=\begin{vmatrix} t & 1 \\ 1 & t \end{vmatrix}=t^2-1,\ D_3=\begin{vmatrix} t & 1 & 1 \\ 1 & t & -1 \\ 1 & -1 & t \end{vmatrix}=(t+1)^2(t-2)$$

当$D_1>0$，$D_2>0$，$D_3>0$时，二次型$f(x_1,x_2,x_3)$为正定的，解得$t>2$.

8．**解**：$f(x_1,x_2,x_3)$对应的矩阵为$\begin{bmatrix} -2 & 1 & 1 \\ 1 & -6 & 0 \\ 1 & 0 & -4 \end{bmatrix}$，它的顺序主子式

$$-2<0,\begin{vmatrix} -2 & 1 \\ 1 & -6 \end{vmatrix}=11>0,\begin{vmatrix} -2 & 1 & 1 \\ 1 & -6 & 0 \\ 1 & 0 & -4 \end{vmatrix}=-38<0$$

故上述二次型是负定的.

9．**证**：因为实对称矩阵$\boldsymbol{A}$的特征值全大于a，所以$\boldsymbol{A}-a\boldsymbol{E}$为正定矩阵；因为实对称矩阵$\boldsymbol{B}$的特征值全大于$b$，所以$\boldsymbol{A}-b\boldsymbol{E}$为正定矩阵. 进而($\boldsymbol{A}-a\boldsymbol{E}$)+($\boldsymbol{A}-b\boldsymbol{E}$)为正定矩阵.

假设λ为$\boldsymbol{A}+\boldsymbol{B}$的特征值，相应的特征向量为$\boldsymbol{x}$，即$(\boldsymbol{A}+\boldsymbol{B})\boldsymbol{x}=\lambda\boldsymbol{x}$. 于是，

$$[(\boldsymbol{A}-a\boldsymbol{E})+(\boldsymbol{B}-b\boldsymbol{E})]\boldsymbol{x}=(\boldsymbol{A}+\boldsymbol{B})\boldsymbol{x}-(a+b)\boldsymbol{E}\boldsymbol{x}=(\lambda-(a+b))\boldsymbol{x}.$$

所以$\lambda-(a+b)$为($\boldsymbol{A}-a\boldsymbol{E}$)+($\boldsymbol{A}-b\boldsymbol{E}$)的特征值. 又因为($\boldsymbol{A}-a\boldsymbol{E}$)+($\boldsymbol{A}-b\boldsymbol{E}$)为正定矩阵，所以$\lambda-(a+b)>0$，即$\lambda>a+b$.

习 题 解 答

习题一解答（原题见本书第 23 页）

1.1　利用对角线法则计算下列三阶行列式.

（1）$\begin{vmatrix} 2 & 0 & 1 \\ 1 & -4 & -1 \\ -1 & 8 & 3 \end{vmatrix}$；

解：$\begin{vmatrix} 2 & 0 & 1 \\ 1 & -4 & -1 \\ -1 & 8 & 3 \end{vmatrix}=2\times(-4)\times3+0\times(-1)\times(-1)+1\times1\times8-0\times1\times3-2\times(-1)\times8-1\times(-4)\times(-1)$

$=-24+8+16-4=-4.$

（2）$\begin{vmatrix} a & b & c \\ b & c & a \\ c & a & b \end{vmatrix}$；

解：$\begin{vmatrix} a & b & c \\ b & c & a \\ c & a & b \end{vmatrix}=acb+bac+cba-bbb-aaa-ccc=3abc-a^3-b^3-c^3.$

（3）$\begin{vmatrix} 1 & 1 & 1 \\ a & b & c \\ a^2 & b^2 & c^2 \end{vmatrix}$；

解：$\begin{vmatrix} 1 & 1 & 1 \\ a & b & c \\ a^2 & b^2 & c^2 \end{vmatrix}=bc^2+ca^2+ab^2-ac^2-ba^2-cb^2=(a-b)(b-c)(c-a).$

（4）$\begin{vmatrix} x & y & x+y \\ y & x+y & x \\ x+y & x & y \end{vmatrix}$.

解：$\begin{vmatrix} x & y & x+y \\ y & x+y & x \\ x+y & x & y \end{vmatrix}=x(x+y)y+yx(x+y)+(x+y)yx-y^3-(x+y)^3-x^3$

$=3xy(x+y)-y^3-3x^2y-x^3-y^3-x^3$

$=-2(x^3+y^3).$

1.2　按自然数从小到大为标准次序，求下列各排列的逆序数.

（1）1 2 3 4；

解：逆序数为 0.

（2）4 1 3 2；

解：逆序数为 4：41, 43, 42, 32.

（3）3 4 2 1；

解：逆序数为 5：3 2, 3 1, 4 2, 4 1, 2 1.

（4）2 4 1 3；

解：逆序数为 3：2 1, 4 1, 4 3.

（5）1 3 ⋯ $(2n-1)$ 2 4 ⋯ $(2n)$；

解：逆序数为 $\frac{n(n-1)}{2}$：

3 2 (1 个)

5 2, 5 4(2 个)

7 2, 7 4, 7 6(3 个)

……

$(2n-1)2, (2n-1)4, (2n-1)6, \cdots, (2n-1)(2n-2)$ ($n-1$ 个)

(6)1 3 ⋯ $(2n-1)$ $(2n)$ $(2n-2)$ ⋯ 2.

解：逆序数为 $n(n-1)$：

3 2(1 个)

5 2, 5 4 (2 个)

……

$(2n-1)2, (2n-1)4, (2n-1)6,\cdots, (2n-1)(2n-2)$ ($n-1$ 个)

4 2(1 个)

6 2, 6 4(2 个)

……

$(2n)2, (2n)4, (2n)6, \cdots, (2n)(2n-2)$ ($n-1$ 个)

1.3　写出 4 阶行列式中含有因子 $a_{11}a_{23}$ 的项.

解：含因子 $a_{11}a_{23}$ 的项的一般形式为：$(-1)^t a_{11}a_{23}a_{3r}a_{4s}$,

其中 r、s 是 2 和 4 构成的排列，这种排列共有两个，即 24 和 42.

所以含因子 $a_{11}a_{23}$ 的项分别是

$$(-1)^t a_{11}a_{23}a_{32}a_{44}=(-1)^1 a_{11}a_{23}a_{32}a_{44}=-a_{11}a_{23}a_{32}a_{44},$$

$$(-1)^t a_{11}a_{23}a_{34}a_{42}=(-1)^2 a_{11}a_{23}a_{34}a_{42}=a_{11}a_{23}a_{34}a_{42}.$$

1.4　计算下列各行列式.

（1）$\begin{vmatrix} 4 & 1 & 2 & 4 \\ 1 & 2 & 0 & 2 \\ 10 & 5 & 2 & 0 \\ 0 & 1 & 1 & 7 \end{vmatrix}$；

解：$\begin{vmatrix} 4 & 1 & 2 & 4 \\ 1 & 2 & 0 & 2 \\ 10 & 5 & 2 & 0 \\ 0 & 1 & 1 & 7 \end{vmatrix} \xlongequal[c_4-7c_3]{c_2-c_3} \begin{vmatrix} 4 & -1 & 2 & -10 \\ 1 & 2 & 0 & 2 \\ 10 & 3 & 2 & -14 \\ 0 & 0 & 1 & 0 \end{vmatrix}$

$= \begin{vmatrix} 4 & -1 & -10 \\ 1 & 2 & 2 \\ 10 & 3 & -14 \end{vmatrix} \times (-1)^{4+3} = \begin{vmatrix} 4 & -1 & 10 \\ 1 & 2 & -2 \\ 10 & 3 & 14 \end{vmatrix} \xlongequal[c_1+\frac{1}{2}c_3]{c_2+c_3} \begin{vmatrix} 9 & 9 & 10 \\ 0 & 0 & -2 \\ 17 & 17 & 14 \end{vmatrix} = 0$.

（2）$\begin{vmatrix} 2 & 1 & 4 & 1 \\ 3 & -1 & 2 & 1 \\ 1 & 2 & 3 & 2 \\ 5 & 0 & 6 & 2 \end{vmatrix}$；

解：$\begin{vmatrix} 2 & 1 & 4 & 1 \\ 3 & -1 & 2 & 1 \\ 1 & 2 & 3 & 2 \\ 5 & 0 & 6 & 2 \end{vmatrix} \xlongequal{c_4-c_2} \begin{vmatrix} 2 & 1 & 4 & 0 \\ 3 & -1 & 2 & 2 \\ 1 & 2 & 3 & 0 \\ 5 & 0 & 6 & 2 \end{vmatrix} \xlongequal{r_4-r_2} \begin{vmatrix} 2 & 1 & 4 & 0 \\ 3 & -1 & 2 & 2 \\ 1 & 2 & 3 & 0 \\ 2 & 1 & 4 & 0 \end{vmatrix} \xlongequal{r_4-r_1}$

$\begin{vmatrix} 2 & 1 & 4 & 0 \\ 3 & -1 & 2 & 2 \\ 1 & 2 & 3 & 0 \\ 0 & 0 & 0 & 0 \end{vmatrix} = 0$.

（3）$\begin{vmatrix} -ab & ac & ae \\ bd & -cd & de \\ bf & cf & -ef \end{vmatrix}$；

解：$\begin{vmatrix} -ab & ac & ae \\ bd & -cd & de \\ bf & cf & -ef \end{vmatrix} = adf \begin{vmatrix} -b & c & e \\ b & -c & e \\ b & c & -e \end{vmatrix} = adfbce \begin{vmatrix} -1 & 1 & 1 \\ 1 & -1 & 1 \\ 1 & 1 & -1 \end{vmatrix} = 4abcdef$.

（4）$\begin{vmatrix} a & 1 & 0 & 0 \\ -1 & b & 1 & 0 \\ 0 & -1 & c & 1 \\ 0 & 0 & -1 & d \end{vmatrix}$.

解：$\begin{vmatrix} a & 1 & 0 & 0 \\ -1 & b & 1 & 0 \\ 0 & -1 & c & 1 \\ 0 & 0 & -1 & d \end{vmatrix} \xlongequal{r_1+ar_2} \begin{vmatrix} 0 & 1+ab & a & 0 \\ -1 & b & 1 & 0 \\ 0 & -1 & c & 1 \\ 0 & 0 & -1 & d \end{vmatrix}$

$$=(-1)(-1)^{2+1}\begin{vmatrix} 1+ab & a & 0 \\ -1 & c & 1 \\ 0 & -1 & d \end{vmatrix} \xlongequal{c_3+dc_2} \begin{vmatrix} 1+ab & a & ad \\ -1 & c & 1+cd \\ 0 & -1 & 0 \end{vmatrix}$$

$$=(-1)(-1)^{3+2}\begin{vmatrix} 1+ab & ad \\ -1 & 1+cd \end{vmatrix}=abcd+ab+cd+ad+1.$$

1.5 证明:

（1）$\begin{vmatrix} a^2 & ab & b^2 \\ 2a & a+b & 2b \\ 1 & 1 & 1 \end{vmatrix}=(a-b)^3$；

证明：$\begin{vmatrix} a^2 & ab & b^2 \\ 2a & a+b & 2b \\ 1 & 1 & 1 \end{vmatrix} \xlongequal[c_3-c_1]{c_2-c_1} \begin{vmatrix} a^2 & ab-a^2 & b^2-a^2 \\ 2a & b-a & 2b-2a \\ 1 & 0 & 0 \end{vmatrix}$

$$=(-1)^{3+1}\begin{vmatrix} ab-a^2 & b^2-a^2 \\ b-a & 2b-2a \end{vmatrix}=(b-a)(b-a)\begin{vmatrix} a & b+a \\ 1 & 2 \end{vmatrix}=(a-b)^3.$$

（2）$\begin{vmatrix} ax+by & ay+bz & az+bx \\ ay+bz & az+bx & ax+by \\ az+bx & ax+by & ay+bz \end{vmatrix}=(a^3+b^3)\begin{vmatrix} x & y & z \\ y & z & x \\ z & x & y \end{vmatrix}$；

证明：$\begin{vmatrix} ax+by & ay+bz & az+bx \\ ay+bz & az+bx & ax+by \\ az+bx & ax+by & ay+bz \end{vmatrix}$

$$=a\begin{vmatrix} x & ay+bz & az+bx \\ y & az+bx & ax+by \\ z & ax+by & ay+bz \end{vmatrix}+b\begin{vmatrix} y & ay+bz & az+bx \\ z & az+bx & ax+by \\ x & ax+by & ay+bz \end{vmatrix}$$

$$=a^2\begin{vmatrix} x & ay+bz & z \\ y & az+bx & x \\ z & ax+by & y \end{vmatrix}+b^2\begin{vmatrix} y & z & az+bx \\ z & x & ax+by \\ x & y & ay+bz \end{vmatrix}$$

$$=a^3\begin{vmatrix} x & y & z \\ y & z & x \\ z & x & y \end{vmatrix}+b^3\begin{vmatrix} y & z & x \\ z & x & y \\ x & y & z \end{vmatrix}$$

$$=a^3\begin{vmatrix}x&y&z\\y&z&x\\z&x&y\end{vmatrix}+b^3\begin{vmatrix}x&y&z\\y&z&x\\z&x&y\end{vmatrix}$$

$$=(a^3+b^3)\begin{vmatrix}x&y&z\\y&z&x\\z&x&y\end{vmatrix}.$$

（3）$\begin{vmatrix}a^2&(a+1)^2&(a+2)^2&(a+3)^2\\b^2&(b+1)^2&(b+2)^2&(b+3)^2\\c^2&(c+1)^2&(c+2)^2&(c+3)^2\\d^2&(d+1)^2&(d+2)^2&(d+3)^2\end{vmatrix}=0$；

证明：$\begin{vmatrix}a^2&(a+1)^2&(a+2)^2&(a+3)^2\\b^2&(b+1)^2&(b+2)^2&(b+3)^2\\c^2&(c+1)^2&(c+2)^2&(c+3)^2\\d^2&(d+1)^2&(d+2)^2&(d+3)^2\end{vmatrix}$（$c_4-c_3, c_3-c_2, c_2-c_1$ 得）

$=\begin{vmatrix}a^2&2a+1&2a+3&2a+5\\b^2&2b+1&2b+3&2b+5\\c^2&2c+1&2c+3&2c+5\\d^2&2d+1&2d+3&2d+5\end{vmatrix}$（$c_4-c_3, c_3-c_2$ 得）

$$=\begin{vmatrix}a^2&2a+1&2&2\\b^2&2b+1&2&2\\c^2&2c+1&2&2\\d^2&2d+1&2&2\end{vmatrix}=0.$$

（4）$\begin{vmatrix}1&1&1&1\\a&b&c&d\\a^2&b^2&c^2&d^2\\a^4&b^4&c^4&d^4\end{vmatrix}=(a-b)(a-c)(a-d)(b-c)(b-d)(c-d)(a+b+c+d)$；

证明：$\begin{vmatrix}1&1&1&1\\a&b&c&d\\a^2&b^2&c^2&d^2\\a^4&b^4&c^4&d^4\end{vmatrix}=\begin{vmatrix}1&1&1&1\\0&b-a&c-a&d-a\\0&b(b-a)&c(c-a)&d(d-a)\\0&b^2(b^2-a^2)&c^2(c^2-a^2)&d^2(d^2-a^2)\end{vmatrix}$

$$=(b-a)(c-a)(d-a)\begin{vmatrix}1&1&1\\b&c&d\\b^2(b+a)&c^2(c+a)&d^2(d+a)\end{vmatrix}$$

$$=(b-a)(c-a)(d-a)\begin{vmatrix}1 & 1 & 1\\ 0 & c-b & d-b\\ 0 & c(c-b)(c+b+a) & d(d-b)(d+b+a)\end{vmatrix}$$

$$=(b-a)(c-a)(d-a)(c-b)(d-b)\begin{vmatrix}1 & 1\\ c(c+b+a) & d(d+b+a)\end{vmatrix}$$

$$=(a-b)(a-c)(a-d)(b-c)(b-d)(c-d)(a+b+c+d).$$

（5）$\begin{vmatrix}x & -1 & 0 & \cdots & 0 & 0\\ 0 & x & -1 & \cdots & 0 & 0\\ \cdots & \cdots & \cdots & & \cdots & \cdots\\ 0 & 0 & 0 & \cdots & x & -1\\ a_n & a_{n-1} & a_{n-2} & \cdots & a_2 & x+a_1\end{vmatrix}=x^n+a_1x^{n-1}+\cdots+a_{n-1}x+a_n$.

证明：用数学归纳法证明.

当 n=2 时，$D_2=\begin{vmatrix}x & -1\\ a_2 & x+a_1\end{vmatrix}=x^2+a_1x+a_2$，命题成立.

假设对于$(n-1)$阶行列式命题成立，即

$$D_{n-1}=x^{n-1}+a_1x^{n-2}+\cdots+a_{n-2}x+a_{n-1},$$

则 D_n 按第一列展开，有

$$D_n=xD_{n-1}+a_n(-1)^{n+1}\begin{vmatrix}-1 & 0 & \cdots & 0 & 0\\ x & -1 & \cdots & 0 & 0\\ \cdots & \cdots & & \cdots & \cdots\\ 1 & 1 & \cdots & x & -1\end{vmatrix}=xD_{n-1}+a_n=x^n+a_1x^{n-1}+\cdots+a_{n-1}x+a_n.$$

因此，对于 n 阶行列式命题成立.

1.6 设 n 阶行列式 $D=\det(a_{ij})$，把 D 上下翻转、或逆时针旋转 90°、或依副对角线翻转，依次得

$$D_1=\begin{vmatrix}a_{n1} & \cdots & a_{nn}\\ \cdots & & \cdots\\ a_{11} & \cdots & a_{1n}\end{vmatrix},\quad D_2=\begin{vmatrix}a_{1n} & \cdots & a_{nn}\\ \cdots & & \cdots\\ a_{11} & \cdots & a_{n1}\end{vmatrix},\quad D_3=\begin{vmatrix}a_{nn} & \cdots & a_{1n}\\ \cdots & & \cdots\\ a_{n1} & \cdots & a_{11}\end{vmatrix},$$

证明：$D_1=D_2=(-1)^{\frac{n(n-1)}{2}}D$，$D_3=D$.

证明：因为 $D=\det(a_{ij})$，所以

$$D_1=\begin{vmatrix}a_{n1} & \cdots & a_{nn}\\ \cdots & & \cdots\\ a_{11} & \cdots & a_{1n}\end{vmatrix}=(-1)^{n-1}\begin{vmatrix}a_{11} & \cdots & a_{1n}\\ a_{n1} & \cdots & a_{nn}\\ \cdots & & \cdots\\ a_{21} & \cdots & a_{2n}\end{vmatrix}$$

$$=(-1)^{n-1}(-1)^{n-2}\begin{vmatrix} a_{11} & \cdots & a_{1n} \\ a_{21} & \cdots & a_{2n} \\ a_{31} & \cdots & a_{3n} \\ \cdots & & \cdots \\ a_{n1} & \cdots & a_{nn} \end{vmatrix}=\cdots$$

$$=(-1)^{1+2+\cdots+(n-2)+(n-1)}D=(-1)^{\frac{n(n-1)}{2}}D.$$

同理可证

$$D_2=(-1)^{\frac{n(n-1)}{2}}\begin{vmatrix} a_{11} & \cdots & a_{n1} \\ \cdots & & \cdots \\ a_{1n} & \cdots & a_{nn} \end{vmatrix}=(-1)^{\frac{n(n-1)}{2}}D^T=(-1)^{\frac{n(n-1)}{2}}D.$$

$$D_3=(-1)^{\frac{n(n-1)}{2}}D_2=(-1)^{\frac{n(n-1)}{2}}(-1)^{\frac{n(n-1)}{2}}D=(-1)^{n(n-1)}D=D.$$

1.7　计算下列各行列式（D_k为 k 阶行列式）.

（1）$D_n=\begin{vmatrix} a & & 1 \\ & \ddots & \\ 1 & & a \end{vmatrix}$，其中对角线上元素都是 a，未写出的元素都是 0；

解：$D_n=\begin{vmatrix} a & 0 & 0 & \cdots & 0 & 1 \\ 0 & a & 0 & \cdots & 0 & 0 \\ 0 & 0 & a & \cdots & 0 & 0 \\ \cdots & \cdots & \cdots & & \cdots & \cdots \\ 0 & 0 & 0 & \cdots & a & 0 \\ 1 & 0 & 0 & \cdots & 0 & a \end{vmatrix}$（按第 n 行展开）

$$=(-1)^{n+1}\begin{vmatrix} 0 & 0 & 0 & \cdots & 0 & 1 \\ a & 0 & 0 & \cdots & 0 & 0 \\ 0 & a & 0 & \cdots & 0 & 0 \\ \cdots & \cdots & \cdots & & \cdots & \cdots \\ 0 & 0 & 0 & \cdots & a & 0 \end{vmatrix}_{(n-1)\times(n-1)}+$$

$$(-1)^{2n}\cdot a\begin{vmatrix} a & & \\ & \ddots & \\ & & a \end{vmatrix}_{(n-1)\times(n-1)}$$

$$=(-1)^{n+1}\cdot(-1)^n\begin{vmatrix} a & & \\ & \ddots & \\ & & a \end{vmatrix}_{(n-2)(n-2)}+a^n=a^n-a^{n-2}=a^{n-2}(a^2-1).$$

（2）$D_n=\begin{vmatrix} x & a & \cdots & a \\ a & x & \cdots & a \\ \cdots & \cdots & & \cdots \\ a & a & \cdots & x \end{vmatrix}$

解：将第一行乘(−1)分别加到其余各行，得

$$D_n=\begin{vmatrix} x & a & a & \cdots & a \\ a-x & x-a & 0 & \cdots & 0 \\ a-x & 0 & x-a & \cdots & 0 \\ \cdots & \cdots & \cdots & \cdots & \cdots \\ a-x & 0 & 0 & 0 & x-a \end{vmatrix},$$

再将各列都加到第一列上，得

$$D_n=\begin{vmatrix} x+(n-1)a & a & a & \cdots & a \\ 0 & x-a & 0 & \cdots & 0 \\ 0 & 0 & x-a & \cdots & 0 \\ \cdots & \cdots & \cdots & \cdots & \cdots \\ 0 & 0 & 0 & 0 & x-a \end{vmatrix}=[x+(n-1)a](x-a)^{n-1}.$$

（3）$D_{n+1}=\begin{vmatrix} a^n & (a-1)^n & \cdots & (a-n)^n \\ a^{n-1} & (a-1)^{n-1} & \cdots & (a-n)^{n-1} \\ \cdots & \cdots & \cdots & \cdots \\ a & a-1 & \cdots & a-n \\ 1 & 1 & \cdots & 1 \end{vmatrix}$；

解：根据第 6 题结果，有

$$D_{n+1}=(-1)^{\frac{n(n+1)}{2}}\begin{vmatrix} 1 & 1 & \cdots & 1 \\ a & a-1 & \cdots & a-n \\ \cdots & \cdots & \cdots & \cdots \\ a^{n-1} & (a-1)^{n-1} & \cdots & (a-n)^{n-1} \\ a^n & (a-1)^n & \cdots & (a-n)^n \end{vmatrix}$$

此行列式为范德蒙德行列式.

$$\begin{aligned} D_{n+1} &= (-1)^{\frac{n(n+1)}{2}}\prod_{n+1\geqslant i>j\geqslant 1}[(a-i+1)-(a-j+1)] \\ &= (-1)^{\frac{n(n+1)}{2}}\prod_{n+1\geqslant i>j\geqslant 1}[-(i-j)] \end{aligned}$$

$$=(-1)^{\frac{n(n+1)}{2}}\cdot(-1)^{\frac{n+(n-1)+\cdots+1}{2}}\cdot\prod_{n+1\geqslant i>j\geqslant 1}(i-j)$$

$$=\prod_{n+1\geqslant i>j\geqslant 1}(i-j).$$

（4）$D_{2n}=\begin{vmatrix} a_n & & & & & b_n \\ & \ddots & & & \cdot^{\cdot^{\cdot}} & \\ & & a_1 & b_1 & & \\ & & c_1 & d_1 & & \\ & \cdot^{\cdot^{\cdot}} & & & \ddots & \\ c_n & & & & & d_n \end{vmatrix}$；

解：$D_{2n}=\begin{vmatrix} a_n & & & & & b_n \\ & \ddots & & & \cdot^{\cdot^{\cdot}} & \\ & & a_1 & b_1 & & \\ & & c_1 & d_1 & & \\ & \cdot^{\cdot^{\cdot}} & & & \ddots & \\ c_n & & & & & d_n \end{vmatrix}$（按第 1 行展开）

$$=a_n\begin{vmatrix} a_{n-1} & & & & & b_{n-1} & 0 \\ & \ddots & & & \cdot^{\cdot^{\cdot}} & & \\ & & a_1 & b_1 & & & \\ & & c_1 & d_1 & & & \\ & \cdot^{\cdot^{\cdot}} & & & \ddots & & \\ c_{n-1} & & & & & d_{n-1} & 0 \\ 0 & & & \cdots & & 0 & d_n \end{vmatrix}+$$

$$(-1)^{2n+1}b_n\begin{vmatrix} 0 & a_{n-1} & & & & & b_{n-1} \\ & & \ddots & & & \cdot^{\cdot^{\cdot}} & \\ & & & a_1 & b_1 & & \\ & & & c_1 & d_1 & & \\ & & \cdot^{\cdot^{\cdot}} & & & \ddots & \\ & c_{n-1} & & & & & d_{n-1} \\ c_n & & & & & & 0 \end{vmatrix}.$$

再按最后一行展开得递推公式

$$D_{2n}=a_nd_nD_{2n-2}-b_nc_nD_{2n-2}，\text{即 } D_{2n}=(a_nd_n-b_nc_n)D_{2n-2}.$$

于是 $$D_{2n}=\prod_{i=2}^{n}(a_id_i-b_ic_i)D_2.$$

而 $$D_2=\begin{vmatrix}a_1 & b_1\\ c_1 & d_1\end{vmatrix}=a_1d_1-b_1c_1,$$

所以 $$D_{2n}=\prod_{i=1}^{n}(a_id_i-b_ic_i).$$

（5）$D=\det(a_{ij})$，其中 $a_{ij}=|i-j|$；

解：$a_{ij}=|i-j|$，

$$D_n=\det(a_{ij})=\begin{vmatrix}0 & 1 & 2 & 3 & \cdots & n-1\\ 1 & 0 & 1 & 2 & \cdots & n-2\\ 2 & 1 & 0 & 1 & \cdots & n-3\\ 3 & 2 & 1 & 0 & \cdots & n-4\\ \cdots & \cdots & \cdots & \cdots & \cdots & \cdots\\ n-1 & n-2 & n-3 & n-4 & \cdots & 0\end{vmatrix}$$

$$\xlongequal[r_2-r_3]{r_1-r_2}\begin{vmatrix}-1 & 1 & 1 & 1 & \cdots & 1\\ -1 & -1 & 1 & 1 & \cdots & 1\\ -1 & -1 & -1 & 1 & \cdots & 1\\ -1 & -1 & -1 & -1 & \cdots & 1\\ \cdots & \cdots & \cdots & \cdots & \cdots & \cdots\\ n-1 & n-2 & n-3 & n-4 & \cdots & 0\end{vmatrix}$$

$$\xlongequal[c_3+c_1]{c_2+c_1}\begin{vmatrix}-1 & 0 & 0 & 0 & \cdots & 0\\ -1 & -2 & 0 & 0 & \cdots & 0\\ -1 & -2 & -2 & 0 & \cdots & 0\\ -1 & -2 & -2 & -2 & \cdots & 0\\ \cdots & \cdots & \cdots & \cdots & \cdots & \cdots\\ n-1 & 2n-3 & 2n-4 & 2n-5 & \cdots & n-1\end{vmatrix}$$

$=(-1)^{n-1}(n-1)2^{n-2}$.

（6）$D_n=\begin{vmatrix}1+a_1 & 1 & \cdots & 1\\ 1 & 1+a_2 & \cdots & 1\\ \cdots & \cdots & \cdots & \cdots\\ 1 & 1 & \cdots & 1+a_n\end{vmatrix}$，其中 $a_1a_2\cdots a_n\neq0$.

解：$D_n=\begin{vmatrix}1+a_1 & 1 & \cdots & 1\\ 1 & 1+a_2 & \cdots & 1\\ \cdots & \cdots & \cdots & \cdots\\ 1 & 1 & \cdots & 1+a_n\end{vmatrix}$

$$\xlongequal[c_2-c_3]{c_1-c_2}\begin{vmatrix} a_1 & 0 & 0 & \cdots & 0 & 0 & 1 \\ -a_2 & a_2 & 0 & \cdots & 0 & 0 & 1 \\ 0 & -a_3 & a_3 & \cdots & 0 & 0 & 1 \\ \cdots & \cdots & \cdots & \cdots & \cdots & \cdots & \cdots \\ 0 & 0 & 0 & \cdots & -a_{n-1} & a_{n-1} & 1 \\ 0 & 0 & 0 & \cdots & 0 & -a_n & 1+a_n \end{vmatrix}$$

$$=a_1a_2\cdots a_n\begin{vmatrix} 1 & 0 & 0 & \cdots & 0 & 0 & a_1^{-1} \\ -1 & 1 & 0 & \cdots & 0 & 0 & a_2^{-1} \\ 0 & -1 & 1 & \cdots & 0 & 0 & a_3^{-1} \\ \cdots & \cdots & \cdots & \cdots & \cdots & \cdots & \cdots \\ 0 & 0 & 0 & \cdots & -1 & 1 & a_{n-1}^{-1} \\ 0 & 0 & 0 & \cdots & 0 & -1 & 1+a_n^{-1} \end{vmatrix}$$

$$=a_1a_2\cdots a_n\begin{vmatrix} 1 & 0 & 0 & \cdots & 0 & 0 & a_1^{-1} \\ 0 & 1 & 0 & \cdots & 0 & 0 & a_2^{-1} \\ 0 & 0 & 1 & \cdots & 0 & 0 & a_3^{-1} \\ \cdots & \cdots & \cdots & \cdots & \cdots & \cdots & \cdots \\ 0 & 0 & 0 & \cdots & 0 & 1 & a_{n-1}^{-1} \\ 0 & 0 & 0 & \cdots & 0 & 0 & 1+\sum_{i=1}^{n} a_i^{-1} \end{vmatrix}$$

$$=(a_1a_2\cdots a_n)\left(1+\sum_{i=1}^{n}\frac{1}{a_i}\right).$$

1.8 用克莱姆法则解下列方程组.

（1）$\begin{cases} x_1+x_2+x_3+x_4=5 \\ x_1+2x_2-x_3+4x_4=-2 \\ 2x_1-3x_2-x_3-5x_4=-2 \\ 3x_1+x_2+2x_3+11x_4=0 \end{cases}$

解：因为

$$D=\begin{vmatrix} 1 & 1 & 1 & 1 \\ 1 & 2 & -1 & 4 \\ 2 & -3 & -1 & -5 \\ 3 & 1 & 2 & 11 \end{vmatrix}=-142,$$

$$D_1=\begin{vmatrix}5&1&1&1\\-2&2&-1&4\\-2&-3&-1&-5\\0&1&2&11\end{vmatrix}=-142,\quad D_2=\begin{vmatrix}1&5&1&1\\1&-2&-1&4\\2&-2&-1&-5\\3&0&2&11\end{vmatrix}=-284,$$

$$D_3=\begin{vmatrix}1&1&5&1\\1&2&-2&4\\2&-3&-2&-5\\3&1&0&11\end{vmatrix}=-426,\quad D_4=\begin{vmatrix}1&1&1&5\\1&2&-1&-2\\2&-3&-1&-2\\3&1&2&0\end{vmatrix}=142,$$

所以 $$x_1=\frac{D_1}{D}=1,\quad x_2=\frac{D_2}{D}=2,\quad x_3=\frac{D_3}{D}=3,\quad x_4=\frac{D_4}{D}=-1.$$

（2）$$\begin{cases}5x_1+6x_2=1\\x_1+5x_2+6x_3=0\\x_2+5x_3+6x_4=0\\x_3+5x_4+6x_5=0\\x_4+5x_5=1\end{cases}.$$

解：因为

$$D=\begin{vmatrix}5&6&0&0&0\\1&5&6&0&0\\0&1&5&6&0\\0&0&1&5&6\\0&0&0&1&5\end{vmatrix}=665\qquad D_1=\begin{vmatrix}1&6&0&0&0\\0&5&6&0&0\\0&1&5&6&0\\0&0&1&5&6\\1&0&0&1&5\end{vmatrix}=1507,$$

$$D_2=\begin{vmatrix}5&1&0&0&0\\1&0&6&0&0\\0&0&5&6&0\\0&0&1&5&6\\0&1&0&1&5\end{vmatrix}=-1145\qquad D_3=\begin{vmatrix}5&6&1&0&0\\1&5&0&0&0\\0&1&0&6&0\\0&0&0&5&6\\0&0&1&1&5\end{vmatrix}=703$$

$$D_4=\begin{vmatrix}5&6&0&1&0\\1&5&6&0&0\\0&1&5&0&0\\0&0&1&0&6\\0&0&0&1&5\end{vmatrix}=-395\qquad D_5=\begin{vmatrix}5&6&0&0&1\\1&5&6&0&0\\0&1&5&6&0\\0&0&1&5&0\\0&0&0&1&1\end{vmatrix}=212$$

所以 $$x_1=\frac{1507}{665},\quad x_2=-\frac{1145}{665},\quad x_3=\frac{703}{665},\quad x_4=\frac{-395}{665},\quad x_5=\frac{212}{665}.$$

1.9 问 λ，μ 取何值时，齐次线性方程组 $\begin{cases}\lambda x_1 + x_2 + x_3 = 0 \\ x_1 + \mu x_2 + x_3 = 0 \\ x_1 + 2\mu x_2 + x_3 = 0\end{cases}$ 有非零解？

解：系数行列式为

$$D = \begin{vmatrix} \lambda & 1 & 1 \\ 1 & \mu & 1 \\ 1 & 2\mu & 1 \end{vmatrix} = \mu - \mu\lambda .$$

令 $D=0$，得

$$\mu=0 \text{ 或 } \lambda=1.$$

于是，当 $\mu=0$ 或 $\lambda=1$ 时，该齐次线性方程组有非零解.

1.10 问 λ 取何值时，齐次线性方程组 $\begin{cases}(1-\lambda)x_1 - 2x_2 + 4x_3 = 0 \\ 2x_1 + (3-\lambda)x_2 + x_3 = 0 \\ x_1 + x_2 + (1-\lambda)x_3 = 0\end{cases}$ 有非零解？

解：系数行列式为

$$D = \begin{vmatrix} 1-\lambda & -2 & 4 \\ 2 & 3-\lambda & 1 \\ 1 & 1 & 1-\lambda \end{vmatrix} = \begin{vmatrix} 1-\lambda & -3+\lambda & 4 \\ 2 & 1-\lambda & 1 \\ 1 & 0 & 1-\lambda \end{vmatrix}$$

$$=(1-\lambda)^3+(\lambda-3)-4(1-\lambda)-2(1-\lambda)(-3-\lambda)$$

$$=(1-\lambda)^3+2(1-\lambda)^2+\lambda-3.$$

令 $D=0$，得 $\lambda=0, \lambda=2$ 或 $\lambda=3$.

于是，当 $\lambda=0, \lambda=2$ 或 $\lambda=3$ 时，该齐次线性方程组有非零解.

习题二解答（原题见本书第 44 页）

2.1 $\begin{pmatrix} -11 & 0 & 5 & 5 \\ -10 & 15 & -6 & 1 \\ 10 & -4 & 19 & 6 \end{pmatrix}$.

2.2 $\begin{pmatrix} 2 & 3 & -2 & 2 \\ 2 & -2 & 1 & -1 \\ \frac{1}{2} & -1 & -\frac{7}{2} & -1 \end{pmatrix}$.

2.3 （1）$\begin{pmatrix} 1 & n \\ 0 & 1 \end{pmatrix}$；（2）$\begin{pmatrix} a_1b_1 & & \\ & \ddots & \\ & & a_nb_n \end{pmatrix}$；（3）$\begin{pmatrix} 8 & -7 & -6 \\ -3 & 0 & -3 \\ 5 & -7 & -9 \end{pmatrix}$；（4）$3^{n-1}\begin{pmatrix} 2 & 1 & 2 \\ -6 & -3 & -6 \\ 4 & 2 & 4 \end{pmatrix}$.

2.4 1，$\begin{pmatrix}1&0&4\\1&0&4\\0&0&0\end{pmatrix}$，$\begin{pmatrix}1&1&0\\0&0&0\\4&4&0\end{pmatrix}$.

2.6 （1）$-\frac{1}{7}\begin{pmatrix}4&-3\\-5&2\end{pmatrix}$；（2）$\begin{pmatrix}\cos\theta&\sin\theta\\-\sin\theta&\cos\theta\end{pmatrix}$；（3）$\frac{1}{8}\begin{pmatrix}-5&-2&1\\-2&-4&2\\1&2&3\end{pmatrix}$；（4）不存在.

2.7 （1）$\begin{pmatrix}-\frac{1}{3}&\frac{2}{3}&0&0&0\\\frac{2}{3}&-\frac{1}{3}&0&0&0\\0&0&3&1&0\\0&0&-2&-1&0\\0&0&0&0&\frac{1}{5}\end{pmatrix}$；（2）$\begin{pmatrix}2&-3&-\frac{7}{5}&\frac{28}{5}\\-1&2&-\frac{4}{5}&\frac{21}{5}\\0&0&\frac{2}{5}&-\frac{3}{5}\\0&0&-\frac{1}{5}&\frac{4}{5}\end{pmatrix}$.

2.8 $a=1,b=6,c=1,d=-2$.

2.9 （1）$\begin{pmatrix}-\frac{5}{8}&\frac{1}{4}&\frac{1}{8}\\-\frac{1}{4}&-\frac{1}{2}&\frac{1}{4}\\\frac{1}{8}&\frac{1}{4}&\frac{3}{8}\end{pmatrix}$；（2）$\begin{pmatrix}\frac{1}{3}&\frac{1}{3}&\frac{1}{3}\\\frac{1}{3}&\frac{5}{6}&-\frac{1}{6}\\\frac{1}{3}&-\frac{1}{6}&-\frac{1}{6}\end{pmatrix}$.

2.10 （1）4；（2）2.

2.12 （1）$\begin{pmatrix}-3&0\\3&1\end{pmatrix}$；（2）$\begin{pmatrix}16&-12&11\\-68&49&-40\\-109&80&-63\end{pmatrix}$；（3）$\frac{1}{4}\begin{pmatrix}21&-33\\-7&11\end{pmatrix}$

2.13 $\begin{pmatrix}2&-3&0&0\\-1&2&0&0\\-\frac{11}{19}&\frac{15}{19}&\frac{5}{19}&-\frac{1}{19}\\-\frac{13}{19}&\frac{16}{19}&-\frac{1}{19}&\frac{4}{19}\end{pmatrix}$

习题三解答（原题见本书第 70 页）

3.1 求解下列齐次线性方程组

（1）$\begin{cases} x_1+x_2+2x_3-x_4=0 \\ 2x_1+x_2+x_3-x_4=0 \\ 2x_1+2x_2+x_3+2x_4=0 \end{cases}$　$\begin{pmatrix} x_1 \\ x_2 \\ x_3 \\ x_4 \end{pmatrix}=c_1\begin{pmatrix} \frac{4}{3} \\ -3 \\ \frac{4}{3} \\ 1 \end{pmatrix}$，$c_1 \in R$

（2）$\begin{cases} x_1+2x_2+x_3-x_4=0 \\ 3x_1+6x_2-x_3-3x_4=0 \\ 5x_1+10x_2+x_3-5x_4=0 \end{cases}$　$\begin{pmatrix} x_1 \\ x_2 \\ x_3 \\ x_4 \end{pmatrix}=c_1\begin{pmatrix} -2 \\ 1 \\ 0 \\ 0 \end{pmatrix}+c_2\begin{pmatrix} 1 \\ 0 \\ 0 \\ 1 \end{pmatrix}$，$c_1,c_2 \in R$

（3）$\begin{cases} x_1+2x_2-3x_3=0 \\ 2x_1+5x_2+2x_3=0 \\ 3x_1-x_2-4x_3=0 \end{cases}$ 方程组只有零解

（4）$\begin{cases} 3x_1+x_2-6x_3-4x_4+2x_5=0 \\ 2x_1+2x_2-3x_3-5x_4+3x_5=0 \\ x_1-5x_2-6x_3+8x_4-6x_5=0 \end{cases}$　$x=c_1\begin{pmatrix} \frac{9}{4} \\ -\frac{3}{4} \\ 1 \\ 0 \\ 0 \end{pmatrix}+c_2\begin{pmatrix} \frac{3}{4} \\ \frac{7}{4} \\ 0 \\ 1 \\ 0 \end{pmatrix}+c_3\begin{pmatrix} -\frac{1}{4} \\ -\frac{5}{4} \\ 0 \\ 0 \\ 1 \end{pmatrix}$，$c_1,c_2,c_3 \in R$

3.2　求解下列非齐次线性方程组

（1）$\begin{cases} 4x_1+2x_2-x_3=2 \\ 3x_1-x_2+2x_3=10 \\ 11x_1+3x_2=8 \end{cases}$　方程组无解

（2）$\begin{cases} x_1+x_2-x_3+x_4=1 \\ 4x_1+2x_2-2x_3+x_4=2 \\ 2x_1+x_2-x_3-x_4=1 \end{cases}$　$\begin{pmatrix} x_1 \\ x_2 \\ x_3 \\ x_4 \end{pmatrix}=c\begin{pmatrix} 0 \\ 1 \\ 1 \\ 0 \end{pmatrix}+\begin{pmatrix} 0 \\ 1 \\ 0 \\ 0 \end{pmatrix}, c \in R$

（3）$\begin{cases} 2x_1+x_2-x_3+x_4=1 \\ 3x_1-2x_2+x_3-3x_4=4 \\ x_1+4x_2-3x_3+5x_4=-2 \end{cases}$　$\begin{pmatrix} x_1 \\ x_2 \\ x_3 \\ x_4 \end{pmatrix}=c_1\begin{pmatrix} \frac{1}{7} \\ \frac{5}{7} \\ 1 \\ 0 \end{pmatrix}+c_2\begin{pmatrix} \frac{1}{7} \\ -\frac{9}{7} \\ 0 \\ 1 \end{pmatrix}+\begin{pmatrix} \frac{6}{7} \\ -\frac{5}{7} \\ 0 \\ 0 \end{pmatrix}$，$c_1,c_2 \in R$

（4）$\begin{cases} x_1+3x_2+3x_3-2x_4+x_5=3 \\ 2x_1+6x_2+x_3-3x_4=2 \\ x_1+3x_2-2x_3-x_4-x_5=-1 \\ 3x_1+9x_2+x_3-5x_4+x_5=5 \end{cases}$ $x=c_1\begin{pmatrix}-3\\1\\0\\0\\0\end{pmatrix}+c_2\begin{pmatrix}3\\0\\0\\2\\1\end{pmatrix}+\begin{pmatrix}-5\\0\\0\\-4\\0\end{pmatrix}$，$c_1,c_2\in R$

3.3 λ为何值时，下列非齐次线性方程组有唯一解、无解和无限多解？在有无限多解时，求出通解.

（1）$\begin{cases} \lambda x_1+x_2+x_3=1 \\ x_1+\lambda x_2+x_3=\lambda \\ x_1+x_2+\lambda x_3=\lambda^2 \end{cases}$

1）（i）$\lambda\neq 1$且$\lambda\neq -2$有唯一解；

（ii）$\lambda=-2$无解；

（iii）$\lambda=1$有无穷解，解为$\begin{pmatrix}x_1\\x_2\\x_3\end{pmatrix}=c_1\begin{pmatrix}-1\\1\\0\end{pmatrix}+c_2\begin{pmatrix}-1\\0\\1\end{pmatrix}+\begin{pmatrix}1\\0\\0\end{pmatrix}$，$c_1,c_2\in R$.

（2）$\begin{cases} (2-\lambda)x_1+2x_2-2x_3=1 \\ 2x_1+(5-\lambda)x_2-4x_3=2 \\ -2x_1-4x_2+(5-\lambda)x_3=-\lambda-1 \end{cases}$

（i）$\lambda\neq 1$且$\lambda\neq 10$有唯一解；

（ii）$\lambda=10$无解；

（iii）$\lambda=1$有无穷解，解为$\begin{pmatrix}x_1\\x_2\\x_3\end{pmatrix}=c\begin{pmatrix}-2\\1\\0\end{pmatrix}+c_2\begin{pmatrix}2\\0\\1\end{pmatrix}+\begin{pmatrix}1\\0\\0\end{pmatrix}$，$c_1,c_2\in R$.

3.4 确定a,b的值使下列非齐次线性方程组有解，并求其解

$$\begin{cases} x_1+2x_2-2x_3+2x_4=2 \\ x_2-x_3-x_4=1 \\ x_1+x_2-x_3+3x_4=a \\ x_1-x_2+x_3+5x_4=b \end{cases}.$$

解：当$a=1,b\neq -1$时，有无穷多个解，通解为$\begin{pmatrix}x_1\\x_2\\x_3\\x_4\end{pmatrix}=c_1\begin{pmatrix}0\\1\\1\\0\end{pmatrix}+c_2\begin{pmatrix}-4\\1\\0\\1\end{pmatrix}+\begin{pmatrix}0\\1\\0\\0\end{pmatrix}$，$c_1,c_2\in R$

3.5　已知$R(a_1,a_2,a_3,a_4)=3$，$R(a_2,a_3,a_4,a_5)=4$，证明

（1）a_1能由a_2,a_3,a_4线性表示；

（2）a_5不能由a_1,a_2,a_3,a_4.

3.6　已知向量组$a_1=\begin{pmatrix}1\\2\\2\\-2\end{pmatrix}$，$a_2=\begin{pmatrix}-1\\3\\0\\-11\end{pmatrix}$，$a_3=\begin{pmatrix}2\\-1\\-2\\5\end{pmatrix}$和向量组$b_1=\begin{pmatrix}3\\1\\0\\3\end{pmatrix}$，$b_2=\begin{pmatrix}3\\-4\\-2\\16\end{pmatrix}$，$b_3=\begin{pmatrix}1\\7\\4\\-15\end{pmatrix}$，证明向量组$a_1,a_2,a_3$和$b_1,b_2,b_3$等价.

解：$b_1=a_1+a_3$，$b_2=a_1-a_2$，$b_3=2a_1+a_2$；$a_1=-b_1+b_2+b_3$，$a_2=2b_1-2b_2-b_3$，$a_3=2b_1-b_2-b_3$

3.7　已知向量组$\boldsymbol{B}:b_1,b_2,b_3$由向量组$\boldsymbol{A}:a_1,a_2,a_3$线性表示的表示式为

$$b_1=a_1-a_2+a_3,\quad b_2=a_1+a_2-a_3,\quad b_3=-a_1+a_2+a_3,$$

试将向量组$\boldsymbol{A}$的向量用向量组$\boldsymbol{B}$的向量线性表示.

解：$a_1=\frac{1}{2}(b_1+b_2)$，$a_2=\frac{1}{2}(b_2+b_3)$，$a_3=\frac{1}{2}(b_1+b_3)$

3.8　已知$a_1=\begin{pmatrix}1\\2\\3\end{pmatrix}$，$a_2=\begin{pmatrix}3\\-1\\2\end{pmatrix}$，$a_3=\begin{pmatrix}2\\3\\c\end{pmatrix}$，问：

（1）c为何值时，a_1,a_2,a_3的线性无关；

（2）c为何值时，a_1,a_2,a_3的线性相关，并将a_3表示成a_1,a_2的线性组合.

解：（1）$c\neq 5$；（2）$c=5,a_3=\frac{11}{7}a_1+\frac{3}{21}a_2$

3.9　判断下列向量组是线性相关还是线性无关

（1）$\begin{pmatrix}4\\1\\6\\-1\end{pmatrix},\begin{pmatrix}-1\\2\\3\\1\end{pmatrix},\begin{pmatrix}-2\\1\\0\\1\end{pmatrix}$；（2）$\begin{pmatrix}1\\1\\1\\1\end{pmatrix},\begin{pmatrix}-1\\-1\\1\\1\end{pmatrix},\begin{pmatrix}1\\-1\\1\\-1\end{pmatrix},\begin{pmatrix}1\\-1\\-1\\1\end{pmatrix}$；（3）$\begin{pmatrix}1\\-2\\1\\0\end{pmatrix},\begin{pmatrix}5\\-6\\9\\1\end{pmatrix},\begin{pmatrix}0\\8\\-7\\-1\end{pmatrix},\begin{pmatrix}-3\\10\\-14\\-2\end{pmatrix}$

解：（1）线性相关，因为$a_1=2a_2-3a_3$；（2）线性无关；（3）线性相关，因为$2a_1-a_2+a_3-a_4=0$.

3.10　设a_1,a_2,a_3线性无关，问k为何值时，向量组a_2-a_1,ka_3-a_2,a_1-a_3线性无关.

解：$k\neq1$.

3.11　设$b_1=a_1+a_2,b_2=a_2+a_3,b_3=a_3+a_4,b_4=a_4+a_1$，证明向量组$b_1,b_2,b_3,b_4$线性相关.

3.12　设$b_1=a_1,b_2=a_1+a_2,\cdots,b_t=a_1+a_2+\cdots+a_t$，且向量组$a_1,a_2,...,a_t$线性无关，证明向量组$b_1,b_2,\cdots,b_t$也线性无关.

3.13　求下列向量组的秩，并求一个最大无关组

（1）$\boldsymbol{\alpha}_1=\begin{pmatrix}1\\2\\-1\\4\end{pmatrix},\boldsymbol{\alpha}_2=\begin{pmatrix}9\\100\\10\\4\end{pmatrix},\boldsymbol{\alpha}_3=\begin{pmatrix}-2\\-4\\2\\-8\end{pmatrix}$；

（2）$\boldsymbol{\alpha}_1^{\mathrm{T}}=(1,\ 2,\ 1,\ 3)^{\mathrm{T}},\boldsymbol{\alpha}_2^{\mathrm{T}}=(4,\ -1,\ -5,\ -6)^{\mathrm{T}},\boldsymbol{\alpha}_3^{\mathrm{T}}=(1,\ -3,\ -4,\ -7)^{\mathrm{T}}$

解：（1）$\boldsymbol{\alpha}_1,\boldsymbol{\alpha}_2$；（2）$\boldsymbol{\alpha}_1^{\mathrm{T}},\boldsymbol{\alpha}_2^{\mathrm{T}}$

3.14　利用初等行变换求下列矩阵列向量组的一个最大无关组，并把其余向量用最大无关组线性表示：

（1）$\begin{pmatrix}1&1&0\\2&0&4\\2&3&-2\end{pmatrix}$；（2）$\begin{pmatrix}1&1&2&2&1\\0&2&1&5&-1\\2&0&3&-1&3\\1&1&0&4&-1\end{pmatrix}$.

解：（1）第1、4列是矩阵列向量组的一个最大无关组$\alpha_3=2\alpha_1-2\alpha_2$；（2）第1、第2、第3列矩阵列向量组的一个最大无关组

3.15　设矩阵$\boldsymbol{A}=\begin{pmatrix}a&2&1&2\\3&b&2&3\\1&3&1&1\end{pmatrix}$，$R(\boldsymbol{A})=2$，求$a,b$的秩.

解： $a=2,b=5$

3.16　求齐次线性方程组的基础解系

（1）$\begin{cases}2x_1+3x_3+2x_4=0\\x_1+x_2-2x_3+3x_4=0\\3x_1-x_2+8x_3+x_4=0\\x_1+3x_2-9x_3+7x_4=0\end{cases}$ 基础解系为$\boldsymbol{\xi}_1=\begin{pmatrix}-\frac{3}{2}\\\frac{7}{2}\\1\\0\end{pmatrix}$，$\boldsymbol{\xi}_2=\begin{pmatrix}-1\\-2\\0\\1\end{pmatrix}$

（2）$\begin{cases} x_1 - 8x_2 + 10x_3 + 2x_4 = 0 \\ 2x_1 + 4x_2 + 5x_3 - x_4 = 0 \\ 3x_1 + 8x_2 + 6x_3 - 2x_4 = 0 \end{cases}$ 基础解系为 $\boldsymbol{\xi}_1 = \begin{pmatrix} 0 \\ 1 \\ 0 \\ 4 \end{pmatrix}$，$\boldsymbol{\xi}_2 = \begin{pmatrix} -4 \\ 0 \\ 1 \\ -3 \end{pmatrix}$

3.17　求非齐次线性方程组的一个特解和其所对应齐次线性方程组的基础解系：

（1）$\begin{cases} x_1 + x_2 = 5 \\ 2x_1 + x_2 + x_3 + 2x_4 = 1 \\ 5x_1 + 3x_2 + 2x_3 + 2x_4 = 3 \end{cases}$　$\boldsymbol{\eta} = \begin{pmatrix} -8 \\ 13 \\ 0 \\ 2 \end{pmatrix}$，$\boldsymbol{\xi} = \begin{pmatrix} -1 \\ 1 \\ 1 \\ 0 \end{pmatrix}$

（2）$\begin{cases} x_1 - 5x_2 + 2x_3 - 3x_4 = 11 \\ 5x_1 + 3x_2 + 6x_3 - x_4 = -1 \\ 2x_1 + 4x_2 + 2x_3 + x_4 = -6 \end{cases}$　$\boldsymbol{\eta} = \begin{pmatrix} -17 \\ 0 \\ 14 \\ 0 \end{pmatrix}$，$\boldsymbol{\xi}_1 = \begin{pmatrix} -9 \\ 1 \\ 7 \\ 0 \end{pmatrix}$，$\boldsymbol{\xi}_2 = \begin{pmatrix} -4 \\ 0 \\ \frac{7}{2} \\ 1 \end{pmatrix}$

3.18　已知三阶矩阵 $\boldsymbol{A}$ 和三维的列向量满足 $\boldsymbol{A}^3 x = 3\boldsymbol{A}x - \boldsymbol{A}^2 x$，且向量组 $x, \boldsymbol{A}x, \boldsymbol{A}^2 x$ 线性无关

（1）记 $P = (x, Ax, A^2 x)$，求三阶的矩阵 $\boldsymbol{B}$，使 $\boldsymbol{AP} = \boldsymbol{PB}$；

（1）求 $|\boldsymbol{A}|$.

解：（1）$\begin{pmatrix} 0 & 0 & 0 \\ 1 & 0 & 3 \\ 0 & 1 & -1 \end{pmatrix}$；（2）$|\boldsymbol{A}| = 0$

3.19　n 阶的矩阵 $\boldsymbol{A}$ 满足 $\boldsymbol{A} = \boldsymbol{A}^2$，$\boldsymbol{E}$ 为单位阵，证明 $R(\boldsymbol{A}) + R(\boldsymbol{A} - \boldsymbol{E}) = n$.

解：利用

3.20　求一个齐次的方程组，使它的基础解系由下列向量组成

$$\boldsymbol{\xi}_1 = \begin{pmatrix} 1 \\ -2 \\ 0 \\ 3 \\ -1 \end{pmatrix},\quad \boldsymbol{\xi}_2 = \begin{pmatrix} 2 \\ -3 \\ 2 \\ 5 \\ -3 \end{pmatrix},\quad \boldsymbol{\xi}_3 = \begin{pmatrix} 1 \\ -2 \\ 1 \\ 2 \\ -2 \end{pmatrix}.$$

解：方程组为 $\begin{cases} 5x_1 + x_2 - x_3 - x_4 = 0 \\ x_1 + x_2 - x_3 - x_5 = 0 \end{cases}$

3.21　设矩阵 $\boldsymbol{A}$ 的秩为 r，η_0 为 $\boldsymbol{AX} = b$ 的特解，$\boldsymbol{A}x = 0$ 的一个基础解系为 $a_1, a_2, \cdots, a_{n-r}$，$\boldsymbol{X}$ 的维数为 n，证明 $\eta_0, \eta_0 + a_1, \cdots, \eta_0 + a_{n-r}$ 与 $\eta_0, \eta_0 - a_1, \cdots, \eta_0 - a_{n-r}$ 均为 $\boldsymbol{AX} = b$ 的 $n - r + 1$ 个线性无关的解.

3.22　设 $a_1,a_2,\cdots,a_t$ 是齐次线性方程组 $\boldsymbol{A}x=0$ 的基础解系 $b_1=a_2+a_3+\cdots+a_t$，$b_2=a_1+a_3+\cdots+a_t$，…，$b_t=a_1+a_2+\cdots+a_{t-1}$，证明向量组 $b_1,b_2,\cdots,b_t$ 也是齐次线性方程组 $\boldsymbol{A}x=0$ 的基础解系.

解：$a_1,a_2,\cdots,a_t$ 是齐次线性方程组 $\boldsymbol{A}x=0$ 的基础解系，所以 $a_1,a_2,\cdots,a_t$ 线性无关，又因为向量组 $a_1,a_2,\cdots,a_t$ 和向量组 $b_1,b_2,\cdots,b_t$ 等价，所以 $b_1,b_2,\cdots,b_t$ 也是齐次线性方程组 $\boldsymbol{A}x=0$ 的基础解系.

3.23　苏打含有碳酸氢钠（$NaHCO_3$）和柠檬酸（$H_3C_6H_5O_7$）.它在水中溶解时，按照如下反应生成柠檬酸钠、水和二氧化碳：

$$NaHCO_3+H_3C_6H_5O_7\rightarrow Na_3C_6H_5O_7+H_2O+CO_2$$

试用线性方程组的方法配平该化学方程式.

解：

$$3NaHCO_3+H_3C_6H_5O_7\rightarrow Na_3C_6H_5O_7+3H_2O+3CO_2$$

习题四解答（原题见本书第 88 页）

4.1　已知 $\boldsymbol{a}_1=\begin{pmatrix}1\\-1\\1\end{pmatrix}$，$\boldsymbol{a}_2=\begin{pmatrix}1\\0\\2\end{pmatrix}$，求一非零向量 $\boldsymbol{a}_3$，使其与 $\boldsymbol{a}_1,\boldsymbol{a}_2$ 都正交.

解：记 $\boldsymbol{A}=\begin{pmatrix}\boldsymbol{a}_1^{\mathrm{T}}\\\boldsymbol{a}_2^{\mathrm{T}}\end{pmatrix}=\begin{pmatrix}1&-1&1\\1&0&2\end{pmatrix}$，设 $\boldsymbol{a}_3=\begin{pmatrix}x_1\\x_2\\x_3\end{pmatrix}$，因 $\boldsymbol{a}_3$ 与 $\boldsymbol{a}_1,\boldsymbol{a}_2$ 都正交，所以，$\boldsymbol{A}\boldsymbol{a}_3=0$，

即是：$\begin{pmatrix}1&-1&1\\1&0&2\end{pmatrix}\begin{pmatrix}x_1\\x_2\\x_3\end{pmatrix}=0$，

方程组为：$\begin{cases}x_1=-2x_3\\x_2=-x_3\\x_3=x_3\end{cases}$，其基础解系为：$\begin{pmatrix}-2\\-1\\1\end{pmatrix}$，取 $\boldsymbol{a}_3=\begin{pmatrix}-2\\-1\\1\end{pmatrix}$ 即可。

4.2　试用施密特法把下列向量组正交化：

（1）$(\boldsymbol{a}_1,\boldsymbol{a}_2,\boldsymbol{a}_3)=\begin{pmatrix}1&0&1\\0&1&1\\1&1&0\end{pmatrix}$；

解：根据施密特正交化方法：

令

$$\boldsymbol{b}_1=\boldsymbol{a}_1=\begin{pmatrix}1\\0\\1\end{pmatrix},$$

$$\boldsymbol{b}_2=\boldsymbol{a}_2-\frac{[\boldsymbol{b}_1,\boldsymbol{a}_2]}{[\boldsymbol{b}_1,\boldsymbol{b}_1]}\boldsymbol{b}_1=\frac{1}{2}\begin{pmatrix}-1\\2\\1\end{pmatrix},$$

$$\boldsymbol{b}_3=\boldsymbol{a}_3-\frac{[\boldsymbol{b}_1,\boldsymbol{a}_3]}{[\boldsymbol{b}_1,\boldsymbol{b}_1]}\boldsymbol{b}_1-\frac{[\boldsymbol{b}_2,\boldsymbol{a}_3]}{[\boldsymbol{b}_2,\boldsymbol{b}_2]}\boldsymbol{b}_2=\frac{2}{3}\begin{pmatrix}1\\1\\-1\end{pmatrix},$$

故正交化后得：

$$(\boldsymbol{b}_1,\boldsymbol{b}_2,\boldsymbol{b}_3)=\begin{pmatrix}1 & -\frac{1}{2} & \frac{2}{3}\\ 0 & 1 & \frac{2}{3}\\ 1 & \frac{1}{2} & -\frac{2}{3}\end{pmatrix}.$$

（2）$(\boldsymbol{a}_1,\boldsymbol{a}_2,\boldsymbol{a}_3)=\begin{pmatrix}1 & 1 & -1\\ 0 & -1 & 1\\ -1 & 0 & 1\\ 1 & 1 & 0\end{pmatrix}$

解：根据施密特正交化方法令

$$\boldsymbol{b}_1=\boldsymbol{a}_1=\begin{pmatrix}1\\0\\-1\\1\end{pmatrix}$$

$$\boldsymbol{b}_2=\boldsymbol{a}_2-\frac{[\boldsymbol{b}_1,\boldsymbol{a}_2]}{[\boldsymbol{b}_1,\boldsymbol{b}_1]}\boldsymbol{b}_1=\frac{1}{3}\begin{pmatrix}1\\-3\\2\\1\end{pmatrix}$$

$$\boldsymbol{b}_3=\boldsymbol{a}_3-\frac{[\boldsymbol{b}_1,\boldsymbol{a}_3]}{[\boldsymbol{b}_1,\boldsymbol{b}_1]}\boldsymbol{b}_1-\frac{[\boldsymbol{b}_2,\boldsymbol{a}_3]}{[\boldsymbol{b}_2,\boldsymbol{b}_2]}\boldsymbol{b}_2=\frac{1}{5}\begin{pmatrix}-1\\3\\3\\4\end{pmatrix}$$

故正交化后得

$$(\boldsymbol{b}_1,\boldsymbol{b}_2,\boldsymbol{b}_3)=\begin{pmatrix}1 & \frac{1}{3} & -\frac{1}{5}\\ 0 & -1 & \frac{3}{5}\\ -1 & \frac{2}{3} & \frac{3}{5}\\ 1 & \frac{1}{3} & \frac{4}{5}\end{pmatrix}$$

4.3　下列矩阵是不是正交阵：

（1）$\begin{pmatrix}\frac{\sqrt{3}}{2} & -\frac{1}{2}\\ \frac{1}{2} & \frac{\sqrt{3}}{2}\end{pmatrix}$；（2）$\begin{pmatrix}1 & -\frac{1}{2} & \frac{1}{3}\\ -\frac{1}{2} & 1 & \frac{1}{2}\\ \frac{1}{3} & \frac{1}{2} & 1\end{pmatrix}$.

解：（1）该方阵每一个行向量均是单位向量，且两两正交，故为正交阵

（2）第一个行向量非单位向量,故不是正交阵.

4.4　设 $\boldsymbol{A}$ 与 $\boldsymbol{B}$ 都是 n 阶正交阵，证明 $\boldsymbol{AB}$ 也是正交阵.

证：因为 $\boldsymbol{A},\boldsymbol{B}$ 是 n 阶正交阵，故 $\boldsymbol{A}^{-1}=\boldsymbol{A}^{\mathrm{T}}$，$\boldsymbol{B}^{-1}=\boldsymbol{B}^{\mathrm{T}}$

$$(\boldsymbol{AB})^{\mathrm{T}}(\boldsymbol{AB})=\boldsymbol{B}^{\mathrm{T}}\boldsymbol{A}^{\mathrm{T}}\boldsymbol{AB}=\boldsymbol{B}^{-1}\boldsymbol{A}^{-1}\boldsymbol{AB}=\boldsymbol{E}$$

故 $\boldsymbol{AB}$ 也是正交阵.

4.5　若矩阵 $\boldsymbol{A}$ 满足 $\boldsymbol{A}^2+6\boldsymbol{A}+8\boldsymbol{E}=0$，且 $\boldsymbol{A}^{\mathrm{T}}=\boldsymbol{A}$，证明：$\boldsymbol{A}+3\boldsymbol{E}$ 是正交矩阵.

证：$(\boldsymbol{A}+3\boldsymbol{E})^{\mathrm{T}}(\boldsymbol{A}+3\boldsymbol{E})=(\boldsymbol{A}^{\mathrm{T}}+3\boldsymbol{E})(\boldsymbol{A}+3\boldsymbol{E})=\boldsymbol{A}^{\mathrm{T}}\boldsymbol{A}+6\boldsymbol{A}+9\boldsymbol{E}=\boldsymbol{E}$

4.6　求下列矩阵的特征值和特征向量：

（1）$\begin{pmatrix}1 & -1\\ 2 & 4\end{pmatrix}$；

解：

$$|\boldsymbol{A}-\lambda\boldsymbol{E}|=\begin{vmatrix}1-\lambda & -1\\ 2 & 4-\lambda\end{vmatrix}=(\lambda-2)(\lambda-3)$$

故 $\boldsymbol{A}$ 的特征值为 $\lambda_1=2,\lambda_2=3$.

当 $\lambda_1=2$ 时,解方程 $(\boldsymbol{A}-2\boldsymbol{E})x=0$，由

$$(\boldsymbol{A}-2\boldsymbol{E})=\begin{pmatrix}-1 & -1\\ 2 & 2\end{pmatrix}\sim\begin{pmatrix}1 & 1\\ 0 & 0\end{pmatrix}$$

得基础解系 $\boldsymbol{P}_1=\begin{pmatrix}-1\\ 1\end{pmatrix}$.

所以，$k_1\boldsymbol{P}_1(k_1\neq 0)$ 是对应于 $\lambda_1=2$ 的全部特征值向量.

当 $\lambda_2=3$ 时，解方程 $(\boldsymbol{A}-3\boldsymbol{E})x=0$，由

$$(\boldsymbol{A}-3\boldsymbol{E})=\begin{pmatrix}-2 & -1\\ 2 & 1\end{pmatrix}\sim\begin{pmatrix}2 & 1\\ 0 & 0\end{pmatrix}$$

得基础解系 $\boldsymbol{P}_2=\begin{pmatrix}-\dfrac{1}{2}\\ 1\end{pmatrix}$. 所以，$k_2\boldsymbol{P}_2(k_2\neq 0)$ 是对应于 $\lambda_2=3$ 的全部特征值向量.

（2）$\begin{pmatrix}1 & 2 & 3\\ 2 & 1 & 3\\ 3 & 3 & 6\end{pmatrix}$；

解：
$$|\boldsymbol{A}-\lambda\boldsymbol{E}|=\begin{vmatrix}1-\lambda & 2 & 3\\ 2 & 1-\lambda & 3\\ 3 & 3 & 6-\lambda\end{vmatrix}=-\lambda(\lambda+1)(\lambda-9)$$

故 $\boldsymbol{A}$ 的特征值为 $\lambda_1=0,\lambda_2=-1,\lambda_3=9$.

当 $\lambda_1=0$ 时，解方程 $\boldsymbol{A}x=0$，由

$$\boldsymbol{A}=\begin{pmatrix}1 & 2 & 3\\ 2 & 1 & 3\\ 3 & 3 & 6\end{pmatrix}\sim\begin{pmatrix}1 & 2 & 3\\ 0 & 1 & 1\\ 0 & 0 & 0\end{pmatrix}$$

得基础解系 $\boldsymbol{P}_1=\begin{pmatrix}-1\\ -1\\ 1\end{pmatrix}$. 故 $k_1\boldsymbol{P}_1(k_1\neq 0)$ 是对应于 $\lambda_1=0$ 的全部特征值向量.

当 $\lambda_2=-1$ 时,解方程 $(\boldsymbol{A}+\boldsymbol{E})x=0$，由

$$\boldsymbol{A}+\boldsymbol{E}=\begin{pmatrix}2 & 2 & 3\\ 2 & 2 & 3\\ 3 & 3 & 7\end{pmatrix}\sim\begin{pmatrix}2 & 2 & 3\\ 0 & 0 & 1\\ 0 & 0 & 0\end{pmatrix}$$

得基础解系 $\boldsymbol{P}_2=\begin{pmatrix}-1\\ 1\\ 0\end{pmatrix}$. 故 $k_2\boldsymbol{P}_2(k_2\neq 0)$ 是对应于 $\lambda_2=-1$ 的全部特征值向量.

当 $\lambda_3=9$ 时，解方程 $(\boldsymbol{A}-9\boldsymbol{E})x=0$，由

$$\boldsymbol{A}-9\boldsymbol{E}=\begin{pmatrix}-8 & 2 & 3\\ 2 & -8 & 3\\ 3 & 3 & -3\end{pmatrix}\sim\begin{pmatrix}1 & 1 & -1\\ 0 & 1 & -\dfrac{1}{2}\\ 0 & 0 & 0\end{pmatrix}$$

得基础解系 $\boldsymbol{P}_3=\begin{pmatrix}\frac{1}{2}\\\frac{1}{2}\\1\end{pmatrix}$. 故 $k_3\boldsymbol{P}_3(k_3\neq 0)$ 是对应于 $\lambda_3=9$ 的全部特征值向量.

（3） $\boldsymbol{A}=\begin{bmatrix}2&1&0\\2&3&0\\-1&0&4\end{bmatrix}$

解：因 $$|\lambda\boldsymbol{E}-\boldsymbol{A}|=\begin{vmatrix}\lambda-2&-1&0\\-2&\lambda-3&0\\1&0&\lambda-4\end{vmatrix}=(\lambda-4)^2(\lambda-1)$$

所以得方阵 $\boldsymbol{A}$ 的特征根为：$\lambda_1=1$，$\lambda_2=\lambda_3=4$

当 $\lambda_1=1$ 时，对应的特征向量应满足齐次线性方程组：$(\boldsymbol{E}-\boldsymbol{A})x=0$

$$\text{即}\begin{bmatrix}-1&-1&0\\-2&-2&0\\1&0&-3\end{bmatrix}\begin{pmatrix}x_1\\x_2\\x_3\end{pmatrix}=0\text{，而}\begin{bmatrix}-1&-1&0\\-2&-2&0\\1&0&-3\end{bmatrix}\to\begin{bmatrix}1&0&-3\\0&1&3\\0&0&0\end{bmatrix}$$

故对应的方程组为：$\begin{cases}x_1=3x_3\\x_2=-3x_3\\x_3=\ \ x_3\end{cases}$，得其一个基础解系为：$\boldsymbol{\xi}_1=\begin{pmatrix}3\\-3\\1\end{pmatrix}$

所以方阵 $\boldsymbol{A}$ 对应于特征根 $\lambda_2=1$ 的全部特征向量为：

$$k_1\boldsymbol{\xi}_1=k_1\begin{pmatrix}3\\-3\\1\end{pmatrix}$$

其中，k_1 为任意非零实数。

当 $\lambda_2=\lambda_3=4$ 时，对应的特征向量应满足齐次线性方程组：$(4\boldsymbol{E}-\boldsymbol{A})x=0$

$$\text{即}\begin{bmatrix}2&-1&0\\-2&1&0\\1&0&0\end{bmatrix}\begin{pmatrix}x_1\\x_2\\x_3\end{pmatrix}=0\text{，而}\begin{bmatrix}2&-1&0\\-2&1&0\\1&0&0\end{bmatrix}\to\begin{bmatrix}1&0&0\\0&1&0\\0&0&0\end{bmatrix}$$

故对应的方程组为：$\begin{cases}x_1=0\\x_2=0\\x_3=x_3\end{cases}$，得其一个基础解系为：$\boldsymbol{\xi}_2=\begin{pmatrix}0\\0\\1\end{pmatrix}$，

所以方阵 $\boldsymbol{A}$ 对应于特征根 $\lambda_2=\lambda_3=4$ 的全部特征向量为：

$$k_2\boldsymbol{\xi}_2 = k_2\begin{pmatrix}0\\0\\1\end{pmatrix},$$

其中，k_2 为任意非零实数。

4.7　设 $\boldsymbol{A}$ 为 n 阶方阵，证明 $\boldsymbol{A}^{\mathrm{T}}$ 与 $\boldsymbol{A}$ 的特征值相同.

证：因为 $|\lambda\boldsymbol{E}-\boldsymbol{A}| = \left|(\lambda\boldsymbol{E}-\boldsymbol{A})^{\mathrm{T}}\right| = \left|\lambda\boldsymbol{E}-\boldsymbol{A}^{\mathrm{T}}\right|$，所以 $\boldsymbol{A}^{\mathrm{T}}$ 与 $\boldsymbol{A}$ 的特征值相同.

4.8　设 n 阶矩阵的 $\boldsymbol{A}$ 的满足 $\boldsymbol{A}^2+\boldsymbol{A}-6\boldsymbol{E}=0$，证明 $\boldsymbol{A}$ 的特征值只能取 2，−3.

证：因为 $\boldsymbol{A}^2+\boldsymbol{A}-6\boldsymbol{E}=0$，所以 $\lambda^2+\lambda-6=0$，$(\lambda-2)(\lambda+3)=0$ 所以 $\boldsymbol{A}$ 的特征值只能取 2，−3.

4.9　设 $\boldsymbol{A},\boldsymbol{B}$ 都是 n 阶方阵，$\boldsymbol{A}$ 与 $\boldsymbol{B}$ 相似，$\boldsymbol{A}^2=\boldsymbol{A}$，证明 $\boldsymbol{B}^2=\boldsymbol{B}$.

证：$\boldsymbol{A}$ 与 $\boldsymbol{B}$ 相似.存在可逆阵 $\boldsymbol{P}$，使得 $\boldsymbol{P}^{-1}\boldsymbol{A}\boldsymbol{P}=\boldsymbol{B}$，有因为 $\boldsymbol{A}^2=\boldsymbol{A}$，$\boldsymbol{P}^{-1}\boldsymbol{A}^2\boldsymbol{P}=\boldsymbol{B}^2$
$\boldsymbol{B}^2=\boldsymbol{B}$

4.10　若设 $\boldsymbol{A}=\begin{pmatrix}2&0&0\\0&0&1\\0&1&x\end{pmatrix}$ 与 $\boldsymbol{B}=\begin{pmatrix}2&0&0\\0&y&\\0&0&1\end{pmatrix}$ 相似，并求 x 与 y.

解：$\mathrm{tr}(\boldsymbol{A})=\mathrm{tr}(\boldsymbol{B}),|\boldsymbol{A}|=|\boldsymbol{B}|$，$x=0,y=1$.

4.11　若 4 阶矩阵 $\boldsymbol{A}$ 与 $\boldsymbol{B}$ 相似，矩阵 $\boldsymbol{A}$ 的特征值为 $\frac{1}{2},\frac{1}{3},\frac{1}{4},\frac{1}{5}$，求行列式 $|\boldsymbol{B}^{-1}-\boldsymbol{E}|$

解：$\boldsymbol{A}$ 与 $\boldsymbol{B}$ 相似，$\boldsymbol{A}$ 与 $\boldsymbol{B}$ 特征值相同，$\boldsymbol{B}^{-1}$ 的特征值为 2，3，4，5，$\left|\boldsymbol{B}^{-1}-\boldsymbol{E}\right|=$
$1\times2\times3\times4=24$.

4.12　已知 3 阶行列式 $\boldsymbol{A}$ 的特征值为 1，2，3，求 $|\boldsymbol{A}^3-5\boldsymbol{A}^2+7\boldsymbol{A}|$.

解：$\boldsymbol{A}$ 的特征值为 1，2，3，$\boldsymbol{A}^3-5\boldsymbol{A}^2+7\boldsymbol{A}$ 特征值为 3，2，3.

所以 $\left|\boldsymbol{A}^3-5\boldsymbol{A}^2+7\boldsymbol{A}\right|=3\times2\times3=18$

4.13　已知 3 阶行列式 $\boldsymbol{A}$ 的特征值为 1，2，−3，求 $|\boldsymbol{A}^*+3\boldsymbol{A}+2\boldsymbol{E}|$.

解：已知 3 阶行列式 $\boldsymbol{A}$ 的特征值为 1，2，−3，

$$|\boldsymbol{A}|=-6,\quad \boldsymbol{A}\boldsymbol{A}^*=|\boldsymbol{A}|E\ \left|\boldsymbol{A}^*+3\boldsymbol{A}+2\boldsymbol{E}\right|=\frac{1}{|\boldsymbol{A}|}\left|\boldsymbol{A}\boldsymbol{A}^*+3\boldsymbol{A}^2+2\boldsymbol{A}\right|$$

而

$$\left|3\boldsymbol{A}^2+2\boldsymbol{A}-6\boldsymbol{E}\right|=1\times10\times(-15)=-150,$$

$$\left|\boldsymbol{A}^*+3\boldsymbol{A}+2\boldsymbol{E}\right|=\frac{1}{|\boldsymbol{A}|}\left\||\boldsymbol{A}|\boldsymbol{E}+3\boldsymbol{A}^2+2\boldsymbol{A}\right|=25$$

4.14　设矩阵 $\boldsymbol{A}=\begin{pmatrix}-2&1&1\\0&2&0\\-4&1&3\end{pmatrix}$，

（1）求矩阵 $\boldsymbol{A}$ 的特征值与特征向量；（2）判别矩阵 $\boldsymbol{A}$ 能否对角化.

解：(1)特征值 $\lambda_1=-1,\quad \lambda_2=\lambda_3=2$

$$\text{当}\lambda_1=-1\text{时，}\boldsymbol{p}_1=\begin{pmatrix}1\\0\\1\end{pmatrix}\text{，当}\lambda_2=\lambda_3=2\text{时，}\boldsymbol{p}_2=\begin{pmatrix}0\\1\\-1\end{pmatrix},\boldsymbol{p}_3=\begin{pmatrix}1\\0\\4\end{pmatrix}$$

（2）$\boldsymbol{A}$ 有三个线性无关的特征向量,故可角化

4.15　试求一个正交的相似变换矩阵，将下列对称矩阵化为对角阵.

（1）$\begin{pmatrix}2&0&0\\0&3&2\\0&2&3\end{pmatrix}$；（2）$\begin{pmatrix}1&-2&2\\-2&4&-4\\2&-4&0\end{pmatrix}$

解：（1）令 $|\lambda\boldsymbol{E}-\boldsymbol{A}|=\begin{vmatrix}\lambda-2&&\\&\lambda-3&-2\\&-2&\lambda-3\end{vmatrix}=(\lambda-1)(\lambda-2)(\lambda-5)=0$ 得

$$\lambda_1=1,\lambda_2=2,\lambda_3=5.$$

$\lambda_1=1$时，

$$\alpha_1=\begin{pmatrix}0\\1\\-1\end{pmatrix}；\ \lambda_2=2，\ \alpha_2=\begin{pmatrix}1\\0\\0\end{pmatrix}；\ \lambda_3=5，\ \alpha_3=\begin{pmatrix}0\\1\\1\end{pmatrix}.$$

将所得向量正交化、单位化得：

$$\beta_1=\begin{pmatrix}0\\1/\sqrt{2}\\-1/\sqrt{2}\end{pmatrix},\beta_2=\begin{pmatrix}1\\0\\0\end{pmatrix},\beta_3=\begin{pmatrix}0\\1/\sqrt{2}\\1/\sqrt{2}\end{pmatrix}$$

令 $\boldsymbol{P}=\begin{pmatrix}0&1&0\\\frac{1}{\sqrt{2}}&0&\frac{1}{\sqrt{2}}\\-\frac{1}{\sqrt{2}}&0&\frac{1}{\sqrt{2}}\end{pmatrix}$，则有 $\boldsymbol{P}^{-1}\boldsymbol{AP}=\boldsymbol{P}^{\mathrm{T}}\boldsymbol{AP}=\begin{pmatrix}1&&\\&2&\\&&5\end{pmatrix}$.

4.15 （2）解：

$$|\lambda\boldsymbol{E}-\boldsymbol{A}|=\begin{vmatrix}\lambda-1&2&-2\\2&\lambda-4&4\\-2&4&\lambda-4\end{vmatrix}=\lambda^2(\lambda-9)=0\Rightarrow\lambda_1=\lambda_2=0,\lambda_3=9$$

$\lambda_1=\lambda_2=0$ 时，对应矩阵的基础解系为 $\boldsymbol{\alpha}_1=(2\quad 1\quad 0)^{\mathrm{T}},\boldsymbol{\alpha}_2=(-2\quad 0\quad 1)^{\mathrm{T}}$

正交化：$\boldsymbol{\beta}_1=(2\quad 1\quad 0)^{\mathrm{T}},\boldsymbol{\beta}_2=\left(-\frac{2}{5}\quad \frac{4}{5}\quad 1\right)^{\mathrm{T}}$

单位化：$\bar{\boldsymbol{\beta}}_1=\left(\frac{2}{\sqrt{5}}\quad \frac{1}{\sqrt{5}}\quad 0\right)$，$\bar{\boldsymbol{\beta}}_2=\left(-\frac{2}{3\sqrt{5}}\quad \frac{4}{3\sqrt{5}}\quad \frac{5}{3\sqrt{5}}\right)$

$\lambda_3=9$ 时，对应方程组的基础解系为 $\boldsymbol{\alpha}_3=(1\quad -2\quad 2)^{\mathrm{T}}$，$\bar{\boldsymbol{\beta}}_3=\left(\frac{1}{3}\quad -\frac{2}{3}\quad \frac{2}{3}\right)$

令 $\boldsymbol{P}=\begin{pmatrix}\frac{2}{\sqrt{5}} & -\frac{2}{3\sqrt{5}} & \frac{1}{3}\\ \frac{1}{\sqrt{5}} & \frac{4}{3\sqrt{5}} & -\frac{2}{3}\\ 0 & \frac{5}{3\sqrt{5}} & \frac{2}{3}\end{pmatrix}$，则有 $\boldsymbol{P}^{\mathrm{T}}\boldsymbol{A}\boldsymbol{P}=\begin{pmatrix}0 & & \\ & 0 & \\ & & 9\end{pmatrix}$

4.16　设 $\boldsymbol{P}^{-1}\boldsymbol{A}\boldsymbol{P}=\boldsymbol{\Lambda}$，其中

$$\boldsymbol{P}=\begin{pmatrix}1 & 2 & 1\\ 0 & 1 & -2\\ 0 & 2 & 1\end{pmatrix},\ \boldsymbol{\Lambda}=\begin{pmatrix}1 & 0 & 0\\ 0 & 5 & 0\\ 0 & 0 & 5\end{pmatrix}$$

求 $\boldsymbol{A}^{10}$.

解：$\boldsymbol{A}^{10}=(\boldsymbol{P}\boldsymbol{\Lambda}\boldsymbol{P}^{-1})^{10}=\boldsymbol{P}\boldsymbol{\Lambda}^{10}\boldsymbol{P}^{-1}=\begin{pmatrix}1 & 2 & 1\\ 0 & 1 & -2\\ 0 & 2 & 1\end{pmatrix}\cdot\begin{pmatrix}1^{10} & 0 & 0\\ 0 & 5^{10} & 0\\ 0 & 0 & 5^{10}\end{pmatrix}\cdot\frac{1}{5}\begin{pmatrix}5 & 0 & -5\\ 0 & 1 & 2\\ 0 & -2 & 1\end{pmatrix}$

$$=\begin{pmatrix}1 & 0 & 5^{10}-1\\ 0 & 5^{10} & 0\\ 0 & 0 & 5^{10}\end{pmatrix}$$

4.17　设 3 阶实对称矩阵 $\boldsymbol{A}$ 的各行元素之和均为 3，向量 $\boldsymbol{\alpha}_1=(-1,2,-1)^{\mathrm{T}},\boldsymbol{\alpha}_2=(0,-1,1)^{\mathrm{T}}$，是线性方程组 $\boldsymbol{AX}=0$ 的两个解.

（1）求 $\boldsymbol{A}$ 的特征值与特征向量

（2）求正交矩阵 $\boldsymbol{P}$ 和对角矩阵 $\boldsymbol{\Lambda}$，使 $\boldsymbol{P}^{-1}\boldsymbol{A}\boldsymbol{P}=\boldsymbol{\Lambda}$；

（3）求 $\boldsymbol{A}$.

解:（1）条件说明 $\boldsymbol{A}(1,1,1)^{\mathrm{T}}=(3,3,3)^{\mathrm{T}}$,即 $\boldsymbol{\alpha}_0=(1,1,1)^{\mathrm{T}}$ 是 $\boldsymbol{A}$ 的特征向量,特征值为 3.又 α_1，α_2 都是 $\boldsymbol{AX}=0$ 的解，说明它们也都是 $\boldsymbol{A}$ 的特征向量，特征值为 0.由于 $\boldsymbol{\alpha}_1\ \boldsymbol{\alpha}_2$ 线性无关, 特征值 0 的重数大于 1.于是 $\boldsymbol{A}$ 的特征值为 3，0，0.

属于 3 的特征向量：$c\boldsymbol{\alpha}_0$, $c\neq 0$.

属于 0 的特征向量：$c_1\boldsymbol{\alpha}_1+c_2\boldsymbol{\alpha}_2$, c_1, c_2 不都为 0.

（2）将$\boldsymbol{\alpha}_0$单位化，得

$$\boldsymbol{p}_1=\left(\frac{\sqrt{3}}{3},\frac{\sqrt{3}}{3},\frac{\sqrt{3}}{3}\right)^{\mathrm{T}}.$$

对$\boldsymbol{\alpha}_1$，$\boldsymbol{\alpha}_2$作施密特正交化,得

$$\boldsymbol{p}_2=\left(0,-\frac{\sqrt{2}}{2},\frac{\sqrt{2}}{2}\right)^{\mathrm{T}}，\quad \boldsymbol{p}_3=\left(-\frac{\sqrt{6}}{3},\frac{\sqrt{6}}{6},\frac{\sqrt{6}}{6}\right)^{\mathrm{T}}.$$

作$\boldsymbol{P}=(p_1,p_2,p_3)$则$\boldsymbol{P}$是正交矩阵，并且

$$\boldsymbol{P}^{-}\boldsymbol{AP}=\boldsymbol{P}^{\mathrm{T}}\boldsymbol{AP}=\begin{pmatrix}3&&\\&0&\\&&0\end{pmatrix}.$$

（3）$\boldsymbol{A}\begin{pmatrix}1&-1&0\\1&2&-1\\1&-1&1\end{pmatrix}=\begin{pmatrix}3&0&0\\3&0&0\\3&0&0\end{pmatrix}$解得$\boldsymbol{A}=\begin{pmatrix}1&1&1\\1&1&1\\1&1&1\end{pmatrix}$.

4.18 试证实对称矩阵相似的充要条件是它们有相同的特征值.

证：因为它们相似于同一对角阵.

习题五解答（原题见本书第 101 页）

5.1 写出下列二次型对应的矩阵

（1）$f(x,y,z)=x^2+2xy+4xz+3y^2+yz+7z^2$；

解：
$$f(x,y,z)=(x,y,z)\begin{pmatrix}1&1&2\\1&3&\frac{1}{2}\\2&\frac{1}{2}&7\end{pmatrix}\begin{pmatrix}x\\y\\z\end{pmatrix},$$

$$\boldsymbol{A}=\begin{pmatrix}1&1&2\\1&3&\frac{1}{2}\\2&\frac{1}{2}&7\end{pmatrix}.$$

（2） $f(x_1,x_2,x_3,x_4)=x_1^2+2x_2^2+3x_3^2+4x_1x_2+2x_2x_3$.

解：

$$f(x_1,x_2,x_3,x_4)=(x_1,x_2,x_3,x_4)\begin{pmatrix}1&2&0&0\\2&2&1&0\\0&1&3&0\\0&0&0&0\end{pmatrix}\begin{pmatrix}x_1\\x_2\\x_3\\x_4\end{pmatrix}$$

$$\boldsymbol{A}=\begin{pmatrix}1&2&0&0\\2&2&1&0\\0&1&3&0\\0&0&0&0\end{pmatrix}.$$

5.2 写出下列各矩阵所对应的二次型

（1）$\boldsymbol{A}=\begin{pmatrix}1&-1&0\\-1&2&1\\0&1&3\end{pmatrix}$；

解：$f(x_1,x_2,x_3)=x_1^2-2x_1x_2+2x_2^2+2x_2x_3+3x_3^2$；

（2） $\boldsymbol{A}=\begin{pmatrix}1&2&4\\2&2&-1\\4&-1&3\end{pmatrix}$.

解： $f(x_1,x_2,x_3)=x_1^2+2x_2^2+3x_3^2+4x_1x_2+8x_1x_3-2x_2x_3$.

5.3 将下列二次型写成矩阵形式

（1） $f(x,y)=x^2+xy+y^2$；

解：$f(x,y)=(x,\quad y)\begin{pmatrix}1&\frac{1}{2}\\\frac{1}{2}&1\end{pmatrix}\begin{pmatrix}x\\y\end{pmatrix}$；

（2） $f(x_1,x_2,x_3,x_4)=-x_1x_2+2x_2x_3+x_3^2$

解：$f(x_1,\ x_2,\ x_3,\ x_4)=(x_1,\quad x_2,\quad x_3,\quad x_4)\begin{pmatrix}0&-\frac{1}{2}&0&0\\-\frac{1}{2}&0&1&0\\0&1&1&0\\0&0&0&0\end{pmatrix}\begin{pmatrix}x_1\\x_2\\x_3\\x_4\end{pmatrix}$.

5.4 已知二次型 $f(x_1,x_2,x_3)=2x_1^2+2x_2^2+ax_3^2-2x_1x_2+6x_1x_3-6x_2x_3$ 的秩为 2，求参数 a 的值.

解：首先作出二次型的矩阵

$$A=\begin{pmatrix}2&-1&3\\-1&2&-3\\3&-3&a\end{pmatrix},$$

做初等变换

$$A\to\begin{pmatrix}-1&2&-3\\2&-1&3\\3&-3&a\end{pmatrix}\to\begin{pmatrix}-1&2&-3\\0&3&-3\\0&3&a-9\end{pmatrix}.$$

令 $r(A)=2$，得到 $a=6$.

5.5 用正交变换化法下列实二次型为标准形

（1） $f(x_1,x_2,x_3)=11x_1^2+5x_2^2+2x_3^2+16x_1x_2+4x_1x_2-20x_2x_3$；

解：

$$A=\begin{pmatrix}11&8&2\\8&5&-10\\2&-10&2\end{pmatrix},$$

$$|A-\lambda E|=\begin{vmatrix}11-\lambda&8&2\\8&5-\lambda&-10\\2&-10&2-\lambda\end{vmatrix}=-\lambda^3+18\lambda^2+81\lambda-1458=0$$

解得：$\lambda_1=9,\ \lambda_2=18,\ \lambda_3=-9$.

所以可用正交变换将原二次型化成以下标准形：

$$f(y_1,y_2,y_3)=9{y_1}^2+18{y_2}^2-9{y_3}^2.$$

（2） $f(x_1,x_2,x_3)=x_1^2+x_2^2+x_3^2+4x_1x_2+4x_1x_3+4x_2x_3$.

解：

$$A=\begin{pmatrix}1&2&2\\2&1&2\\2&2&1\end{pmatrix}$$

$$|A-\lambda E|=\begin{vmatrix}1-\lambda&2&2\\2&1-\lambda&2\\2&2&1-\lambda\end{vmatrix}=(1-\lambda)^3-12(1-\lambda)+16=0.$$

解得：$\lambda_{1,2}=-1,\ \lambda_3=5$

所以可用正交变换将原二次型化成以下标准形：

$$f(y_1,y_2,y_3)=-{y_1}^2-{y_2}^2+5{y_3}^2.$$

5.6 用配方法化下列二次型为标准形

（1） $f=2x_1^2+4x_1x_2+5x_2^2$；

解：
$$\begin{aligned} f&=2x_1^2+4x_1x_2+5x_2^2\\ &=2({x_1}^2+2x_1x_2+{x_2}^2)+3{x_2}^2\\ &=2(x_1+x_2)^2+3{x_2}^2. \end{aligned}$$

令
$$\begin{cases} y_1=x_1+x_2\\ y_2=\quad\ \ x_2 \end{cases}$$

即
$$\begin{pmatrix} y_1\\ y_2 \end{pmatrix}=\begin{pmatrix} 1 & 1\\ 0 & 1 \end{pmatrix}\begin{pmatrix} x_1\\ x_2 \end{pmatrix},\ \begin{pmatrix} x_1\\ x_2 \end{pmatrix}=\begin{pmatrix} 1 & -1\\ 0 & 1 \end{pmatrix}\begin{pmatrix} y_1\\ y_2 \end{pmatrix},\ x=Cy,$$

可逆变换矩阵
$$\boldsymbol{C}=\begin{pmatrix} 1 & -1\\ 0 & 1 \end{pmatrix},$$

标准形为
$$g(y)=2y_1^2+3y_2^2.$$

（2） $f(x_1,x_2,\cdots,x_{2n})=x_1x_{2n}+x_2x_{2n-1}+\cdots+x_nx_{n+1}$

解：令
$$\begin{cases} x_1=y_1-y_{2n},\ x_2=y_2-y_{2n-1},\ \cdots,\ x_n=y_n-y_{n-1},\\ x_{2n}=y_1+y_{2n}, x_{2n-1}=y_2+y_{2n-1},\cdots, x_{n+1}=y_n+y_{n+1}. \end{cases}$$

则
$$\begin{aligned} f(x_1,x_2,\cdots,x_{2n})&=x_1x_{2n}+x_2x_{2n-1}+\cdots+x_nx_{n+1}\\ &=(y_1-y_{2n})(y_1+y_{2n})+(y_2-y_{2n-1})(y_2+y_{2n-1})+\cdots+(y_n-y_{n+1})(y_n+y_{n+1})\\ &={y_1}^2+\cdots+{y_n}^2-{y_{n+1}}^2-\cdots-{y_{2n}}^2. \end{aligned}$$

5.7 已知二次型 $f(x_1,x_2,x_3)=2x_1^2+3x_2^2+3x_3^2+2ax_2x_3(a>0)$，通过正交变换化为标准形 $f(y_1,y_2,y_3)=y_1^2+2y_2^2+5y_3^2$，求 a 的值及所作的正交变换矩阵.

解：$f(\boldsymbol{x})$的矩阵
$$\boldsymbol{A}=\begin{pmatrix} 2 & 0 & 0\\ 0 & 3 & a\\ 0 & a & 3 \end{pmatrix}$$

因为 $\boldsymbol{A}$ 的特征值等于 1，2，5，所以
$$|\boldsymbol{A}|=18-2a^2=1\times2\times5=10.$$

得到
$$a=2.$$

$$A=\begin{pmatrix}2&0&0\\0&3&2\\0&2&3\end{pmatrix},$$

$$\lambda E-A=\begin{pmatrix}\lambda-2&0&0\\0&\lambda-3&-2\\0&-2&\lambda-3\end{pmatrix},$$

$$\lambda_1=1，\lambda_2=2，\lambda_3=5,$$

$$\lambda_1 E-A=\begin{pmatrix}-1&0&0\\0&-2&-2\\0&-2&-2\end{pmatrix}\to\begin{pmatrix}1&0&0\\0&1&1\\0&0&0\end{pmatrix},$$

$$x_1=\begin{pmatrix}0\\1\\-1\end{pmatrix}，p_1=\begin{pmatrix}0\\\frac{1}{\sqrt{2}}\\-\frac{1}{\sqrt{2}}\end{pmatrix};$$

$$\lambda_2 E-A=\begin{pmatrix}0&0&0\\0&-1&-2\\0&-2&-1\end{pmatrix},$$

$$x_2=\begin{pmatrix}1\\0\\0\end{pmatrix}=p_2.$$

$$\lambda_3 E-A=\begin{pmatrix}3&0&0\\0&2&-2\\0&-2&2\end{pmatrix}\to\begin{pmatrix}1&0&0\\0&1&-1\\0&0&0\end{pmatrix}$$

$$x_3=\begin{pmatrix}0\\1\\1\end{pmatrix}，p_3=\begin{pmatrix}0\\\frac{1}{\sqrt{2}}\\\frac{1}{\sqrt{2}}\end{pmatrix}.$$

$$P=\begin{pmatrix} 0 & 1 & 0 \\ \frac{1}{\sqrt{2}} & 0 & \frac{1}{\sqrt{2}} \\ -\frac{1}{\sqrt{2}} & 0 & \frac{1}{\sqrt{2}} \end{pmatrix}.$$

5.8 设 $A=\begin{pmatrix} 2 & -1 & -1 \\ -1 & 2 & -1 \\ -1 & -1 & 2 \end{pmatrix}$, $B=\begin{pmatrix} 1 & 0 & 0 \\ 0 & 1 & 0 \\ 0 & 0 & 0 \end{pmatrix}$，证明 $A=B$.

证：A 特征值为 3，3，0，B 的特征值为 1，1，0，则 $A \simeq B$.

5.9 判别二次型 $f=2x_1^2+3x_2^2+4x_3^2-2x_1x_2+4x_1x_3-3x_2x_3$ 的有定性

解：$2A=\begin{pmatrix} 4 & -2 & 4 \\ -2 & 6 & -3 \\ 4 & -3 & 8 \end{pmatrix}$,

1 阶顺序主子式等于 4;

2 阶顺序主子式 $\begin{vmatrix} 4 & -2 \\ -2 & 6 \end{vmatrix}$=20;

3 阶顺序主子式 $\begin{vmatrix} 4 & -2 & 4 \\ -2 & 6 & -3 \\ 4 & -3 & 8 \end{vmatrix}$=192+24+24−96−36−32>0.

所以 f 正定.

5.10 已知二次型矩阵的特征多项式，判断它们的正定性

（1）$(\lambda-1)^3$；（2）$(2\lambda+1)(\lambda-7)(\lambda-1)$；（3）$(\lambda+2)^3$；

（4）$(6\lambda-5)(\lambda^2-\lambda)$；（5）$\lambda^3+2\lambda^2+\lambda$.

解：（1）全部特征值大于 0，二次型正定；

（2）特征值有正有负，二次型不定；

（3）全部特征值小于 0，二次型负定；

（4）特征值大于 0 与等于 0，二次型半正定；

（5）$\lambda^3+2\lambda^2+\lambda=\lambda(\lambda^2+2\lambda+1)=\lambda(\lambda+1)^2$. 特征值小于 0 与等于 0，二次型半负定.

5.11 已知二次型 $f(x_1,x_2,x_3)=x_1^2+4x_2^2+4x_3^2+2cx_1x_2-2x_1x_3+4x_2x_3$，当 c 满足什么条件时，二次型 $f(x_1,x_2,x_3)$ 正定?

解：
$$A=\begin{pmatrix} 1 & c & -1 \\ c & 4 & 2 \\ -1 & 2 & 4 \end{pmatrix},$$

$$|A_1|=1，|A_2|=4-c^2, |A_3|=|A|=-4(c+2)(c-1),$$

$$\begin{cases}4-c^2>0\\(c+2)(c-1)<0\end{cases}\Rightarrow -2<c<1.$$

5.12　判别下列二次型的正定性：

（1）$f(x_1,x_2,x_3)=5x_1^2+x_2^2+5x_3^2+4x_1x_2-8x_1x_3-4x_2x_3$；

解：$f(x_1,x_2,x_3)$ 对应的矩阵为 $\begin{pmatrix}5&2&-4\\2&1&-2\\-4&-2&5\end{pmatrix}$，它的顺序主子式

$$5>0,\begin{vmatrix}5&2\\2&1\end{vmatrix}=1>0,\begin{vmatrix}5&2&-4\\2&1&-2\\-4&-2&5\end{vmatrix}=1>0,$$

故上述二次型是正定的.

（2）$f(x_1,x_2,x_3)=2x_1^2+4x_2^2+5x_3^2-4x_1x_3$.

解：$f(x_1,x_2,x_3)$ 对应的矩阵为

$$A=\begin{pmatrix}2&0&-2\\0&4&0\\-2&0&5\end{pmatrix},$$

令 $|\lambda E-A|=0$，得 $\lambda_1=1,\lambda_2=4,\lambda_3=6$. 即知 A 是正定矩阵，故上述二次型是正定的.

5.13　设 A 是正定矩阵，B 是实对称矩阵，证明 AB 可对角化.

证：由于 A 正定，存在可逆实矩阵 C，使得 $A=C^TC$.

于是 $AB=C^TCB\approx CBC^T \quad ((C^T)^{-1}(C^TCB)C^T=CBC^T)$.

而 CBC^T 是实对称矩阵，可以对角化，从而 AB 也可对角化.

5.14　如果 A 正定，则 A^k，A^{-1}，A^* 也都正定.

证：首先说明 A^k，A^{-1}，A^* 都是它的对称矩阵，再用特征值看它们的正定性.

设 A 的特征值为 $\lambda_1,\lambda_2,\cdots,\lambda_n$，$\lambda_i>0$. $|A|>0$

$A^k:\lambda_1^k,\lambda_2^k,\cdots,\lambda_n^k$ 全大于 0.

$A^{-1}:\dfrac{1}{\lambda_1},\dfrac{1}{\lambda_2},\cdots,\dfrac{1}{\lambda_n}$ 全大于 0.

$A^*:\dfrac{|A|}{\lambda_1},\dfrac{|A|}{\lambda_2},\cdots,\dfrac{|A|}{\lambda_n}$ 全大于 0.

5.15 二次型 $f(x_1,x_2,x_3)=x^{\mathrm{T}}\boldsymbol{A}x$ 在正交变换 $x=\boldsymbol{P}y$ 下化为 $y_1^2+y_2^2$，$\boldsymbol{P}$ 的第 3 列为 $\left(\frac{\sqrt{2}}{2},\ 0,\ \frac{\sqrt{2}}{2}\right)^{\mathrm{T}}$.

（1）求 $\boldsymbol{A}$;（2）证明 $\boldsymbol{A}+\boldsymbol{E}$ 是正定矩阵.

解:（1）$\boldsymbol{P}^{\mathrm{T}}\boldsymbol{A}\boldsymbol{P}=\begin{pmatrix}1&0&0\\0&1&0\\0&0&0\end{pmatrix}$，即 $\boldsymbol{P}^{-1}\boldsymbol{A}\boldsymbol{P}=\begin{pmatrix}1&0&0\\0&1&0\\0&0&0\end{pmatrix}$.

则 $\boldsymbol{P}$ 的第 3 列是 $\boldsymbol{A}$ 的特征向量，特征值为 0. $\boldsymbol{A}$ 的另两个特征值都为 1.

记 $\boldsymbol{B}=\boldsymbol{E}-\boldsymbol{A}$，则 $\boldsymbol{B}$ 的特征值为 0，0，1. 且 $\alpha=\begin{pmatrix}1\\0\\1\end{pmatrix}$ 是 $\boldsymbol{B}$ 的特征向量，特征值为 1. 则

$$\boldsymbol{B}=\frac{1}{\|\alpha\|^2}\alpha\alpha^{\mathrm{T}}=\frac{1}{2}\begin{pmatrix}1&0&1\\0&0&0\\1&0&1\end{pmatrix},$$

$$\boldsymbol{A}=\boldsymbol{E}-\boldsymbol{B}=\begin{pmatrix}\frac{1}{2}&0&-\frac{1}{2}\\0&1&0\\-\frac{1}{2}&0&\frac{1}{2}\end{pmatrix}.$$

（2）$\boldsymbol{A}+\boldsymbol{E}$ 的特征值为 2，2，1. 所以 $\boldsymbol{A}+\boldsymbol{E}$ 是正定矩阵.

参 考 文 献

[1] 阮传概．工程高等代数[M]．北京：北京邮电大学出版社，2003.
[2] 李乃华．线性代数及其应用[M]．北京：高等教育出版社，2010.
[3] 同济大学数学教研室．线性代数（第五版）[M]．北京：高等教育出版社，2007.
[4] 吴建国．线性代数[M]．长沙：湖南人民出版社，2009.
[5] 赵雨清．线性代数学习指导[M]．上海：复旦大学出版社，2007.
[6] 李尚志．线性代数[M]．北京：高等教育出版社，2006.
[7] 洪毅．线性代数[M]．广州：华南理工大学出版社，2006.
[8] 考研数学复习全书编写组．数学模拟试题及分析[M]．南京：东南大学出版社，2001.
[9] 考研数学复习全书编写组．线性代数与概率统计复习指南[M]．南京：东南大学出版社，2000.
[10] 徐金明．MATLAB 实用教程[M]．北京：清华大学出版社，2005.
[11] 魏贵民．理工数学实验[M]．北京：高等教育出版社，2003.
[12] 焦光虹．数学实验[M]．北京：科学出版社，2006.
[13] 郭科．数学实验——线性代数分册[M]．北京：高等教育出版社，2009.
[14] 吴赣昌．线性代数．北京：中国人民大学出版社，2011.
[15] 居余马．线性代数．北京：清华大学出版社，2012.
[16] 利昂．线性代数（第八版）．北京：机械工业出版社，2010.
[17] 卢刚，范培华，胡显佑．线性代数．第三版．北京：高等教育出版社，2010
[18] 卢刚，范培华，胡显佑．线性代数中的典型例题分析与习题．北京：高等教育出版社，2010.
[19] 同济大学数学系．线性代数附册学习辅导与习题全解（第五版）．北京：高等教育出版社，2007.
[20] 周勇，朱砾．线性代数．上海：复旦大学出版社，2010.
[21] 上海交通大学数学系线性代数课程组．大学数学——线性代数．北京：高等教育出版社，2012.

反侵权盗版声明